城市更新与国土空间规划

申章民　张　靖　于小鸥　著

吉林科学技术出版社

图书在版编目（CIP）数据

城市更新与国土空间规划 / 申章民，张靖，于小鸥著. -- 长春：吉林科学技术出版社，2023.10
ISBN 978-7-5744-0885-2

Ⅰ. ①城… Ⅱ. ①申… ②张… ③于… Ⅲ. ①城市规划—研究—中国②国土规划—研究—中国 Ⅳ. ① TU984.2 ② F129.9

中国国家版本馆 CIP 数据核字 (2023) 第 185069 号

城市更新与国土空间规划

著　　　申章民　张　靖　于小鸥
出 版 人　宛　霞
责任编辑　郝沛龙
封面设计　刘梦杳
制　　版　刘梦杳
幅面尺寸　185mm × 260mm
开　　本　16
字　　数　340 千字
印　　张　17.5
印　　数　1–1500 册
版　　次　2023年10月第1版
印　　次　2024年2月第1次印刷

出　　版　吉林科学技术出版社
发　　行　吉林科学技术出版社
地　　址　长春市福祉大路5788号
邮　　编　130118
发行部电话/传真　0431-81629529 81629530 81629531
81629532 81629533 81629534
储运部电话　0431-86059116
编辑部电话　0431-81629518
印　　刷　三河市嵩川印刷有限公司

书　　号　ISBN 978-7-5744-0885-2
定　　价　75.00元

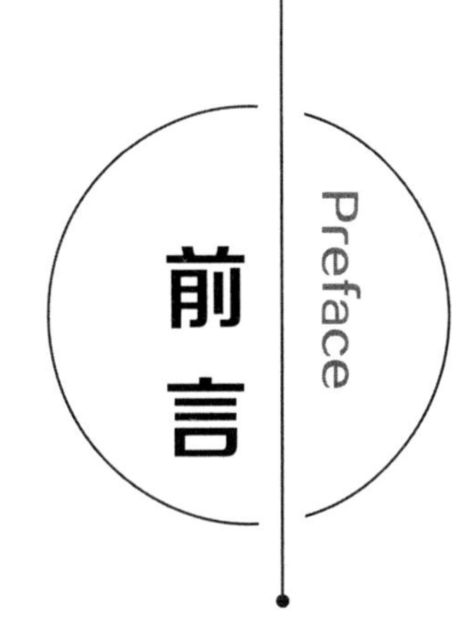

前言

城市更新就是不断为城市赋能，再造城市繁荣的过程，其核心是提高城市存量资产的总价值。综观世界各大中心城市，可以发现世界中心城市都在通过城市更新来打造全球的创新中心、科技中心、魅力之都等，通过城市更新来赋予城市新的生命力和竞争力。目前我国的城市发展也进入了关键时期，一个重要的指标是我国的城镇化率已经进入高级发展阶段，也就是说整体城镇化率已经超过60%，超大城市地区，如北京、上海城镇化率已经超过了80%。在新的形势下，我国政府在城市发展中也有新的定位和目标，比如国家提出未来的城市要实现“精明式”增长，提出来我们要打造世界级城市群，提出未来五年要基本形成若干立足国内、辐射周边、面向世界的具有全球影响力、吸引力的综合性国际消费中心城市。要实现以上城市发展目标，不可能从头新建城市，唯一的途径就是城市更新。我国城市更新空间治理理念在不断地转变和完善，我国城市更新空间治理的转变基于两个变化趋势，即对公共利益的关注和对治理实效的关注。

国土空间规划是对我国空间资源进行合理安排的计划，是国土空间开发与保护的行动指南，对各专项规划和详细规划起指导作用。主要包括主体功能区规划、土地利用总体规划、城乡规划和海洋功能区划等。通过对国土资源进行科学规划，一方面，可以满足我国国土开发治理的需要，促进区域经济发展和社会进步；另一方面，可以引领我国国土开发相关政策的制定，有利于资源的合理配置。现阶段，我国空间规划体系正处于转型变革的关键时期，国土空间规划作为我国全面深化改革的重要组成部分，在规划体系中承上启下，有力地支撑国家的转型发展，是规划变革时代推进高质量发展的空间引擎，对我国未来发展具有重要作用。

本书围绕“城市更新与国土空间规划”这一主题，以城市更新的内涵为切入点，由浅入深地阐述了城市更新的基本理论、内容、规范，系统地论述了我国城市更新的方式、流程与运行机制、城市更新规划与设计、国土空间规划及其建设、国家森林城市建设规划、城市绿地系统规划、乡村景观规划，以期为读者理解与践行城市更新与国土空间规划提供有价值的参考和借鉴。本书内容翔实、逻辑合理，兼具理论与实践性，适用于城市更新、国土空间规划、国家森林城市规划、城市绿地系统规划、乡村景观规划专业的师生及相关行业人员。

笔者在撰写本书的过程中，借鉴了许多专家和学者的研究成果，在此表示衷心的感谢。本书研究的课题涉及内容十分宽泛，尽管笔者在写作过程中力求完美，但仍难免存在疏漏，恳请各位专家、读者批评指正。

目录

contents

第一章　城市更新的理论综述

第一节　城市更新的内涵

当代社会，城市更新的内涵取决于城市发展水平。城市发展水平不同，人们对城市更新的理解会存在很大的差异。一般而言，城市发展水平越高，城市更新内容越广泛。在西方发达国家特别是英国，城市作为生产力和生产关系的物质载体，已经明显不适应时代的需要，城市更新不再是城市建筑环境的简单翻新，而是变成了事关城市发展的系统性和战略性工程。我们只有科学认识城市更新的基本内涵，掌握城市更新的基本特征，了解城市更新的基本原则，才能充分利用城市更新的动力机制，有前瞻性地制定切实可行的城市更新规划，最终顺利实现我国城市更新的伟大目标。

一、城市更新的概念

城市更新是指对当前城市空间中已建成的区域进行合理改造和再开发，旨在促使城市更加美好、人民生活更加幸福。

城市更新的方法主要分为三种：一是全面更新，即将原有已建成的区域全面推翻重建，此方法常常用于损毁严重，或者严重衰败无法挽救的区域；二是局部更新，就是针对原有场地中的旧建筑和具有一定保留价值的旧房屋，统一采用功能置换或者积极修缮等手段使其重新发挥效能，该方法既保留场地原有特征又有效提升场地空间品质；三是保留，就是保留并保护具有历史文化价值的现状资源，留住场地记忆，延续城市文脉。城市更新的内容不仅是规模的扩大，更是针对各项城市基础设施的优化和完善，借助优秀的设计理念和方法，促进城市健康的可持续发展是城市更新的核心要义。

二、城市更新的基本特征

城市更新是客观现象，功能演替和物质环境更迭一直伴随着城市的发展演进。总体而言，从城市自主发展中的更迭演进，到全球化进程下产业转移所推动的城市经济转型和环境再生，再到后工业化进程中消费经济和创新经济发展所促成的城市功能和空间环境提升，因城市发展阶段的不同、内外动力机制不同，城市更新也呈现出一定的阶段性特征。对这些阶段性特征和规律的认知，有助于因势利导引导相关工作的开展。

在改革开放后，我国城市开启了波澜壮阔的城镇化进程，这一进程与全球化进程和产业化进程同步进行。当前全国城镇化率突破60%，沿海沿江大城市城镇化率突破75%。强劲的发展动力促成了城市的迅速发展，在经历了城市建成区的快速扩张和产业功能的规模增长后，城市用地扩张动能减弱，一些城市用地扩张也开始受到限制。尽管处于不同发展阶段、不同区域的国内城市还会有一定数量的新区扩张，但既有数量巨大的建成空间毫无疑问将成为城市功能承接的主体，我国总体上进入了城市空间从增量发展到存量更新的阶段。

（一）土地财政和高容量增长路径依赖背景下的城市更新转向

在既往的城市化进程中，大规模的土地出让和空间建设，与高速度的城市经济和人口增长交织在一起。

一方面，大量进城人口促使城市用地和空间规模快速增长；另一方面，我国土地制度和分税制改革促成了地方政府积极的土地开发建设行为。面向经营性用地的招拍挂制度，成为地方政府回收土地增值的重要制度工具。拆迁补偿、土地一级开发以及政府税费等各项成本均以空间增量的方式予以平衡，国内城市因而形成了通过推高容积率获取收益的开发建设方式。观察国内城市的人口、经济、城市建设与政府财政的关联性，可以看出近年来，土地出让收入占到政府一般公共预算收入的相当比例，固定资产投资和房地产开发建设对城市的财政收入和经济增长起到重要的支持作用，一些城市的用地和建筑规模增长显著快于人口增长。

目前，既有建成城市空间的规模已经达到了相当高的人均水平。依据住房和城乡建设部建设统计年鉴中提供的各城市建设用地面积数据，若以居住用地1.5、商业商务2.0、公共服务0.5、工业物流仓储1.0、公用设施0.5的经验容积率估算，按统计区域范围内常住人口计，人均建筑规模多集中在70平方米至110平方米，部分城市超过120平方米，甚至更多。若采用上述数据为观察量度，可大体达成如下判断：相当部分城市的现有建成空间供给总体上已经超出了当前城市发展水平的需求。仔细分类讨论，以北上广深为代表的国内发展领先城市，人口流向和产业经济对城市发展支撑性相对较好，城市在用地和房屋建设的扩张上相对理性。并且近年来北京和上海已经开始在其城市总体规划中提出减量发展的思路，对城市空间规模的增长进行约束。其他更多城市面临着人口增长的不确定性，甚至是明确的人口流出趋势，土地财政依赖迫使城市持续进行土地出让，既有路径进一步指向更高的城市空间规模。与此同时，已建成和在建设的城市空间成了难以逆转的超量供给。超出合理规模的建成空间及其所附着的经济事宜将成为许多城市发展面临的巨大问题。

基于中国城市的城市化进程阶段和既有的城市建成规模，城市发展从增量扩张到存量更新的转向是显而易见的。但由于存量空间改造面临着复杂的产权状况和利益诉求、漫长的协商周期等更大的阻力，且缺乏有效的财税收入，许多城市仍然将扩张发展时期所形成的土地财政和高容量增长模式作为发展的主要路径。显然，平移这样的方式至存量区的城市更新，将进一步增加城市空间容量，使得既有的超前或超量空间供给及其经济问题更为棘手。

住房和城乡建设部颁布《关于在实施城市更新行动中防止大拆大建问题的通知》，即是防止沿用过度房地产化的开发建设方式进行大拆大建。

（二）快速建成的城市空间因物质环境老化而形成巨大规模的更新需求

大规模的建成环境随着时间流逝形成了巨量更新需求。依据国家统计局公布的国内房屋竣工数据，20世纪80年代以后竣工的房屋面积约730亿平方米，其中自1981年至1991年建成的房屋（即距今建成时间超过30年）面积超过150亿平方米，至2001年竣工的房屋（即距今建成时间超过20年）面积近300亿平方米。尽管在城市发展过程中，这些在1981年之后建成的房屋也有一部分在更新改造中拆除了，未有统计数据，但即便以1981年至1991年的150亿平方米建成房屋拆除一半来估算，在现有公布的统计数据口径下，竣工完成且既存的房屋也超过600亿平方米。加之1981年之前建成且既存的房屋，存量房屋总体上规模巨大。这些存量房屋中，现有建成20～30年以上的建筑因建造时的经济投入和技术局限，以及物质材料寿命周期等客观原因，面临着因物理环境老旧而迅速增长的更新整治需求。近20年来建成房屋的质量有了较大的提升，但随着时间的推移，年均20亿~30亿平方米的建成规模仍将持续形成更新整治需求。

在这些建成房屋中，居住建筑约占一半面积。国家统计局的国内房屋竣工数据显示，1981年至2017年的住宅竣工面积约470亿平方米，其中商品房的竣工面积约为100亿平方米。1990年之前建成（即建成超过30年）的住宅面积约为120亿平方米，2000年之前建成的（即建成超过20年）的住宅面积约为230亿平方米。即便考虑一部分建成后被拆除的住宅面积需从上述数字中扣除，建成20~30年以上的住宅已经占到存量住宅的1/4~1/2是大体可以确定的。受限于当时的经济投入不足和对未来生活水平快速提升的估计不足，这些建成20~30年以上的住宅普遍存在结构安全隐患、节能性能落后和设施设备老化严重的状况，而在一些特定历史阶段建成的低标准住宅更是与现有居住要求之间存在很大差距。以上这些都使得上百亿平方米的老旧小区成为我国城市更新中占比高、覆盖面广的主要任务。

（三）后工业化进程中城市产业功能的调整形成持续的更新需求

经过40余年快速的城市化进程，我国城市当前客观上面临着城市发展动力的转换，从空间生产转向空间效能提升。建成空间的有效运营成为城市可持续发展的重要议题，而产业功能及其承载空间的持续调整演进伴随着持续的城市更新。

目前国内大城市还普遍处在制造业占比下降、第三产业占比提高的发展进程中。比较分析国内主要城市在过去20年间的第二产业占比，可以看到产业构成上的“退二进三”是普遍性特征，特别是最近十年来调整的幅度显著。这一去工业化进程仍在持续进行中，伴随着城市中心地区工业产业的外迁和工业用地的更新，以及城市外围开发区或科技园区的扩张（城市中心地区的工业外迁意味着全国层面占城市建成区面积约20%的工业仓储物流用地中），还有相当部分持续面临着因功能调整而形成的更新需求。与此同时，如创意产业、共享经济、电子商务等一些新兴产业业态的兴起，也促成了城市中原有功能空间的更新转换。

（四）急需探索空间增值回收的有效途径

通过调整土地增值收益的分配来保障城市公共利益，一直以来都是城市开发建设管理制度的关键内容之一。总体来说，土地政策、城市规划体系和财税政策共同形成了城市开发建设利益分配的政策工具集，其中土地有偿使用制度起到了重要作用。当前，由于尚未建立起体系化的城市更新管理制度，更新改造模式多依托于原有制度体系，可分为招拍挂模式、协议出让模式和自我更新模式。招拍挂模式面向改造为经营性用地的更新活动，在更新过程中，通过土地收储并重新出让的方式更新，多形成高土地出让金和高空间增量。协议出让方式主要面向非经营性用地，通过协议补交出让金的方式更新，相对于招拍挂模式，协议出让模式指向相对较低的土地出让金和空间增量。

自我更新方式不涉及产权的转移，若产权方将原有非经营性用地转变成为经营性用地，需补交土地出让金；如果不转变原有性质，无须补交。该种方式伴随着相对更低的土地出让金和空间增量。

由于土地空间增值利益分配不明确的问题，除招拍挂模式外，协议出让和自主更新在实施过程中多处于一事一议的状态。在缺乏房产税等二次分配机制，现有的更新主要通过空间容量来平衡城市更新成本并获利的背景下，为保障城市公共利益，在更新中多以一定比例的土地和空间返还政府。更新中参与方越多，以空间容量来保障利益的现有体系将导致更高的容积率。此外，城市更新的正外部性，特别是基础设施的更新投入在周边地区所形成的空间增值也尚未有回收的有效途径。因此，建立有效的空间增值回收途径，形成城市更新在财务上的可持续成为当前中国城市的迫切需求。

2020年，党的十九届五中全会通过的《中共中央关于制定国民经济和社会发展第十四个五年规划和二〇三五年远景目标的建议》，明确提出实施城市更新行动，国内城市纷纷开展城市更新的相关研究、规划和行动。

在当前从增量扩张到存量更新的转型发展中，以往快速发展中被掩盖忽略的问题、建设中的投入欠账和日益提高的发展标准都使得城市更新面临着方方面面的挑战，而原有发展路径的惯性也使得转型发展要在相当长时间内不断探索，以逐步建立起面向转型发展的体系化政策法规及技术规范，促进城市的高质量发展。

三、城市更新的目的、动力与基本原则

（一）城市更新的目的

城市更新是城镇化发展的必然过程。高质量发展是我们建设现代化国家的首要任务。城市更新就是推动城市高质量发展的重要手段，城市更新的目的就是要推动城市高质量发展。一是坚持问题导向。从房子开始到小区、到社区、到城市，去寻找人民群众身边的急难愁盼问题。二是坚持目标导向。查找影响城市竞争力、承载力和可持续发展的短板弱项。重点做好四个方面的工作。

第一，持续推进老旧小区改造，建设完整社区。概括为“3个革命”，第一个是“楼道革命”，消除安全隐患，有条件加装电梯；第二个是“环境革命”，完善配套设施，加装充电桩等和适老化的改造；第三个是“管理革命”，党建引领、物业服务。近五年，全国改造16.7万个老旧小区，惠及2900多万户、8000多万居民。

第二，推进城市生命线安全工程建设。一个城市在遭遇极端天气、自然灾害的时候，这个城市的保供、保畅、保安全的能力，就是这个城市韧性的体现。所以，我们要抓好生命线工程建设，提高城市的韧性。就是通过数字化手段和城市更新，对城市的供水、排水、燃气、热力、桥梁、管廊等进行实时监测，及早发现问题和解决问题，让城市的保障能力得到大幅度提高。

第三，要做好城市历史街区、历史建筑的保护与传承。我们不能因为城市更新，搞大拆大建。历史街区、历史建筑既要保护好，还要活化利用好，让历史文化和现代生活融为一体、相得益彰。

第四，要推进城市数字化基础设施建设。城市更新不仅要改造老的、旧的，补短

板，还要有创新思维，用科技赋能城市更新。特别是现在我们要抢抓机遇，想办法让5G、物联网等现代信息技术进家庭、进楼宇、进社区，我们共同建设数字家庭、智慧城市，让我们的城市更聪明，让科技更多地造福人民群众。

（二）城市更新的动力

城市发展本身就是城市更新的动力。城市更新是城市发展内外力量相互作用的结果，而且更重要的是，城市更新是对它所面临的机会和挑战做出的一种反应。这些机会和挑战通过特定时间和特定地点的城市更新表现出来。其中，技术能力的变化、经济发展机会和对社会公正的认识是决定城市发展及其发展规模的重要因素，也是城市更新的主要因素。

1.技术能力的变化

这是影响城市更新和城市发展最直接、最重要的因素。技术进步带来新的原材料来源、新的产品开发、新的消费市场形成，所有这些都会改变城市经济的运行内容、运行方式和地理分布，从而推动城市发展和城市更新。其中最典型的是能源技术的更替。在以煤炭为主的时代，城市不是位于煤炭产地附近，就是位于交通便利的地区，如港口和铁路枢纽等地。在石油天然气时代，城市选址的自由度大增，农业发达地区城市以及行政军事要地的城市焕发出新的活力。至于汽车代替马车的技术进步更是彻底改变了城市更新的地理模式，城市更新向圆形、菱形、正六边形、正方形发展，而不再拘泥于过去的带形、线形。

2.经济发展带来的机会

一个社会的经济发展水平与国民收入规模成正比。经济发展水平越高，国民收入规模越大，需求对经济的拉动能力也就越强，经济体系越能得到完善并趋于合理化。经济发展不是简单的生产发展，还包括消费发展。生产发展只是手段，如果最终不服务于消费发展，这种经济发展就是不完整的。消费发展带来的机会同样是城市更新不可缺少的动力。

3.社会公正的重新认识

经济发展的最终目的是提高人的生活质量，尤其是提高大多数人的生活质量。1929—1933年西方经济大危机以前，世界各国更重视生产力的发展，结果生产能力与消费能力之间的矛盾越来越突出，屡屡引爆经济危机，恶化了社会矛盾。第二次世界大战以后，世界各国对收入分配的重视程度明显提高，这对城市更新产生了重大的影响，城市更新的民生色彩上升到了前所未有的高度。

（三）城市更新的基本原则

1.对人友好设计

城市作为人类的生存空间，其首要功能是为民众生活提供各项基本保障。因此，在城市更新规划的过程中，需要把为人民服务作为首要目标。然而在以往的规划建设中，人们却常常忽略了这一原则。例如，在20世纪中期，全球各个国家都盛行“小汽车第一”的城市建设理念，在城市规划中首先考虑的是车辆交通方面的问题。进入21世纪之后，这样的理念逐渐被更加先进的思想取代，城市强调将人的生活空间排在首位，并且注重社区空间的整体性利益，如城市中有更加便捷的人行通道、适合不同年龄人群活动的公共空间、更加开阔的街道界面等。

2.保护文化遗产

每一个地区的城市建筑都有属于其自身的独特历史因素，这些因素并不是完全取决于不同地区的审美观念，也存在一定的自然因素与社会因素，因此在进行城市规划的过程中，工作人员最需要得到民众的认可。为了保证城市更新更加具有地域性，规划者在进行城市更新的过程中需要尽可能针对当地原有的历史建筑，并以此为基础对其进行再次开发、保护，从而在保留当地文化遗产的同时，更好地发挥其社会功能，如此才是具有文化价值的城市规划与建设。

3.整合功能网络

一个崭新的城市面貌离不开齐全的功能设施支持，从最基本的城市电力网布设到代表着城市形象的公共交通网络，一座城市需要将其所有的功能网络联合起来才能够有效实现全面更新，促进人们生活质量的整体提高。

4.优化土地使用

所谓优化土地使用，并不意味着增加其整体容纳量与提高经济回报效率，而是需要赋予其使用功能的多样性、兼容性、灵活性，从而促使其不断适应随时发生改变的社会需求，成为适宜人们长期生活的居所。

5.促进交流合作

城市更新并不是一个封闭性的开发项目，需要政府、经济学者、投资人、建筑师、开发商、工程师等各个领域人才携手合作，以有效保证城市规划的科学性、合理性。一座城市的更新意味着其服务功能、交通运输、安全防护、医疗保障等多方面的发展，会给城市当前乃至今后的使用者创造切实的生活便利，因此在规划的过程中，越是接收更多意见与建议，越有利于决策者从中筛选出最佳的改造方案。政府需加大对基层官员的培养力度，促使其成为城市规划的先行者，深入人民群众，思考城市在现阶段发展过程中面临的主要问题与不足。

6.建设健康社区

社区的“健康标准”，取决于其自身功能的齐全与多样化。是否拥有四通八达的交通路网，民众出行由家到公交站的“最后一公里”距离，小型街区的功能是否完善，这些都是规划过程中需要优先考虑的问题。除此之外，城市建筑物的能源消耗至少占据了我国每年耗能总量的25%，因此在原有社区的基础上采用更为先进的技术设计也是必不可少的工作内容。在实现社区功能化齐全的同时，也要实现社区对各种能源的可循环利用，这已不仅是通过打造绿色空间来吸引人们居住的问题，同时也是进入21世纪后每一座城市在发展过程中应当尽到的义务。

7.整合经济发展

除了为市民提供更加良好的生存环境以外，城市的更新还需要考虑如何创设新型的经济模式，其开发方向不应当与现状重复，运作方式也需要趋于更为持久、更为稳定的特性，如此才能够在提高市民就业率的同时，提高城市的生产力与经济活力。因此，政府在思考经济发展的同时，需要为具有潜力的增长集群寻找与其特性相符的开发项目，共同组成新的身份，如教育产业、旅游产业、娱乐产业等。

8.建设多样性城市

成功的城市更新要求其具有功能多样性、审美多样性，甚至是人口多样性的特点。例如美国某地将乌克兰教堂与各种各样的印度餐馆汇集到了一处，街道上价格高昂的品牌门店旁边便是打折销售的袜品行，这种具有多元文化特性的发展规划不仅能够吸引更多消费群体，同时也促进了邻里经济的有效发展。因此，城市在进行全面规划的过程中不仅是针对某一特定群体展开服务，更要为更多市民提供相同的社会待遇与公共服务，如此才能够最大限度地解决原居民与外来人口之间的社会矛盾，同时为城市发展提供更多机遇。

第二节　城市更新的基本理论

城市更新从最原始的建设行为来看，就是拆旧建新，没有专门的理论来支撑，只是在后来的发展中，人们越来越注重社会、经济、人文等方面的因素，管理者、开发商、权利人等也开始考虑更新改造的必要性、合理性、可行性、操作性等内容，使得城市更新的内涵越来越丰富。可持续发展理论、制度经济学理论等其他学科的理论也逐渐被引入城市更新中。本书以分析城市更新现状特征与实施过程为基础，通过对城市更新的评价、识别与综合调校来判别城市更新的方式及其规模，并就如何通过合理的规划引导与有效的治理手段来保证城市更新的顺利实施提出相应的建议。结合规划研究的需要，本书主要介绍与城市更新实施密切相关的级差地租理论和产权制度理论、与城市更新内涵界定和策略相关的精明增长理论、与城市更新动力相关的触媒理论、与城市更新管理相关的城市管治理论。

一、精明增长理论

（一）精明增长

“二战”结束后，在社会经济与城市建设高速发展的背景下，精明增长作为城市发展扩张“无序蔓延”的产物，并没有明确的概念，在不同的学科领域有着不同的理解。在城市规划方面，可以理解为通过对城市已开发区域基础设施水平的提升，如大力发展公共交通，增建人们生活所需的基础设施，提升人民居住的生活水平，改善民生环境等方式，以达到对用地的设计与再开发。对于生态学来讲，精明增长就是在不干扰生态环境的情况下有序地对城市用地进行开发利用，以便达到良好的生态居住环境。在农田保护上，则认为精明增长是对耕地保护的一种研究理论，在保护耕地的原则下进行土地高效集约的开发利用。盲目扩张，会导致土地的闲置与浪费，对于经济技术开发区来说，土地的精明增长就是在用地高效利用的前提下，进行规模的演变发展。

（二）土地精明利用

了解土地利用的概念是对土地精明利用的前提，土地是承载社会经济发展与城市基础设施建设的空间载体，土地利用是人类通过改变土地的地形地貌对生产生活构建所需设施的主要途径之一。对于土地的利用是一个动态的过程，会受到自然、生态、社会等多方因素的影响，具有较强的目的性和前瞻性。而精明一词，多数用于褒义方面，土地精明利用的核心思想是强调土地高效集约利用的同时，更加注重生态效益，要实现经济的转型，产业的升级，最终实现协调发展。目前土地利用呈现了“精明”发展的新趋势，土地在开发的同时更加注重集约发展、保护生态、注重效益等多个方面的因素。其关键更是在于通过对土地合理的规划和优化调整布局，在空间上呈现着产业、人口、经济的集聚，使土地得到高效利用，改变以往粗放式的盲目增长，注重高效发展，以实现可持续的进步。

（三）土地报酬增减理论

该理论是在西方经济学中，为了阐述土地生产效率的发展趋势所提出的。连续地在一块土地上进行诸多资本的投入，当其之间的配比超出一定的比例，所产生的收益将不能与原来的支出收益比相协调，甚至会严重降低。这就是土地报酬的增减理论，也被学者们叫作土地收益递减律。该经济理论，是由英国经济学家T.R.马尔萨斯率先提出的，其理论本质是在法国杜尔哥理论的基础上演化而来的。如若在资本主义掠夺式的经营方式下进行土地的耕种，所耕种的土地肥力必将有所下降，这不仅是一种农业发展现象，更是一种资本经营的问题演化。在近二百年来的西方经济学著作中，该理论被反复地运用，随着工业化的发展，该理论从农学逐渐转移到多个学科，在城市经济学中也多次被采用。这是为了掩盖资产阶级剥削土地利用肥力的一个经济理论，当农用地生产效率下降时，需要投入的资本也会相应地减少，资本学家以此来掩盖剥削阶级的恶相。

（四）土地供给理论

土地的自然供给与经济供给是其供给的两种主要方式，自然供给是在常态下可供区域利用的土地，其中包括对未来的预留用地，其特性是总量一定，没有弹性，容易受到自然因素的制约和限制。相反，经济供给是在上述供给量的范围内，因受到时间因素、经济因素、社会因素增加而形成的土地供给量，该数值在总量上是有弹性的，与自然供给一致，不但受到自然因素的约束和制约，还更容易受到所处区域的经济社会发展状况、经济文化水平等因素的限制。

对于土地供给理论的应用研究，不仅能使得国开区在用地上发挥出较高的经济效益，更能在招商引资和产业发展上提供经验，为资金与效益在国开区的集聚提供了充足的建设用地，同时也配备了较为完善的公共基础设施。足量的土地供给政策为企业在园区的入驻提供了土地要素上的承载和政策上的支持，但土地充足的供给，使得企业过度集聚，会引发一些园区环境污染、土地资源浪费、经济效率降低等负面因素，最终导致国开区内部企业发展的经济产出降低，甚至出现负效益。因此，在土地供应上应积极引导对土地的集约利用，减少土地的无限制供给。

二、触媒理论

（一）城市触媒理论概念

“触媒”是化学中的一种物质概念，是指能够加速化学反应的一种物质，也叫催化剂。城市触媒效应是城市化学连锁反应，其理论核心内容是“触媒”在市场经济条件下，通过市场机制和价值规律的作用，对城市建设产生激发、引导和促进作用。

城市触媒是指能够加速城市发展的一系列元素，其载体与形式是多种多样的。当然，有些城市触媒的影响具有一定的不确定性，有些也会对于城市的发展会起到负面作用，如城市中的个别形象工程、政绩工程等，本节不作过多讨论。

城市触媒的重点并不在于某些具象的规划方式或具体的改造手法，而是强调城市发展中从目标到实践的途径，起到催化城市正向发展的作用。

（二）城市触媒的载体

城市触媒并不是某一具象的城市物质，而是包括这些物质在内的可以起到正面催化作用的因素，也包括各种决策、政策，甚至是更小的活动等（韦恩·奥图和唐·洛干在其著作中所提到的触媒大多数是指建筑实体），其形态可分为两大类：物质形态触媒与非物质形态触媒。

物质形态城市触媒主要依托于城市具体物质，如建筑、景观、服务设施等，这类型态的触媒主要通过改造、新建等方式加速城市的发展；非物质形态的城市触媒则主要依托于城市的功能业态、城市文化、城市政策发展与城市事件等，这类型态的触媒主要通过事件政策引发的一系列正面效果加速城市发展。

此外，城市触媒也可以是两种触媒形态的结合体，非物质形态的触媒往往需要物质形态触媒作支撑，如北京冬奥会的举办需要建筑数个奥运场馆。

（三）城市触媒作用形式

城市触媒的作用形式分为以下几个阶段：

第一阶段“发掘触媒”。城市触媒介入城市环境，促使周边环境资源补足与整合。

第二阶段“激活触媒”。城市触媒与周边环境融合，带动更大范围内的城市元素聚集，城市得到进一步发展。

第三阶段“引导触媒”。由触媒影响的区域城市扩大空间影响范围，带动大面积的城市发展，其范围内城市设施更为齐全，可实现由内而外的城市更新。

根据物质形态触媒的不同特点可将其分为以下三种触媒作用形式：点式触媒、线式触媒和面式触媒。

（1）点式触媒

点式城市触媒指在某些城市更新速度较慢的区域嵌入的某种可带动周边区域发展的点式媒介，以物质形态触媒居多，最常见的便是城市交通设施，如高铁站、客运站等。此类媒介能快速带动周边城市各种基础设施建设，快速推进城市发展。

（2）线式触媒

线式城市触媒大多是非物质形态触媒，往往以城市重大事件或国家政策为触发点，范围较广，影响较大，持续性地作用于城市。如北京冬奥会的举办，使得北京及比赛地区依托冬奥会进一步完善了当地的基础设施，带动了更多人参与冰雪运动，同时也拉动了城市餐饮旅游等服务业的经济增长。

（3）面式触媒

面式城市触媒以物质触媒为主，其主要目的是缝合城市中两个功能片区，加强两个片区功能之间的联系，达到整体提升的效果。如城市中居住区与商业区的联系被阻隔，可在其中设置一个开放的广场或其他公共空间加强两个区域之间的联系，进而提升整个片区之间的活力。

“城市触媒”是一个具有明显的“连锁性”与“延续性”的反应过程。触媒点的核心不仅在于它的塑造与存在本身，更在于它的“影响力”，以及这种影响力所带来的变化。“城市触媒”的整个体系包含着“设立触媒——触媒联动——触媒影响”这一逻辑关系。

触媒元素的设立是整个联动反应最初的部分，它指引着城市更新与发展的后续方向，影响着整个过程的结果。在交间方面触媒点对于周边的影响力是有限的，所以城市触媒在城市区域中发挥作用，往往需要多个触媒点的共同刺激与引导（金广君教授基于TOD模式的研究就曾提出，以步行为依据，在不考虑别的干扰因素的前提下，触媒点的有效影响范围为400~800米）。这就使其在城市区域中位置的选择变得十分重要。触媒点位置的分布需要以均匀性和可达性为考虑重点，以方便后续在各个触媒点之间建立路径联系。

在触媒点被塑造之后，它们开始发生刺激与引导作用，触媒元素之间相互呼应，周边区域的空间、业态、风貌、经济等方面开始有了转变与提升。M线性的城市革新与发展初见规模。另外，触媒点在空间与时间方面的刺激作用有限，其作用范围随时间的推移和空间的延伸而逐渐减弱。此时城市更新与发展需要更多的触媒元素为其注入新的动力。在引入新的触媒补充后，它们与初见规模的“线式触媒”才能开始下一轮的刺激与引导。

整个区域在功能、形态各异的多类“城市触媒”影响下产生联动，完成片区的城市更新进程。同时，其本身带有的示范属性也影响着区域外的城市建设，“面式触媒”起到了积极的引导作用，并开始作为一个整体对其他区域产生刺激与影响。总体来看，整个“城市触媒”的过程大致分为三个阶段，即“点触媒的植入——线触媒的联动——面触媒的影响”。

三、城市管治理论

（一）管治

“管治”指的是在组织之间、公共与私人之间的界限可以穿透的情况下，治理的行为、方式或系统。“管治”研究的总体范围包括：通过建构政府的（等级结构的）和政府以外的（非等级结构的）机构、组织和具体的实践。

（二）城市管治的内涵

城市管治，即城市政府、非政府组织、企业、市民四方力量彼此依赖与渗透，持续协调与互动，共同塑造价值体系，促进城市经济社会健康发展的过程。目前对城市管治的理解可以概括为三种。第一种理解认为城市管治等于好政府。最常见于国际援助组织的文件，如世界银行的报告等。城市管治被认为是管理第三世界城市的关键，多数援助机构强行制定“好政府”的指标作为提供援助的先决条件。这些指标一般包括民主、负责任、透明度、人权等。第二种理解认为，城市管治是向市民社会主体和机构赋予权力的过程，较常见于迄今尚未开放的国家的民主化过程。第三种理解采纳了更宽的视角，将城市管治的含义拓展到涵盖政府与市民社会的关系。这样的视角将管治的研究与其他关于政府的研究区别开来，为较多人所接受。麦卡尼（Mc Carney）将它定义为：管治，与政府不同，指的是市民社会与政权之间的关系，约束者与被约束者之间的关系，政府与被管治者之间的关系。

关于城市管治的概念见仁见智。定义城市管治要把握一个尺度，如果尺度太大什么都成了城市管治，尺度太小则会造成过于简单化。本书无意在此界定城市管治的概念，但有几点可以明确。城市管治不仅仅是不同于城市政府的名词，在内涵上也是不同的，它们的关键区别在于城市管治提到了市民社会。城市管治注重的是过程，即地方当局协同私人的利益集团力求实现集体目标的过程，并由经济和社会价值体系共同塑造。

依据以上论述，我们可以将城市管治概括为城市政府与市民社会、公共部门与私营机构的互动过程，这与学者张国平在“‘经营——管治’新思维与城市现代化探析”一文中，关于城市管治的定义具有本质的相通性。因此本文将张国平关于城市管治的定义作为本文的最终概念界定。

（三）城市管治的内容

城市管治的内容可以分为以下三个层次：

一是治理结构，指参与治理的各个主体之间权责配置的相互关系。如何促成城市社会和市场之间的相互合作是其解决的主要问题。为此，需要将“市民社会”引入城市管理的主体范畴，进行“合作治理”。

二是治理工具，指参与治理的各主体为实现治理目标而采取的行动策略或方式，强调城市自组织的优越性，强调对话、交流、共同利益、长期合作的优越性，进行“可持续发展”。

三是治理能力（公共管理），主要针对城市而言，是指公共部门为了提高治理能力而运用先进的管理方式和技术。

在以上三个层次中，治理结构强调的是城市管治的制度基础和客观前提，公共管理是治理主体采取正确行动的素质基础和主观前提，而治理工具研究的是行动中的治理，是将治理理念转化为实际行动的关键。城市的治理工具是城市治理理论的应用核心。

城市制度也是城市管治研究的一个重要对象。制度理论认为制度是价值、传统、标准和实践的主流系统形成的或约束的行为，制度系统是价值和标准的反映，其最核心的观点是制度交易成本与实际资源使用的关系，即制度交易成本的发生和演变是为了节约交易成本。城市管治也涉及制度交易成本，因此在城市管治中如何构建有效的管治模式、发挥非政府组织参与城市管理、提高效率，是城市管治研究的重要内容。

城市管治还具有空间的意义，即“以空间资源分配为核心的管制体系”。城市地域空间是城市一切社会经济活动的载体，从个人的日常生活到城市行政区划调整，都是以城市地域空间为基础，对城市空间的管治就是为了合理配置城市土地利用和组织社会经济生产，协调社会发展单元利益，创造符合公共利益的物质空间环境。

第三节　城市更新的基本内容

城市更新内容具有系统性和整体性，通常涉及经济和金融、建筑环境和自然环境、社会和社区、就业教育与训练、住宅等问题。

一、城市更新的经济和金融问题

城市更新离不开经济复苏为其提供动力。城市更新在发展的过程中，要防止因为经济发展以及市场全球化问题而导致的城市衰退现象出现。经济不断地增长和，城市衰退现象的出现，使得人们开始思考，在现代经济发展中，城市在其中扮演的角色是什么，城市的调整也要按照当前的城市规划和区域发展进行。这些变化通常表现在城市核心区域出现衰退，以及城市周边区域逐渐繁荣。自中华人民共和国成立70多年来，城市政策的发展，体现出了现代经济性质变化的整个历程及其空间表达。

七十多年来，经济更新一方面受到了社会以及经济因素所带来的影响，另一方面又将这些因素的实际反映做了体现。二十世纪六七十年代，经济合理主义对政策目标的出现产生了指导作用，由于城市地区当前的大规模公共开支较少，使得其在未来会出现持续衰退的现象。大部分的设计目标都是以降低内城地区的不足为目的开展的，比如环境质量、低于绿地开发的成本等。当前公共部门在其投资上开始对经济更新加以大量的支持，其核心在于以合作的发展模式推动经济的发展，注重投资货币价值的体现。在当前评估中，其最主要的是以竞标为基础，对评估标准进行确定。

总的来说，随着城市以及区域经济、全球化，产业结构等的变化，城市始终处于衰退状态，而经济更新是帮助城市更新完成的关键所在。城市更新的主要目的在于刺激和吸引大量的投资，为城市创造更多的就业岗位，调整当前的城市环境。城市更新的计划以及相关项目的资金获取方式较多，随着人们对有限资源的过度竞争，国家和一些当地的志愿组织能够对城市经济更新计划的推进起到落实作用，应关注区域发展机构在当前城市更新以及经济更新中的地位与作用。城市经济政策要以动态的方式对城市经济的发展变化做出及时的反应，合作机构之间要对各种已获得成功的实践案例进行有效宣传，同时，为避免城市政策出现不协调，有必要借助清晰的战略框架的建立，为其提供保障。城市更新的发生，需要在一个适宜的投入产出框架内，对城市更新资金的使用进行规划，同时要了解该项资金对于国家乃至国际可持续发展发挥的作用。

二、城市更新的建筑环境和自然环境方面的问题

城市和街区的形体风貌及环境质量对于挖掘财富、提高生活质量、增强企业和市民的信心，具有重要意义。破落的住宅、荒芜的场地、被弃用的工厂、衰败的城市中心，都是贫困和经济衰退的表现，它们呈现出衰退的迹象，或者说，这样的城镇不能迅速适应不断变化的社会经济趋势。当然，效率低下且不适当的基础设施，或是那些衰败和荒废的建筑，都可能成为城市衰退的原因之一。它们不能满足新企业和新部门发展的需要，增加了使用和维修的费用。一般情况下，这类基础设施和建筑的维修费用会高于一般维修，超出处于贫困中的人们的支付能力，也超出了企业收益可以承担的开支。它们影响了投资，降低了房地产的价值，也挫伤了附近居住者或工作者的信心。环境衰退，忽略使用资源的基本原则，都会损坏城市的功能和形象。除此之外，城市地区的生态印记或阴影通常会超出城市地方所管理的行政边界，反映与城市生活相关的资源消费。

更新城市建筑环境是城市更新成功的必要条件，但并非充分条件。在一些情况下，城市建筑环境更新可能成为城市更新的主要动力。在几乎所有的案例中，更新了的城市建筑环境标志着变化的发生，也是地方所作承诺的兑现。致使建筑环境更新成功的关键在于理解现存建筑环境的约束和更新潜力，理解建筑环境的改善能够在区域、城市或街区层次上发挥怎样的作用。正确地认识这些潜力要求形成一种实施战略，认识到和把握住经济和社会活动中如何使用基金，决定所有权，安排城市更新的机构、城市更新的政策，如何适时地把握城市生活和城市功能等方面的变化趋势。

计划中的城市更新必须有清晰的空间规模和时间规模，要了解影响建筑环境的所有

权、经济和市场倾向，清楚建筑环境在城市更新战略中的功能，要使用SWOT分析建筑环境，给更新建筑环境状况制定一个清晰的远景和战略设计，确定这个远景和设计适合于这个地区所要承担的功能，协调需要更新的其他方面，推动更新地区的适当合作者共同参与城市更新，要建立体制来执行和持续地维护项目，建立资金、运行和维持基金的机制，要理解环境改善的经济合理性，确保城市更新方式能够对正在变化的战略，以及正在变化的社会和经济倾向做出正确科学的反应。

三、城市更新的社会和社区问题

城市更新要考虑社区需要和鼓励社区参与城市事务。城市更新管理者通常要处理多种地方问题和需要。公司资助者和自愿组织必须保证其计划能够使地方居民获益，产生货币价值。许多社区城市更新项目优先考虑的问题是创造就业机会，以及在特定条件下可以使用的最好和最适当政策的经验。显然，地方条件、地方精神和期待因地而异，没有一个可以包治百病的良药。公共政策制定者、公司的执行经理和社区领导倾向于因地制宜地制定社区发展战略。他们可能有意识地或凭直觉从以上提到的方案中采纳一些机制，当然，一定是适合于他们的地方条件。不同的地方发展目标重点不同，这就意味着政策制定者能够从不同的方式中选择最适当的因素。在实践中，只有在项目能够敏感地反映地方居民的需要和问题，包括那些有特殊需要和问题时，城市更新的目标才能成功地得以实施；合作模式是一种有效的机制，确保实践能够让整个社区受益；社区组织在能力建设上发挥着重要作用；地方目标应当能够增强社区意识和群众认同感。

四、城市更新的就业、教育和训练问题

如果我们要求人们生活在城市地区特别是内城地区，那么工作对于他们来讲就是必不可少的。与之类似，大部分内城居民总是把是否有适当的工作作为优先考虑项目。现在大家都承认，人力资源对于一个地方或地区的竞争性和对于投资者的吸引性起着非常关键的作用。潜在劳动力的基本训练和职业训练、他们的态度和动机也是重要的。基于这样的理由，教育和训练是城市更新的重要组成部分。

一般来说，人口迁移和经济变化正在从经济上和社会上把城市引向两极分化；城市具有成为服务和消费中心的独特条件，未来的发展必须使它的这些优势最大化；解决城市问题时需要强调教育、培训和创造工作岗位的问题；地方行动必须适应国家劳动力市场政策的变化。现在，国家劳动力市场政策的倾向是，强调供应方面，而不是需求方面的措施，特别推崇企业化的合作机制。越来越多的社会机构的出现增加了协调行动的需要和对地方层次行动的干预。要逐步形成对地方劳动力市场、强项和弱点的清醒认识，勾画出劳动力市场上各种活动者和代理机构的模式及其带来的资源，与包括私人和社区在内的其他部门

一起制定地方劳动力市场战略，以此作为地方行动的基础，并建立起评价、干预目标的影响机制和措施。

五、城市更新的住宅问题

住宅绝对不只是居住的场所。一方面，没有适当公用设施和为数不多的经济活动的单一住宅区将导致一些人离开这个区域，而社区依旧处于贫穷状态。许多战后建设起来的居住区现在提供了这种空间衰退的典型案例。另一方面，无灵魂的商业区迫使市民在商店关门之后即离开那里——那里充满了犯罪及对犯罪和破坏活动的担心，没有人情味，没有街区的感觉，也没有社区意识，没有住宅意味着没有生活。因此，新住宅能够成为城市更新的一个推动力，殷实的住宅是所有城市更新计划的一个基本方面。殷实的住宅刺激着建筑环境和经济活动的改善，当城市环境再次换发生机和活力时，便会再次推动新投资，产生新机会。所有开发的80%与住宅相关，我们生活的地方与我们的日常生活须臾不可分离。住宅开发是建设满足日常需要设施的基本原因，如社区的、社会的、公用的、健康的和购物的设施，显而易见，还有满足工作和闲暇需要的交通设施。如果我们能够为多种社会需要提供优质的住宅，让这些住宅靠近就业中心和其他设施，那么，我们就能帮助我们的城镇更新，实现城市生活的复兴。

从这种意义上说，住宅的品质和它周边的环境具有相当的社会和经济意义。住宅是一个经久耐用的商品。具有可以接受的现代标准，适当的市场价格的住宅也许是最有效的基本建设。住宅标准对健康标准、社会犯罪水平、接受教育的程度都具有影响。如果住宅的供应或质量不适当，就必然会加重社会服务提供者的负担，常常以不合理的和昂贵的形式出现。私人部门和住宅协会的合作已经被证明是成功的，它在非常困难的地区带动了大量住宅和城市更新项目。与推进长期住宅投资的措施相关联，具有一定程度确定性的规划政策，将为住宅产业提供稳定的发展条件，以满足项目需要的有效规模。

第四节　城市更新的规范

一、土地开发式城市更新的法律和体制基础

与房地产更新项目有关的法律问题较多，其中包括规划问题、商业房地产问题以及环境问题等。除此之外，与建设和税收有关的问题也需要通过专业的法律咨询了解其中的详情。前期对有关的法律要求和含义进行了解后，能够帮助项目的进程更加高效有序。法律咨询是城市更新项目建立的基础保障，借助这种方式能够及时发现项目建设过程中隐藏的困难和问题，进而帮助其制定适合的方案或协议，对其进行调整，以减少额外费用的支出或者是延迟问题的出现。能迅速做出反应，对项目做到有效的把握，就可以将一些问题扼杀在摇篮中，并确保项目的正常进行。

在城市更新中，土地开发式方式所涉及的体制和法律问题主要包含如下几个方面：在项目支出方面需要对体制问题加以考虑，即专门公司的选择是否恰当，牵扯到的机构部门有哪些；关注后期开发以及与财产有关的各类资金管理制度；了解整合场地中的利益获取；了解对计划正常运行会产生影响的契约和权利；在开发过程中，通过对场地必要率已进行有效保障的方式对开发商的开发行为进行限制；对场地当前的环境问题进行调查，确保其在购买、开发以及制定、出售战略时能够对环境结果进行考虑；了解开发中需要用到的各种许可，以及获得许可的相关渠道与方式；了解项目进行中可能出现的延迟问题。

二、城市更新项目的监督和评估

衡量、监督和评估城市更新是一项至关重要的工作。事实上，对项目和计划提供资金和对其他支持的机构通常都有相应的监督和评估机制。另外，由于多样性的组织和机构参与城市更新，所以能够展示项目的结果，说明在执行项目过程中所面临困难的起源和后果，都是十分重要的。从比较广泛的意义上讲，监督和评估旨在弄清什么样的行动已经发生，这些行动的后果究竟是什么。

监督和评估与政策制定紧密相连，包括战略层次的政策以及特定项目的设计和执行政策。在项目伊始时就认识这一点是十分重要的。监督和评估形成了政策制定过程的一部分，与政策的选择及建立目的和目标相联系。评估任务的期望不是仅仅依靠对政策形成和

执行的直接观察和判断，而应当看作合理的目标。在这个意义上讲，不偏不倚的忠告通常形成评估过程的一部分。抛开其他原因，评估的性质也会受到有效资源的影响，如人员素质、人品、收集、组织和分析信息资料的能力。有效的信息资料将决定评估任务的宽度和深度。时间也是一个十分关键的因素。在政策执行的初期，监督行动很有可能受到重视。随着项目日趋成熟，重点转向评价产出、结果和附加价值，作为最终评估的一部分。在这个阶段，效力和效率凸显重要性①。

城市更新的参与者总是被要求说明他们希望做的，如何实现目标，以及如何衡量、监督和评估他们的行动。用来衡量、监督和评估的基本规则和程序变化不大，所有的评估都需要反映城市更新计划和项目的性质和规模，以及在每一个地方的机会和情况。城市更新衡量、监督和评估的核心内容是，理解资助机构的要求和了解相关术语；编制一个衡量、监督和评估的综合模式；要求所有的参与者按照专门要求提供一份记录；确定中期报告的阶段性成果以及严格的时间；制定适当的衡量、监督和评估程序，确认参与者理解这些程序；搜集所有直接调查的信息，这些信息是有规律地采集到的；继续从外部资源搜集所有间接的信息，以便说明计划或项目的进程；不要把评估留到计划或项目结束时，要在计划或项目的早期阶段就开始评估，要使用已经获得的信息来评论和调整计划或项目。

三、城市更新的组织和管理

虽然一些美好的愿望在实际落实过程中会遇到各种阻拦，但是有效管理和高质量组织的确能够为城市更新的成功率提供帮助。在城市更新中要对项目的承担者，以及管理者在遇到一些矛盾、清理的障碍以及相关力量的考虑等方面做过多的关注。在搭建城市更新管理的目标时，最基础的就是要建立一个组织，确保参与者的知识能够在这一过程中得到分享，以战略目标作为基础达成意见上的统一。使用的管理机制要能够体现出规划前后的实际使用方式，以及在城市更新过程中的具体行动方式。

关于城市更新管理以及组织的主要功用，可通过三个周期性的阶段进行表现：

（1）对该城市中的有关社会集团、潜在的各种目标以及相关问题所产生的综合认识。对于项目的提出者来说，上述认识能够帮助其组建核心组织、了解项目的核心问题、结识更多的参与者，要对这些问题进行大量且细致的讨论与交流。

（2）在该阶段，与本项目存在利益关联的所有参与人员都能够聚集在一起，并对问题以及所做出的假设进行确认。随后参与者会对专门战略问题的意见表示认可，并将其结果交由管理预算部门。

（3）该项目或计划获得政府机构批准之后就可步入详细规划阶段。想要确保城市更

① 张磊．“新常态”下城市更新治理模式比较与转型路径 [J] 城市发展研究，2015，22（12）：57-62.

新获得更好的成功，就需要项目经理能够召集所有的参与者之间进行知识、信息、观点、理论等的共享，并为其营造良好的工作环境。但并不是全部的参与者都能够在合作董事会议上露面，但要尽可能地保证所有的参与者借助相关程序和组织体制，使其参与到第二阶段的城市更新战略编制中，并在第三阶段就专项项目给出自己的见解。这些流程能够为项目规划师提供更多的思路，便于其在城市更新观念上获得更多的新鲜灵感，确保各种意见的统一。高质量的管理和优秀的规划相辅相成。

城市更新管理以及其组织的核心在于，在项目最开始成立之前，要注重管理和组织问题，并通过简洁清晰的流程与制度，确保所有参与人员都能够对管理体制和相关的组织有清晰的了解，并对这一过程中的所有信息进行记录与保存，同时还要监督、管理与调整当前的城市更新战略，确保更新的全面性。

第二章 我国城市更新的方式、流程与运行机制

第一节 我国城市更新的阶段演进

随着我国城镇化发展进入中后期，存量提升逐步代替大规模增量发展，成为我国城市空间发展的主要形式。《中共中央关于制定国民经济和社会发展第十四个五年规划和二〇三五年远景目标的建议》明确指出“实施城市更新行动”“推进以人为核心的新型城镇化”，这为“十四五”时期我国城市工作指明了前进的方向。在动力机制、产权关系、空间环境、利益诉求等不同要素的影响下，建立多元主体良性互动、共建共享的城市更新治理机制是实现我国城市高质量发展的必要途径。城市更新中的治理手段主要用于调节和分配城市的空间资源及增值利益。虽然学术界已对城市更新和治理的关联机制做了较多研究，但是仍然缺乏从历史的高度进行的全面认识。

我国城市更新自中华人民共和国成立发展至今，在政策制度建设、规划体系构建和实施机制完善等方面均取得了巨大的成效，推动了我国城市的产业升级转型、社会民生发展、空间品质提升和功能结构优化。由于不同时期我国城市的发展目标、面临问题、更新动力及制度环境存在差异，城市更新中利益分配机制和实施路径不断演进和完善，在不同阶段相应产生了不同的治理模式，呈现出不同的特征。本文从城市治理的视角出发，依据城市更新的治理特征和深圳、广州、上海等城市的更新实践情况，将我国1949年以来的城市更新演进历程划分为三个阶段。

一、第一阶段（1949—1989年）：政府主导下一元治理的城市更新

（一）城市更新背景

中华人民共和国成立初期，我国整体经济水平低，城市居民聚居区建设水平不高、基础设施落后。1953年中央政府提出了第一个五年计划，城市建设以“变消费城市为生产城市”“城市建设为生产服务、为劳动人民服务”为主要方向。城市建设资金主要用于发展生产和新工业区的建设，对旧城采取“充分利用，逐步改造”的政策。在该阶段，旧城改造主要着眼于棚户区和危房简屋改造，如北京龙须沟改造、上海肇嘉浜棚户区改造和南京内秦淮河整治等。

改革开放以后，国民经济日渐复苏，城市建设速度大大加快，城市更新也成为当时城市建设的重要组成部分。由于旧城区建筑质量和环境质量低下，难以适应城市经济发展和居民日益提高的生活水平需求，“全面规划、分批改造”是这一阶段旧城改造的重要特征，旧城改造的重点转为还清生活设施的欠账、解决城市职工住房问题，并开始重视修建住宅。

（二）治理特征

第一阶段，我国城市更新的治理目标是解决国民最基本的民生问题。这一阶段的城市更新主要采用政府主导的一元治理模式，城市更新治理机制还不成熟，政府财政资金有限，改造工作大多是由政府通过自上而下的强制性政令安排推动。由于这一阶段的管理体制不完善，忽视了社会和市场的力量，对各利益主体意愿不够重视，产权保护观念淡薄，建设项目存在各自为政、标准偏低、配套不全、侵占绿地、破坏历史文化建筑等问题。

（三）相关政策

1978年3月，十一届三中全会提出对国家的经济体制进行改革，社会经济环境的转变为城市发展创造了良好的契机。1984年颁布的《城市规划条例》明确指出“旧城区的改建，应当遵循加强维护、合理利用、适当调整、逐步改造的原则”。其后，1989年实施的《中华人民共和国城市规划法》进一步细化了“统一规划，分期实施，并逐步改善居住和交通条件，加强基础设施和公共设施建设，提高城市的综合功能”的要求，具有重要的指导意义。

在地方层面，各地也编制了一系列城市总体规划指导旧城区的建设。1963年，H市“三五”计划提出改善风貌、拆迁、加层等地段建设控制导向，以及改善道路与扩建市政基础设施的工作重点。1980年，H市政府提出将“住宅建设与城市建设相结合、新区建设

与旧城改造相结合、新建住宅与改造修缮旧房相结合”的号召。在此号召下，H市采用新建和改造相结合的方式，开启了为期20年的大规模住房改善活动。

1982年，G市政府在《G市城市总体规划》（1984版）中提出共同推动新居住区的建设与旧城居住区改造，改善旧城居住环境。1983年，B市在《B城市建设总体规划方案》中强调严控城市发展规模，并加强对城市环境绿化、历史文化名城保护的认识。

（四）地方实践

为改善城市居民的居住、安全、出行和卫生等条件，补齐城市基础设施和公共服务设施建设的短板，一些大城市相继开展了旧城改造活动。在住房改造方面，20世纪80年代住房机制改革后，B市逐步实施“危房改造”试点项目，对街区进行了改造。B市政府针对建筑质量较差、配套设施老旧、存在消防隐患、亟待修整的危房，以院落为单位进行小规模的拆除重建。在旧城更新方面，N市城市建设的重点转向以政府投资为主的城市基础设施和住宅建设。同时，N市加速对城市环境的治理，治理后商业街市得到复兴，城市环境和商业街区面貌焕然一新。在古城保护方面，Z市政府提出维持旧城原有风貌和肌理，在一定范围内有计划、有步骤地对古城区进行持续性改造，使之满足现代化生活的需要。

二、第二阶段（1990—2009年）：政企合作下二元治理的城市更新

（一）城市更新背景

1990—2009年，我国城市发展处于总体增量开发、局部存量发展的阶段。20世纪90年代初期，随着改革开放后市场经济体制的建立，城市经济实力不断增强，土地有偿使用和住房商品化改革为过去进展缓慢的旧城更新提供了强大的动力，释放了土地市场的巨大能量和潜力。随着城镇化进程不断加快，我国一些特大城市在城市建设和扩张过程中，最先面临土地资源紧缺、已建设用地利用低效等问题，迫使地方政府开始逐步探索城市更新机制，突破土地供应瓶颈，促进土地集约利用。同时，借助多种市场化手段，地方政府与市场主体合作，推动以城中村改造、旧工业区改造、历史文化街区改造等为重点的城市更新，这种政企合作模式有效解决了存量改造所需资金规模庞大、完全依靠政府投入难以持续的问题。

（二）治理特征

第二阶段，我国城市更新的治理目标主要为推动城市经济的快速发展。这一阶段的城市更新主要采用政企合作下的二元治理模式。这种模式有助于拓宽融资渠道，吸引更多的社会资本投入城中村改造、商业区改造和历史文化街区更新等项目中，有效缓解政府的财

政压力。政企合作模式的投资主体多元，有助于合理分担成本，降低政府独自承担投资不利的风险。依据不同更新模式所带来的不同收益，以及社会公平性、土地财政、现阶段地块开发需求等多方面的影响，政企合作模式大体可分为“政府引导，市场运作”与“政府主导，市场参与”两大类型，主要采用PPP、BOT、PUO等市场化运作手段。政府政策支持与社会资本运作的结合大大提高了这一阶段城市更新的发展速度，然而对经济利益的过度追求，促使政府和开发商结成“行政权力与资本的利益增长联盟”，导致增值利益分配不均衡，对权利主体和公共利益的保障不足。

（三）相关政策

20世纪90年代，中央陆续出台了《中华人民共和国城镇国有土地使用权出让和转让暂行条例》《国务院关于深化城镇住房制度改革的决定》《中华人民共和国城市房地产管理法》《中华人民共和国招投标法》等。2004年10月，国务院下发了《国务院关于深化改革严格土地管理的决定》。至此，拉开了市场经济推动下城市更新的序幕。

在省级层面，各省也针对土地节约集约工作，发布省级政府文件，提出在科学统筹、因地制宜等理念的指导下，推进土地集约高效利用，完善土地要素市场，挖掘土地潜力，对新增建设用地进行控制，并对存量建设用地与新增建设用地进行差别化管理。

随着各大城市土地资源紧缺问题不断加剧，地方政府纷纷出台相关政策，指导地方层面的城市更新方向和具体工作。S市于2004年出台了《S市城中村（旧村）改造暂行办法》，对城中村改造的目标、方法与优惠政策做出具体规范。此后，S市政府先后印发《S市人民政府关于工业区升级改造的若干意见》《S市人民政府办公厅关于推进我市工业区升级改造试点项目的意见》等，以推进旧工业区转型升级。

（四）地方实践

在政企合作的二元治理模式推动下，S市、H市、G市等旧城改造规模不断扩大、项目数量不断增加。例如，S市某屋围更新项目由其所属区政府与开发商合作，整合空间、产业、社会和文化资源，将该地区建成集金融、商业、文化于一体的国际消费中心；S市某工业园区改造项目通过商业化运作，引入商业、住宅和创意产业等，实现工业区向综合性城区转变；S市某公馆历史风貌更新项目由政府指导、国企投资持有、社会融资，并进行市场化运营管理，更新后的该公馆历史片区成为融合酒店、办公、商业、居住等多功能的高品质综合社区；S市新天地改造项目创新性地实践了政府主导、市场化运作的历史城区更新计划，保留了石库门的建筑外观，将其居住功能更换为餐饮、娱乐、购物等商业功能。

然而，这一阶段的政企合作忽视了原产权人和公众的意见，导致部分项目推进困难。

三、第三阶段（2010年至今）：多方协同下多元共治的城市更新

（一）城市更新背景

我国城市发展正处于从粗放化、外延式增量发展转为精细化、内涵式存量提升发展的阶段。2011年，我国的城镇化率首次超过50%，随着城镇化率的不断提升，过去由市场驱动、以创造增值收益为特征的城市更新模式已无法解决我国面临的众多城市问题。在此背景下，保障民生、改善人居环境、强调社会治理成为城市更新行动的重要目标。2020年，中国共产党第十九届五中全会通过了《中共中央关于制定国民经济和社会发展第十四个五年规划和二〇三五年远景目标的建议》，明确提出“实施城市更新行动”，这是党中央对进一步提升城市发展质量工作做出的重大决策部署。

在这一阶段，我国的城市更新更加关注城市内涵发展，更加强调以人为本，更加重视人居环境的改善和城市活力的提升。第三阶段的城市更新主要聚焦于老旧小区改造、低效工业用地盘活、历史地区保护活化、城中村改造和城市修补等。

（二）治理特征

第三阶段，我国城市更新的治理目标在于促进以人为核心的高质量发展。这一阶段的城市更新主要采用多方协同下的多元治理模式。通过建立由政府、专家、投资者、市民等多元主体共同构成的行动决策体系，利用“正式”与“非正式”的治理工具应对复杂的城市更新系统，政府自上而下地统筹城市更新，运用容积率奖励、产权变更、功能区兼容混合和财政奖补等手段，平衡政府与开发商、居民之间的利益分配，如各地分别出台了相关文件。各类社会主体通过成立工作坊和自治会、社会调查、设立基金等方式，参与社区营造、历史遗产保护活化、公共空间设施更新等涉及民生和公共利益的城市更新活动。然而，目前自下而上的多元协商机制仍处在探索阶段，缺乏政策、制度的支持和保障，公共利益的保障力度不足。

（三）相关政策

2014年编制的《国家新型城镇化规划（2014—2020年）》明确指出“要按照改造更新与保护修复并重的要求，健全旧城镇改造机制，优化提升旧城功能，加快城区老工业区搬迁改造”。2020年，《中共中央关于制定国民经济和社会发展第十四个五年规划和二〇三五年远景目标的建议》强调了“实施城市更新行动”。

此外，在棚户区改造、低效用地再开发、“城市双修”、老旧小区改造等方面，国家

也相继出台了一系列专项政策，如《国务院关于加快棚户区改造工作的意见》《关于深入推进城镇低效用地再开发的指导意见》《住房和城乡建设部关于加强生态修复城市修补工作的指导意见》《国务院办公厅关于全面推进城镇老旧小区改造工作的指导意见》等。各省政府也根据自身实际情况印发了一系列规范性文件和指导意见。为尊重和保障原权利人的合法权益及改造意愿，相关文件对项目申报阶段和实施阶段中原权利人的意愿征求进行了规定。2020年，S市政府颁布的《S市城市更新条例》进一步强调了“政府统筹、规划引领、公益优先、节约集约、市场运作、公众参与”的原则。同年，B市发布了《B市老旧小区综合整治工作手册》，积极构建基层制度和社区规划师制度。上海市也明确提出将在全市范围内推广试点“参与式社区规划”制度。

（四）地方实践

目前我国城市更新项目不断涌现，尤其是北上广深等一线城市，受起步时间早、发展速度快、土地资源紧缺等因素的影响，对城市更新的需求更为迫切。这些城市在多元主体参与方面进行了大量的实践探索。

纵观中华人民共和国成立后我国城市更新的空间治理历程，先后经历了旨在解决城市居民最基本的居住、出行等民生问题的政府主导下的一元治理旧城改造；城市经济快速发展时期，政企合作下大规模的居住区改造、城中村改造、老旧工业区改造和历史地段商业化改造；强调以人为核心和高质量发展，多方参与下的老旧小区改造，低效工业用地盘活和历史地区保护活化。我国的城市更新在不断发展和前进中获得了许多宝贵的经验，对推进新型城镇化、构建新发展格局、提升国家治理体系与治理能力、全面建设社会主义现代化国家发挥了重要作用。

第二节　城市更新的方式与流程

一、城市更新的方式

城市更新是推动城市发展的关键，也是促使城市拥有鲜活生命力的前提。城市更新所使用的方法较多，为保证城市的品质、改善人们的居住环境，推动城市的可持续发展，更新要以实际为基础，确保使用的方式与城市更新的需求相符。

城市的发展与建设都需要新的力量为其提供动力，每一个城市都是如此。城市内的各种公共设施、房屋等随着时间的推移，会逐渐老化，为此就需要通过城市更新的方式对其进行改进，以满足城市居民的发展需求。影响城市更新的核心因素有以下几个：过高的人口密度；设备的损坏；生存环境的恶化；公共绿地规模不足；交通拥堵；卫生状况较差；城市资源利用不当；城市功能需要改进等。

（一）多样化的城市更新

在城市更新中，关于建筑物的更新方式较多，可依照更新力度而定，将其划分为三种类型，即全面更新、局部更新以及微更新。

1.全面更新

这种更新方式主要是进行拆除重建。其目的通常是对当前的居住条件进行改善，对城市面貌和地区功能进行改进与完善。其情形可分为如下两种：

（1）通过拆除重建完成功能开发。

依照城市规划的要求，对一些不具价值的老城区进行拆除与征收，使其成为“净地”，随后开展土地供应并完成之后的建设工作。开发的项目既可以用作公益项目，也可以用于经营。在进行更新时，原有的居民安置方式可分为回迁安置和异地安置两种，土地使用权的主体会改变，其性质和用途也会出现一定的变化。当前我国的棚户区改造项目通常采用这种方式进行更新。

（2）完成拆除重建后，原有的居民会回迁。

对于一些年代较久、住房结构较差、居住环境不理想并且无法通过修缮的方式对其进行改造的旧住宅可通过拆除重造的方式完成改造，确保居民能够回迁。在对上述项目进行更新时，通常不会改变项目的经营性质，其所拥有的土地使用权主体、土地的性质以及用途也不会发生较多的变化。但对于当地居民来说，其居住的面积在经过改造后会有所增加，比如上海市彭三小区等。

2.局部更新

局部更新是指通过对房屋实施局部改造、功能置换、保护修缮、活化利用以及公用设施、基础设施完善等的更新方式。局部更新又可分为功能改变类局部更新和功能提升类局部更新。

（1）功能改变类局部更新。

这类城市更新中，房屋性质、用途和使用功能发生了改变。

第一，居住类房屋功能改变。这类更新方式主要针对一些具有保留保护价值和商业开发再利用价值的历史建筑（主要是老旧住宅），通过将房屋征收或房屋置换，动迁原住居民，腾空房屋，再根据区域规划和功能定位需要，实施房屋修缮改造和招商引资，达到改善居民居住条件和城市环境、保护历史建筑、促进产业发展的目的。这类城市更新中，房屋用途发生了改变，由居住房屋变成了非居住房屋。目前这类城市更新项目很多，如上海市黄浦区的“思南公馆”项目、福建省福州市的“三坊七巷”项目、四川省成都市的“宽窄巷子”项目等均做得比较成功。另外，这些项目完成后，可能不是全部用于经营性开发，有的还承担了公益性任务，如博物馆、文化设施等，提升了地区文化层次。

第二，非居住类房屋功能改变。这类更新方式主要针对一些具有保留保护价值和商业开发再利用价值的历史建筑（主要是老厂房、老仓库等），通过房屋置换或房屋租赁，结合区域规划和功能定位，开展房屋修缮改造和招商引资，主要拓展一些适合在老厂房、老仓库中经营的产业，如创意产业、画廊、艺术设计工作室、餐饮、购物等，从而达到改善城市环境、保护和利用历史建筑、提升产业能级的目的。在此类更新中，房屋的用途发生了改变，由工业厂房、仓库变成了商业、办公用房等。目前这类城市更新项目很多，而且很有特色，后续经营较为成功，如：上海市静安区的“南苏河创意园”项目，该建筑原是建于20世纪初的老仓库，后来是上海市果品有限公司新闸桥水果批发交易市场；上海市普陀区的“M50创意园”项目，该项目是由原上海春明粗纺厂等老厂房改建而成的创意园区。

（2）功能提升类局部更新。

这类城市更新中，房屋性质和用途保持不变，但使用功能发生了改变，并根据经济社会发展需要加以进一步提升。

第一，居住类房屋功能提升。这类城市更新方式，主要针对一些具有保留保护价值但居住功能较差（如厨卫设施合用或无卫生设施等）的老旧住房，通过加层、扩建、局部调整原有建筑物平面等不同方式，实施旧住房成套改造、里弄房屋内部整体改造、厨卫设施改造等，就是通常所说的改扩建改造，最终达到既改善居住条件（每户居民有独立的厨卫设施），又保护历史建筑的目的。对这类项目实施更新的基本要求，是确保房屋结构安全、完善基本居住功能、传承历史风貌、优化居住环境。在更新过程中，一般不涉及经营性项目的开发和建设，更新完成后，居民回迁居住。在注重历史建筑和风貌保护的背景下，近年来实施的这类城市更新项目有不少，如上海市虹口区的春阳里里弄房屋整体改造项目、上海市杨浦区的控江四村旧住房成套改造项目等。

第二，非居类房屋功能提升。这类城市更新方式，主要针对一些具有保留保护价值的历史建筑（主要是老旧商业办公类建筑），这类建筑的数量不多，其原始设计用途为商业办公金融，但当前有的由政府部门和国有企事业单位用于办公，有的由居民居住使用，使用功能粗放，资源浪费较为严重，其承载的功能、地位与区域发展规划不相匹配。

通过动迁或置换，并结合区域规划和功能提升需要，对房屋进行修缮改造和招商引资，打造符合区域规划的功能区，引进和发展相应的产业，达到既发展区域经济又传承历史风貌的目的。上海市黄浦区外滩沿线的老大楼置换项目、上海市黄浦区的“外滩源”项目等，均是这一类比较成功的项目。

3.微更新

微更新方式，基本不涉及老旧房屋拆建和修缮改造，主要是在维持房屋现状建筑格局基本不变的前提下，通过房屋立面更新、老旧小区环境净化美化、市政基础设施完善、公建配套设施改造等方式，改善小区居住环境。在微更新中，居民房屋内的居住功能，不一定有明显改善。目前，通过微更新实施改造的项目也有不少。

（二）城市更新推进过程中要把握好的几个重点

城市更新，是一项艰巨而复杂的长期任务，也是一项综合性工程，政策性强，涉及多方利益，关系到居民生活条件的改善，以及城市品质和综合竞争力的提升，在推进城市更新过程中，一定要把握好以下几个重点。

1.推进城市更新，必须坚持以人为本

城市更新的出发点和落脚点应该是改善人民群众的居住条件和人居环境，切实改善民生，这应该是城市更新最主要的目的。为此，城市更新必须坚持以人为本，尊重民意，充分体现城市更新的公益性特征。通过城市更新，实现改善居住条件，提升城镇基础设施，完善公共配套服务，营造干净、整洁、平安、有序的人居环境等多重目标。通过协调、可持续发展的有机更新，提升城镇机能，让广大人民群众共享改革开放的伟大成果。

2.推进城市更新，必须坚持历史风貌和历史建筑的保护及活化利用

历史建筑、历史风貌和文化，是一个城市不可多得的宝贵资源。保护和利用好这些宝贵的历史文化资源，对于延续历史文脉、留存历史风貌、维护城市脉络肌理、促进经济社会发展功能、提升城市综合竞争力、彰显未来城市魅力等具有重要意义。推进城市更新，必须保护好历史建筑和历史风貌，同时还要重视这些历史建筑的活化利用，它们是推进发展不可多得的载体，要在利用中达到保护的目的，实现历史文化保护、产业能级提升和城市有机更新的和谐共融、协调发展。

3.推进城市更新，必须坚持因地制宜、多措并举

每个城市的建筑和街区，或者同一城市不同区域的建筑和街区，都有自身特点，无法照搬照套同一模式进行更新改造。从实践经验来看，一个成功的城市更新项目，一定采用了适合其自身的规划理念及更新方式。推进城市更新，应当结合城市总体发展战略和区域具体规划，将原有建筑、风貌、街区及周边地区的实际情况，以及人民群众的改造意愿等因素，纳入整个城市的发展中统筹考虑、全面分析，选择适合自身条件的拆除重建、修缮改造、环境整治、历史文化保护等不同城市更新方式，真正做到因地制宜、统筹兼顾、分类实施、多措并举，从而优化城市发展空间和战略布局。

二、城市更新实施全流程

在“十四五”工作目标的指导下，学者王蒙徽就针对城市建设领域的问题撰写了《实施城市更新行动》，同时将“城市更新”作为该项工作的重点看待。

但对于大多数的地方政府而言，他们对城市更新的概念并不了解。相较于深圳等地所开展的将企业作为核心的城市更新项目来说，政府所开展的城市更新活动无法与之相比较。因此，城市更新要准备哪些工作呢？地方政府可以做些什么？资金从哪些地方获取？本节在对其基本概念，实施流程进行分析后，构建了地方政府在之后五年，关于城市更新项目的大致框架。

（一）以地方实际状况为基础，对实施范围进行界定

进行城市更新行动的目的是在于打造更加适合人们居住的城市环境，建造出集智慧、韧性、绿色、人文于一体的新型城市，确保城市居民的生活质量，居住环境，城市竞争力能够得到更好的提升，并从中探究出与中国特色城市发展相符合的道路。在近几年的发展建设中，大多数的城市建设已经取得了一定的效果，但是与新时代下的城市发展方向，以及需要达到的公共服务体系之间还存在差距。不同的地区应当结合自身的实际状况，制定出与之相适应的城市更新区域。常见的类型如下。

1.对老旧城区所做出的整体更新

随着“棚改”行动的进行，大多数的城市风貌与之前相比都发生了极为显著的变化，居民的居住条件在这个过程中也得到了改进。但从基础设施来看，老城区的生态环境以及相应的公共服务还较为落后，相应的资金投入不足。在后期的整体改造活动中，依旧要将老城区作为城市更新的重点关注对象。

2.城市风貌的维护与更新

对于我国的中西部地区以及生态屏障区来说，文旅产业的发展能够对城市的风貌起到较好的保护作用。因此这些地区的城市更新活动，通常会将修复山水城传统格局、对原有的历史文化进行保护、结合当地的地段风貌对其进行格局改造，提高其历史文化遗产活性，增强城市功能党作为建设的核心任务。

3.加快核心区和园区的智慧建设

2020年我国开始推进新基建，各项工作也成为后期城市地区投资与发展的主要方向。因此通过对经济技术开发区、核心城区、高新园区等的更新与改造，能够实现这些区域的智慧化升级。

一方面能够带动这些城区实现产业结构的革新与新旧动能之间的转换，另一方面也能够为当地新基建工作的开展提供一定的经验。

鉴于不同的地区经济发展存在一定的差异，并且其核心需求也有所不同，在进行城市更新的过程中，其所制定的目标与施工的区间也会存在一定的差异，不同地区要从实际情况出发，对城市更新的实际施工范围进行确定。以“十四五”发展目标为基础，将其与城市更新的具体实施区间相结合，为城市更新项目的目标实现提供基础。

（二）根据实施范围，确定项目构成

当各地确定了适合当地实际情况的实施范围以及总体的发展目标，就能以此为蓝本，梳理达到项目所需要进行的具体基础设施与公共服务投资，项目构成应运而生。

改善城市基础设施的项目，涉及拆迁、保障性住房建设、租赁住房建设、老旧小区改造、道路升级与改造、更新管网；生态环境治理项目，涉及修复河湖水系和湿地等水体、保护城市山体自然风貌、完善城市生态系统、改造完善城市河道、堤防、水库、排水系统设施；提升公共服务的项目，包括新建或扩改建教育设施、医疗卫生设施、养老托育设施、社区公共服务设施；完善城市管理的项目，包括信息化、数字化、智能化的新型城市基础设施建设和改造。

当项目构成确定，项目的总投资等经济数据便有了初步数据，同时，也可对居民意见、拆迁难度、公共服务投入进行摸底，为后续工作、决策提供支撑。

（三）根据项目构成，确定实施主体

明确了项目构成之后，各地可根据实际情况选择实施主体：政府投资范围的公益性项目由政府部门作为项目的实施主体；半公益性的、资金能够自平衡的准公益性项目由城投公司作为实施平台；市场化范畴的、适宜社会资本直接承接的项目可通过竞争性方式选择社会资本作为实施主体。

在新时代的城市更新项目中，往往同时具有公益性、准公益性、经营性项目，因此实施主体可以有多个。根据不同的实施范围，对实施工作进行划分和分配，根据具体的工作内容选择适宜的实施主体。

（四）根据实施主体，确定实施模式

确定了实施主体后，采用何种方式实施城市更新也变得顺其自然。以政府部门作为实施主体的，可采用政府投资、地方专项债券等模式实施；以城投公司作为实施主体的，采用市场化运作、整体资金平衡、ABO等模式实施；以社会资本作为实施主体的，则采用招商、PPP、混改等模式实施。

考虑到城市更新项目的体量基本较大，仅靠一个主体、一个模式实施的可能性不大，在“财政紧日子”的主旋律下，根据项目的具体性质进行合理拆分、组合实施，是促

使项目更好、更快落地的必要条件。

（五）根据实施模式，确定筹资方式

城市更新项目采用多种模式实施，资金自然也需要多渠道筹集。根据不同的实施主体、实施模式，项目资金也有不同的来源：以政府作为实施主体的，只能通过财政预算内资金、地方专项债券筹集；以城市公司作为主体的，可以通过承接债券资金与配套融资、发行债券、政策性银行贷款、专项贷款等方式筹集资金；以企业作为实施主体的，可以通过商业性银行贷款、项目收益债、信托、投资基金等方式募资。

在有相应金融政策时，也可根据成本更低的资金渠道、募资方式，来调整实施主体与实施范围，既享受政策的红利，又能够帮助项目更好地落地。

（六）根据资金情况，确定实施进度

大项目有一个特点，就是资金往往根据项目实施情况分期到位，有时与项目的资金需求、实施进度存在一定的脱节。因此，在实施城市更新项目的过程中，也应当根据不同模式下资金到位的情况，合理调整实施进度，让资金与进度相匹配。既避免资金不到位可能性带来的负面问题，也避免临时筹资带来的隐性债务、高成本债务。

（七）根据实施进度，动态调整目标

城市更新的实施目标是远大的，但在短期之内也是非刚性的。如果涉及项目前期工作不成熟、市场环境不支持、项目自平衡有缺口，实施目标也应当动态调整。在“资金平衡”的基础上，公益性投入要量力而行，避免造成新增地方政府债务，也避免无效投资。

同时，也要注意政府主导项目与企业投资项目的根本不同，城市更新的核心是提升城市人居环境质量、人民生活质量、城市竞争力，而非商业化的盈利。因此在有盈余的基础上，地方政府也应加大基础设施与公共服务的投入，实现人民富裕、生活美好的根本性目标。

城市更新的涵盖范围很广，在不同的地区呈现出完全不同的面貌，因此实施中切忌大干快上，也应避免生搬硬套。从核心理念上来说，城市更新项目原则上应当实现项目收益的自平衡，通过将有收益与没收益的项目相结合，实现资源横向补偿的目标。

这既是帮助项目成功实施、筹资的关键，也是避免地方债务新增、推高地方平台债务的重要红线。因此，各地应当根据自身实际情况，对照实施流程进行项目的推进，通过全流程、分步骤地运作，实现城市更新行动的目标。

第三节　我国城市更新的运行机制

良好的城市更新运行机制是保证城市更新目标得以实现的根本途径。

一、切实的公众参与

（一）城市更新公众参与的需求

1.是城市的“更新”

在古代，人类建造一个全新的城市，所开拓的场地上只有自然的环境和要素。在人口快速增长的时代，人类的祖先利用并改造自然空间，将其转变为人工空间。长此以往，这样的空间利用方式发展形成了“城市建设”这一基本营建方式。有些人甚至会认为“没有人居住的地区”可以按照自己的想法随意改造。

然而，风景园林师知道，在这里除了人类之外，还居住着丰富多样的生物，所以他们希望在城市建设过程中尽可能地减少对自然环境的破坏。由于这样的原因，世界上除了有通过破坏原有环境而建成的城市以外，也有与自然环境共生共建的城市。

这两种城市的建设方式虽然有所不同，但都是在原本无人居住的土地上进行创造新建，而“城市更新”却是截然不同的情况。城市更新的前提是城市里已经居住着居民，这也意味着沿用原本开发自然环境、新建城市的方式是行不通的，然而目前仍然缺乏具有普适性的城市更新方法。大学里讲授城市规划设计的教师将自己年轻时经历的城市建设方法教给学生，恰巧这些方法正是将场地看作无人居住的环境而随心所欲地进行创造，但这样的规划设计对于城市更新难以起到任何积极作用。因为自然环境即便被肆意开发建设也不可能“说出任何怨言”，但是居住在那里的人们却可以表达自己的感受。无视当地居民意见强制性的城市更新可能会引起市民的不满，甚至引发反对运动。

与破坏无人居住的自然环境的城市建设方式不同，城市更新必须在听取当地居民意见的基础上决定更新方向。能胜任这项工作的正是风景园林师，他们能够在无人居住的土地上聆听自然界无声的话语，聆听植物、动物、昆虫、土壤和水的声音，并将自然的无声之言体现在规划设计之中。这样的工作特质正适用于城市更新，即倾听动植物和当地居民的声音，并反映到规划设计方案中。与聆听自然不同的是，设计师可以与当地居民通过语言进行沟通，更容易理解居民的实际需求，然而有时交流也会导致一些复杂的局面。

从上述可以看出，正因为我们不再是为了创造全新的城市，而是为了实现城市的再生，因此需要听取在当地生活和工作的居民的声音，这也是城市更新中公众参与不可或缺的原因所在。

2.掌握居民的意见

如果设计对象是人们能选择购买的事物，那么设计师可以任意创造形态，诸如广告、运动鞋、自行车、汽车这类事物的设计，可以通过销量一目了然地看出人们对于设计款式是否认同。购买者也可以货比三家，综合考虑价格、功能、形式，选择最终的购买对象，不喜欢的不买便是。但是，城市更新却不同，因为设计对象是大多数人无法选择的东西，即城市空间。通过设计重塑人们居住的地方，就如同对公园进行改造提升后，尽管使用者“不喜欢这种设计”，也只能继续使用公园，没有随意更换设计的权利。

换句话说，人们可以自由选择的设计也许不需要公众参与，但是个人难以选择的“城市更新”就必须结合居民意见进行规划设计，因为城市空间基本不可能像运动鞋那样“不喜欢就换个款式”。

城市更新中，在进行公共空间设计时，理应听取以往的空间使用者和未来潜在使用者的想法，并将这些意见反映于空间形态。但是工作坊能够邀请的参与人数有限，即使200人聚在一起交换意见，仍然有成千上万的居民缺席，而我们无法了解这些居民的意见。这就是为什么规划师、设计师们不仅要采纳工作坊参与者的意见，而且还要考虑许多其他“不在场者”的使用需求，综合考量后再进行城市更新。因此，在掌握居民意见的同时，综合考虑不在场使用者的需求，是城市更新的重要过程。

3.为居民提供学习机会

假设城市更新过程中举办了公众参与型工作坊，我们利用这个机会与参与者交流，总结收集意见并反映于方案中。但是，这些意见能够代表居民的真实诉求吗?

根据以往的经验，居民通过学习相关知识，加深对于城市更新的理解和认识，提出的意见也会持续转变。在第一场工作坊中表达的观点，会根据后续的学习理解而不断变化。参加工作坊的居民通过相互讨论、学习，有可能在第六场工作坊上表达出完全相反的意见。因此，我们必须谨慎对待城市更新中的公众参与过程，并将其定位为参与者共同学习、转变意识、改变行为态度的学习平台。我们希望收集获取的，是那些全程认真参与、相互学习进步的居民所反馈的建议，而不是碰巧经过的居民随意提出的意见。

以此方式学习的居民也将获得属于自己的新认知并分享给家人朋友，例如城市更新意味着什么，未来社会将如何发展，自己应当如何生活和工作等。夸张点说，这也可能改变参与者的人生，并且是朝着好的方向改善。可以说，这些正向优化的连锁反应，才是城市更新真正的意义。那么，怎样帮助工作坊的参与者形成“主动学习”的心态呢？社区设计的工作就是以此为主线，贯穿于公众参与型工作坊的各个环节之中。

4.提升居民对空间的理解力和归属感

随着居民对城市更新有了更深入的了解，他们的意识、态度和行为就会发生变化，与此同时居民对于规划设计的归属感也会增加。一直以来，这种归属感都是规划师和设计师的特权。当我们设计某个公共空间时，会反复查看图纸、多次勘察现场、不断优化方案，在这个过程中我们对场所慢慢形成一种归属感。日后如果有机会回到曾经设计的场所，往往会感到无法言表的怀念之情。规划师也是如此，对过去参与的城市更新案例怀揣归属感，再次到访城市时，就像回到了第二故乡。

然而，这样的感受不应该由设计师和规划师独占，这种宝贵的感情应当是生活在当地的居民所共同拥有的。但是到目前为止的城市建设，未能给居民创造充分的机会去认同自己生活的城市。居民一般无法参与公共空间设计或城市更新规划，这些工作一律交由政府、行政管理部门和专家进行。这样做的结果就是，真正生活在那里的人们对于自己生活环境的归属感急剧降低，反而大城市来的“专家”们却向往回到他们的“第二故乡”。

这样的感情是另一种浪费。从根本来看，居民才应该作为核心主体，参与自己所在街区的规划方案的制定和公共空间的设计，并借此进一步加深对街区的归属感和认同感。

5.建立居民之间的联系

公众参与型的工作坊，应该尽可能地建立参与者之间的联系。同时，应当尽量避免类似学校老师一样的角色对参与者进行“大家所生活的街区最好以这种方式进行城市更新”这类既定决策的宣讲。如果事先给出答案，居民就会容易依赖专业人士，觉得“专家说的话应该不会有错，照这样做就行了”。

与之相反，应该通过居民之间的交谈、互相学习、意见交换，总结并提炼大家关于未来的构想，从而加深相互信赖关系，创造出人与人之间各种新的联系纽带。这样的关系，对工作坊之外的时间也具有积极意义。实际上，既有在工作坊相遇、后来结婚的男女，也有聚到一起开始合作创业的三人组。在公众参与的场地中，不但能建立起人与人的联系，也能催生出与这个项目无关的新的想法。

为了实现诸如此类的城市更新方式，必须预留充足的时间。毫无疑问，货币资本是城市更新不可或缺的基础，而时间资本经常被忽视。时间作为城市更新的重要资本之一，应该与货币一样尽量准备充足。如果说在两年内很难完成公众参与下的城市更新项目，那么要是用20年的时间，就可以实现与居民共同学习、稳中求进。在此过程中，居民之间既可以建立新的联系，也能够拓展项目以外的新活动。

6.学习民主决策方法

公众参与型城市更新的另一个优点就是，如果工作取得成果，居民将对自己改变街区的能力产生信心，具有此类经验的居民将在之后的城市运维过程中发挥积极主动的作用。

仅由专家实现的城市更新，不管获得多么显著的成效，当地居民都不会觉得“是因为自身参与而取得的成功”，大家会认为以后的城市更新也只能靠专家。这样的过程不断反复，将给居民留下“凭借自身力量无法进行城市更新”的印象。但事实上，城市原本就应该是由居民创造的。

然而，专家却不希望居民觉得凭借自身力量就能完成城市更新，因为如果居民能够作为主体实现对城市的更新和经营，专家就有可能失去现有的工作。但是，我们的目标不是为了帮助城市建设专家创收，而是为了帮助居民自主思考，与伙伴交流、相互学习、建立联系，自主经营好自己的人生、经营好自己的街区。为了实现这样的目标，我们就需要创造能够民主决策的环境，由居民决定街区未来应有的样子。

与此同时，专家们则需要作为助推者，从专业角度进行辅助引导。当居民说出“我们共同实现了当初的目标”时，就代表城市更新取得了成功。如果城市更新的功臣最后出现了专家的名字，就应该思考是不是并没有实现真正意义上的城市更新。

7.展示公共空间的有效使用方法

如果在公共空间的设计中体现居民的意见，由居民在工作坊中对话、互相学习、建立联系，那么最终形成的公共空间将被赋予居民的认同感与归属感，人们将在这里展开新的活动场景。所以，一个新公共空间诞生时很重要的一点就是，有能够有效使用空间的人们。

公共空间没有使用说明书，不会告诉你场所可以怎样使用，到头来还是回到“以往怎么用现在就怎么用”。无论多么新颖奇特的空间设计，如果没有空间使用的范本，就很难创造出与以往截然不同的公共空间功能和使用场景。

如果参与者的意见能够通过公众参与型工作坊反映到空间上，那么这些参与者就有潜力成为有效使用空间的预备人选。换句话说，工作坊的参与过程，不单单是达成共识的过程，还应该是培养居民主体性的过程，为设计场地培养掌握空间使用方法的主体。但是，有些人可能会认为假使将200人分成20组，即便这些小团体能够充分利用公共空间，也不能产生很大的影响。的确，只有20组小团体即使可以很好地运用新建成的公共空间，也不会有什么影响力。然而，到访的人们可以看到与以往不同的空间使用场景，这将成为迸发“看到其他人那样活动，我也想做同样的事情”等想法的契机。正是因为公共空间没有使用说明书，所以最先的“使用方式”将成为后续空间使用的重要参考。由工作坊参与者示范的空间使用场景范本，也将赋予公众参与新的含义。

对于城市更新来说，如果各类城市空间都能成为公众参与型工作坊的举办场所，参与者通过各种各样的方式示范公共空间的使用方法，那么也会为后续的到访者提供自由发挥、创新场景的机会。正因为是大家共同努力创建的公共环境，所以人们更希望看到越来越多的人来丰富空间功能。

（二）城市更新中的参与式规划流程与保障

1.城市更新中的公众参与流程

由于城市更新项目的特殊性，加之我国土地利用与城市建设政策的地方性，制定具有普适性的城市更新公众参与程序难度较大。此外，在旧城镇、旧村庄等不同类型的城市更新项目中，涉及的公众参与主体和相应的公众参与流程组织也有较大的区别。目前，我国城市更新通常以省、市为单位制定更新规划的原则，要求在区级行政单位内制定具体的更新规划导则。总体来说，城市更新中的公众参与流程可以分为正式公众参与和非正式公众参与两种类型：正式公众参与流程通常建立在法律、法规保护的基础上，是保障公众基本知情权、参与权、监督权的法定程序，对于形式、内容有相对明确的要求，但往往存在程序刻板复杂、流于“象征性参与”的问题；非正式公众参与流程不受法律保护，不是规划具有效力的必备条件，往往建立在地方更新导则的要求或更新工作策略的实际需求上，其参与形式更为灵活，各利益主体之间的交互更为紧密，是对法定公众参与流程的有效补充。

城市更新中的正式公众参与流程可以分为两类。

一类是《城乡规划法》，所规定的公众参与政务公开的通用流程，主要以听证、公示的形式进行，包括规划决策编制阶段的材料公示、审批结果公示、城市居民或村代表听证会等。听证、公示流程保障了公众基本的知情权，主要对应“市民参与的梯子”理论中“象征性参与”层次的“告知”“咨询”阶段，是公众参与城市规划最基础的路径之一。然而，公众在听证与公示中只能通过后置反馈来被动地参与规划编制与决策，并不能对规划结果产生实质性影响。

另一类是由地方性政策文件规定的公众参与流程，主要以表决的形式进行，根据地方情况和更新项目类型对表决环节、表决主体范围、表决通过比例等做出差异化规定。以G市的旧村庄改造为例，政府相关文件规定了三个表决流程：①改造意愿表决，须获得80%以上的村集体经济组织成员同意；②更新实施方案表决，须获得80%以上的村民代表同意；③更新实施方案批复后表决，须在批复后3年内获得80%以上村集体经济组织成员同意。佛山的旧村改造则将改造意愿表决、更新实施方案表决的通过比例规定为2/3，且规定了更新实施主体表决环节，即选定更新项目合作企业时需要获得2/3以上村民表决同意。在表决流程中，村民/居民对于城市更新决策结果和流程推进可以产生相对直接的影响，掌握更大的主动权和具有更大的影响力，对应“市民参与的梯子”理论中的“实质性权力”层次。但值得注意的是，表决流程通常是针对城市更新过程中直接利益相关主体（即既有产权主体）的公众参与做出的政策规定，公众参与的范围仅局限于既有的产权主体，间接利益相关主体不能参与表决流程。此外，参与城市更新表决流程的既有产权主体并不一定是更新区域未来的使用者，参与协商的目标往往优先考虑自身利益最大化，表决结果对于规划决策中公共利益的体现有限。

城市更新中的非正式公众参与目前主要包括规划编制前期的公众需求调研、规划编制阶段的互动活动、规划实施等流程。目前，我国城市更新中的非正式公众参与流程大多数由政府、开发商或第三方专业主体发起，公众以被动参与为主。例如，更新规划编制前期对规划范围内的人群画像、空间及设施使用频率、出行方式、空间记忆等展开调研，在一定程度反映公众对于规划的需求，但公众往往对调研目的和规划决策的影响缺少了解，配合积极性较低。近年来，伴随着第三方专业主体的参与，以及自发性公众参与组织的建立，非正式公众参与的形式越来越多样化，例如基于社区居民委员会组织“手绘社区”活动、专业主体深入公众进行更新方案讲解等。虽然非正式的公众参与流程不能对城市更新的规划决策和规划实施进程产生直接影响，但却能通过灵活的、互动性更强的形式增进公众对于更新项目的了解及对规划决策的理解，从而有效提升公众的配合度、参与度，是对正式公众参与流程的有效补充。此外，非正式公众参与流程的组织有利于增强公众参与城市规划的主体意识，提升公众主体的规划知识储备，并对自发性公众参与组织的能力提升有积极作用。

2.城市更新中参与式规划的保障

分析城市更新中参与式规划的现状问题，可以发现公众参与城市更新规划需要建立在信息对称、有效引导、兼顾效率与公平的基础上。保障城市更新中参与式规划的有效推进，包括以下三个要点。

（1）提升规划信息传达的有效性

有效的公众参与应当建立在信息对称的基础上。目前，我国城市更新规划流程已经建立了较为完备的信息公开制度，确保了公众对相关规划信息的知情权。然而，由于城市规划具有一定的专业性，公众受到规划知识储备的局限，对于已获取的规划信息往往难以充分理解，依靠个体力量很难通过图纸及专业文件等解读规划方案所表达的发展定位、利益分配、规划实施流程等。公众对于规划信息理解的不充分性是阻碍公众参与规划的重要因素之一，而在城市更新过程中，由于涉及复杂的利益关系及相关利益主体对于更新规划的密切关注，公众在未能充分理解规划信息的基础上往往很难进行有效的沟通、协商，甚至可能由于对规划信息的误读而产生不符合实际的收益期望或对抗情绪，从而对城市更新的推进产生阻碍。因此，提升规划信息传达的有效性是保障城市更新中参与式规划顺利推进的重要前提。

目前，我国规划信息的公开主要通过政府部门发布相关文件、公众自行获取的形式进行，公众需要主动查阅相关规划信息、主动积累理解专业文件的基本规划知识，这对于公众参与的主动性要求较高，造成了较高的信息传递壁垒。确保规划信息的有效传达，一方面需要优化规划信息发布的渠道，降低公众获取规划信息的成本，确保信息公开的及时性、广泛性，在政府政务公开平台以外拓展线上、线下多种渠道信息传达，例如依托已有的即时资讯平台进行信息公开，对更新项目设立临时的线下规划展厅等；另一方面还需要对信息发布的内容与形式进行优化，确保信息传递的可读性，在原有的专业性图文文件的基础上结合三维可视化技术、线上线下互动展示形式等，以更加直观、易懂的方式让公众加深对于更新项目、规划方案的理解。此外，基于线上信息发布等形式对信息传递效率的提升，还应适当扩大规划信息公开的范围，提升各主体之间的信息互通性，在广度上促进信息公开贯穿项目确立、规划决策、方案拟定、利益分配、审核审批、施工及验收全过程，在深度方面可以通过线上、线下结合的方式建立更加及时、高效的信息传达和动态协商机制，帮助公众加深对于建设难度、成本构成、收益流向等的理解，尽量减少信息不对称带来的冲突。

（2）兼顾规划参与度与更新效率

观察我国城市更新的实践案例，可以发现阻碍城市更新实施进度的往往有两种情况：

一是在更新实施方案阶段的协商过程中产生分歧，二是在更新项目拆迁与建设阶段产生对抗。在第一种情况中，公众以表决权为筹码与开发商对峙，处于相对主动的地位。由于项目进度停滞不前会抬升项目成本，甚至导致项目超时，因此开发商在协商阶段需要兼顾自身收益目标与项目效率。由于在目前城市更新实践表决环节设定中表决频次高、通过比例要求高（往往需要达到80%～90%），每一个直接利益相关的公众个体都可以影响更新项目的进度，开发商往往需要做出让步或以额外利益补偿“逐个突破”。然而，协商环节的公众高度参与并无法从实质上保障公众合理利益诉求得到满足，反而导致不公平现象的产生及不合理的诉求，对更新实施造成阻碍。在第二种情况中，由于公众在项目拆迁建设启动后缺少正式参与渠道，处于被动地位，只能通过上诉等方式表达自己的利益诉求。更新实施过程中公众参与渠道的缺失导致对抗、游行等激烈冲突事件的出现，从而阻碍更新进程。

综上可见，过高和过低的公众参与度都会阻碍城市更新的推进，影响城市更新效率：过高的公众参与度会细化并暴露出更多的利益分歧，增加协商成本与难度；过低的公众参与度则使公众利益诉求无门，激化利益冲突与对抗情绪。因此，保障城市更新中的参与式规划，应当兼顾规划参与度与更新效率之间的平衡。一方面，应当改变方案确定阶段集中参与、方案实施阶段“投诉无门”的现状，通过公众参与环节和路径的合理设计，使得公众在城市更新的全程中均有参与规划、表达利益的渠道；另一方面，应合理定义各利益相关主体的权利边界，给予公众适度的决策参与权，在保证公众充分表达自身利益诉求的同时规范他们的参与行为。

（3）丰富与强化“第三方主体”角色

在我国城市更新的实践中，尽管有部分项目引入了专业规划机构、高校研究团队等中立的“第三方主体”，但他们在城市更新流程的实际推进中并未充分发挥作用，往往只提供专业技术支持，或加入非正式的公众参与流程之中，未能在利益分配和方案协调方面扮演重要角色。事实上，“第三方主体”的中立角色和专业能力是城市更新项目的重要资源。

在目前的城市更新流程中，关于更新实施方案、拆迁补偿方案等的协商均由更新实施主体与其他利益相关方直接对接；由于大部分城市更新项目的实施主体为外部引入开发商，一方面开发商与公众主体之间存在利益博弈，协商难度较大；另一方面政府在具体方案制定流程中的缺位可能导致公共利益未能充分体现。“第三方主体”的引入，可以凭借中立的角色立场，为公共利益和各相关利益团体之间的协商搭建桥梁。在更新规划编制前，以中立的角色收集、对接各方利益诉求，为政府划定更新范围、评估更新难度、确定更新规划发展方向等提供咨询服务。在更新规划编制阶段，“第三方主体”可以作为价值体系的构建者，为各利益主体的沟通与协商创造环境，并对协商方式提供合理高效的引导和监督，推动弱势公众主体平等、充分地表达利益诉求。同时，“第三方主体”具有专业知识储备、技术支持和更新实践项目案例的经验积累，可以有针对性地协助各个利益主体提高规划参与能力。另外，在更新规划编制阶段，“第三方主体”可以在具体的更新方案设计中扮演主导角色，利用其专业能力及对各相关主体利益诉求的充分了解，推动形成综合各方需求的更新、拆补方案，保障公共利益的体现。在更新规划实施阶段，“第三方主体”可以为公众主体理解方案、跟进项目等提供帮助，既提升公众参与的能力与效率，又避免缺乏专业规划知识的公众主体“过度参与”对更新规划进程的阻碍。

丰富、强化“第三方主体”的角色，引导“第三方主体”从技术专家转变为价值体系构建者，不仅可以为更新规划决策提供高效、高质量的专业技术支持，还可以通过第三方对公众参与流程的介入，搭建城市更新中各利益主体之间协商、协作的桥梁。在城市更新中更广泛地引入“第三方主体”，丰富并强化其角色作用，可以为城市更新中参与式规划的有效推进提供保障。

（4）借助博弈平台实现多方利益博弈优化

城市更新中的多主体协商平台解决方案如下：

城市更新多元主体利益协商平台以“实质利益谈判法”为理论基础，形成流程式的协商框架，运用线上平台辅助线下更新的协商流程，形成分析、策划、讨论多轮循环的利益谈判机制。平台围绕城市更新流程中改造意愿、现状认定、更新主体认定、拆迁补偿方案、更新规划方案、更新实施六大阶段展开设计，连接六类主体——政府、开发商、村集体/居委会、村民/居民、第三方专业机构、其他利益相关方，以线上电子化形式实现信息和利益诉求的高效、透明、标准化传递。其适用情景包括两类：一是拆除重建类的城中村更新；二是老旧小区改造。

在拆除重建情景下，App系统整体架构将形成由改造意愿、现状认定、拆除/改造方案、更新/改造规划、引入企业、拆迁/改造实施六大阶段组成的流程式协商框架。针对每个阶段不同的协商主体、利益核心、协商标准和协商方案进行差异化协商模式设计，同时内嵌入安置补偿面积测算、开发/改造情景模拟、更新/改造成本测算等技术模块，辅助利益协商的可视化。App的使用主体包括更新核心利益群体（村民、村集体、租户、居民、开发商、政府）和第三方工作小组。其中，第三方工作小组扮演利益协商的组织者和协调者角色。由第三方工作小组启动利益协商流程，核心利益群体在App中表达自身利益，遵循一定的协商原则，通过互动协商方式达成共识，完成整个更新协商流程。

城市更新多元主体协商平台主要从五个方面提升城市更新流程的协商效率。

第一，构建“多对多”协商平台。在传统城市更新流程中，由于各阶段博弈、协商焦点的转换，协商通常以“多个一对一”形式展开，博弈主体频繁更换、部分缺位，使得协商难以达成一致。通过“多对多”博弈平台的搭建，可以实现城市更新全过程、全主体参与。

第二，协商流程线上化。在传统城市更新流程中，协商往往依靠开发商派出业务员逐户谈判，协商效率低下、时间成本巨大，且协商过程缺少有效监管。通过协商流程的线上化、电子化，可以减少时空协调成本，保证协商流程透明、高效。

第三，提供测算计算器。由于信息不对称，部分村民/居民对更新和拆补政策等了解不足或存在误解，导致过高的补偿诉求，或无法维护自身的权益。平台根据地方性法规与政策对面积认定方案、拆迁补偿方案、改造方案等进行定制化测算，为村民/居民合理维护利益诉求提供参考依据。

第四，优化更新流程。现状城市更新部分流程存在重复表决等现象，耗费时间较长，且表决的“后置参与”的本质使得更新决策难以充分体现各主体利益诉求。平台构建“意愿摸底—协商—表决”流程，利用线上方式的便捷性收集意愿，从而提升决策对各方利益诉求的体现，减少重复表决。

第五，引入第三方专业机构。现行的做法往往由开发商主导更新实施方案的制定，推动协商流程。由于开发商与居民/村民之间存在利益博弈关系，部分不当执行方式容易激起对立情绪、引发对抗行为。平台以第三方专业机构主导推进城市更新进程，制定具体协商流程和方案，有利于对多方利益的协调。

二、对于城市更新目标可执行的考虑

在城市更新决策与规划过程中，在规划方案的设计时，存在许多的不可执行的因素，如果强行实施规划方案，将会造成潜在的危害。

（1）城市更新目标在可行性的技术范围内。这里所指的技术性范围是指城市更新目标要符合实际情况，在科学性与现实性的要求之下所要达到的城市更新目标要具有可行性。

（2）满足参与约束和激励相容。机制设计理论满足参与约束是实现城市更新运行目标的基础。因为参与约束是吸引各种参与主体参与城市更新运行机制的最低要求，否则，每个主体就不允许参与由机制设计者提供的博弈，因为有更好的选择，那么机制将毫无作用。满足激励相容，使各利益主体在追求自利的行为中“不自觉”地实现机制的目标。

三、城市更新运行机制的辅助手段：城市管理的科技化与信息化

在规模报酬递增的经济环境中，通常不存在一个有限的信息空间的下界，换言之，此时可能需要一个无限维的信息空间，从而需要无限维的成本。因此，在城市更新过程中，城市更新的信息和沟通成本特别重要。虽然城市更新的问题较多，但是依靠先进的科技手段还是给我们提供了“后发”与“跨越”发达国家的可能性。城市更新中纷繁复杂的问题要求以先进的科学技术和信息平台为依托，从城市管理主体的信息化以及城市管理内容的信息化出发去纠正利益相关者的信息失衡。

政府作为公众利益的委托人应当主动搭建信息交流平台，将“隐性”信息转化为“显性”信息，减少企业及城市居民在城市更新中获取信息的成本。

城市更新的失衡问题及优化管理是一个系统性的复杂过程，需要完备的理论支撑和技术支持。显然，在当前我国城市发展的大环境之下，要实现运行机制的优化还要面对许多的阻力，西方国家的城市更新经验对我国既有借鉴意义但又有所不同，如何在保障各方利益的前提下设计出实现城市更新目标的机制对于实现城市更新的效益具有重要意义。

第三章　城市更新规划与设计

第一节　城市更新规划的定位与目标

一、城市更新规划在城市总体规划工作中的定位

城市更新规划的特殊性决定了它与法定规划之间“若即若离”的特殊关系。首先由于现行的法定规划几乎都是政府主导的“蓝图式”“终极式”的规划，其中难以容纳利益博弈的动态变化和市场运作的弹性空间。而那些政府主导式的城市更新行为往往是“运动式”的阶段性行为，与法定规划的捆绑可能会束缚“手脚”，因此部分政府宁愿选择放弃城市更新规划的“法定化”。国内大多数城市的更新行为一般有城市规划的约束与指导，但少有政策或制度明确城市更新规划在法定规划体系中的定位。现有的城市总体规划和控制性详细规划在编制过程中少有全面地考虑城市更新的问题，尤其是在控制性详细规划无法对具体地块的改造提出技术指导和控制要求时，有些甚至直接采取“开天窗”的形式来解决。

目前我国的城市更新规划主要分为两类。一类是政府主导的城市更新概念规划。这类规划一般基于政府对某些大范围旧城区运动式的更新改造，其中有明确的政府意志，但却往往缺乏真实的市场运作主体，因而也导致了规划的“无的放矢”，缺乏可操作性，甚至可能因为政府改造意愿的提前透露，而变相地提高了改造的市场成本。另一类城市更新规划主要是市场主导的单个开发项目的修建性详细规划。市场往往将此类规划作为与政府博弈的手段，特别是容积率、公共配套设施等等。由于缺乏从上层次规划的控制与指引，政府在此类规划中找不到保护公共利益的底线，或者说一些公共利益的底线条件（如配套公共设施、市政道路等等）被开发商作为谈判的筹码。而且由于缺乏上层次规划对地区整体空间研究的依据，仅仅从某一个改造项目或某个街区出发，通过个案的专项规划进行单个改造的影响评价是不科学的。这更为后续实施更新埋下了隐患。

城市更新规划的模糊定位，可能会直接导致规划编制、管理和实施中的一系列问题。首先是规划编制缺乏依据，缺乏与法定规划的有效对接。

城市规划编制的技术标准和方法存在滞后性，难以应对未来以城市更新规划为主的城市规划工作要求，突出体现在城市更新规划的几项重要技术标准，如容积率，用地类型划分等。规划审批过程中不仅缺乏审批依据，更可能连行政审批的层次和级别都难以准确定位，因而拖延了审批的时间，增加了不必要的博弈环节。简言之，城市更新在规划体系中的定位，其实就是在定位城市更新规划中政府与市场的边界，寻找各自的底线。城市更新在高层次的法定规划层面，应更多地体现政府对公共利益和整体目标的意图；在面向建设实施的非法定规划层面，应更多地为市场留有经营和运作的弹性空间。因此，只有合理明确城市更新相关的规划内容、深度、规划类型归属，以及审批的层次和机构，才能够有效地推进城市更新工作。

二、多重目标导向下城市更新规划

本文以上述对城市更新提出的要求为基础，以不同的目标导向为前提，对城市更新的策略做了有针对性的方案制定。通过对更新目标内容、对象、实施主体以及模式的明确，得到了不同城市更新的适用方案，以满足各类型项目的针对性技术引导需求，确保城市更新项目的实际内容能够与其开发模式、开发重点以及实际建设需求相吻合，避免出现盲目、走形式的工程更新现象。

（一）保留城市记忆：社区更新

城市中的各种建筑物，可以看作这座城市的艺术品。在进行更新改造时，保留原有的人文气息和居住环境，可以凸显建筑所蕴含的人文气质和历史记忆。城市社区更新的内容有老社区的更新，城中村的改造等。这些建筑物大多存在布局较为凌乱、房屋质量较差，整体配套设施欠缺、停车难、消防不合格等问题。进行社区更新所涉及的重点包括对其服务功能的改进、商业性项目的添加、公共设施与相关区域的建设等能够为社区居民提供公共性服务的内容。

社区更新需要对当前的城市形象、多户目标以及公共服务等进行考虑。假如彼此之间的利益对立较为明显，并且实施环境较为复杂，则需要在当前的城镇更新组织，以及使用的规划融资模式进行平衡。借助规划平台的使用邀请多部门参与其中，相互协作，以确保相关主体的利益能够得到平衡。

（二）文化的发扬与时代创新：街区复活

遗迹承载了一个城市的记忆，是时代的缩影，我们不能肆意抹除这些印记，反而要以灵活多样的方式合理利用它、保留它。

以文化为主导的更新模式主要有两种：①借助大规模的更新改造项目对具有地标意义的建筑物进行重构，以达到树立城市文化形象的目的；②以文化产业为出发点通过创意化的设计，使其更好地与城市相融合，打造创意街区。文化的传承以及新时代下的创新包括文化设施的建设和文化政策等。

在进行街区文化复活的过程中，首先要对物质空间中的环境进行高质量的打造，例如景观步行街，家具，喷水池，文化小品，文化广场等。以一些文化事件作为引导，为当前的城市更新计划创造更多的附加价值。对于城市复兴来说，文化活动在其中发挥着重要的推动作用。

（三）解决城市拥堵：更新站点环境

在城市的公共交通体系中，城市轨道交通成为人们日常出行必不可少的交通工具，站点停靠的周边区域已经成为城市功能节点以及新型城市综合体建立的黄金地段。在对这些区域进行利用的过程中，其包含的区域类型包括已开发的和待开发的区域。区域的开发程度越高，在更新时所面临的难度也会越大。

站点的周边用地具有较为显著的复杂性特征，比如商业办公区、文化区之间的相互混合。能够进行升级配套功能的区域包括周边的公寓、商住区、零售中心以及商务办公区域等。

在站点更新的过程中，要从垂直利用的角度对其空间分布进行考虑，依照其周边圈层的不同，可将其划分为分区与整体开发两种模式。

（四）经济提升与革新：升级改造旧产业区

在城市更新中，产业园的改造与升级是其中的重点所在，借助产业转型的方式为城市经济的发展作出贡献也是带动城市经济发展的最佳选择。通过政府与企业之间的相互合作，对产业园区加以改造，借助产业运营的方式完成城市更新，使其存量土地重新获得生命力，与此同时对旧厂房进行改造，也是实现产业地产更新的有效方式。具体为：对原有的高能耗产业进行改造，推动新兴产业的发展，实现产业转型。在对旧工业区进行改造时，要对建筑物的密度加以控制，确保该工业区的土地使用率得到增强，提升存量土地的利用率。通过对特色景观环境的有效设计、旧建筑物体的改造，将可持续发展的理念运用至当前的改造活动中，以确保旧厂区的整体环境品质得到提升，实现绿色发展。

（五）为城市事件大换血：旧区全盘塑造

大事件的发生对于提高城市的综合发展力有着一定的促进作用。在城市形象推广与建立的过程中大事件能够为其助力，在政府的帮助下，大事件的发生能够为城市空间的进一步发展提供机遇。回顾我国各大事件营销目标可以发现，在大事件开展时，既要注重大事件举办地的环境与设施的建设，还要考虑大事件选址的建设能否为城市空间在后期的可持续发展带来正向影响。

结合我国在城市更新发展方面的整体走势可知：规范化、规模化的城市更新已经成为一种较为常见的城市现象，并同时被政府看作一个重要议程。只有对城市更新的发展趋势以及新时代下的时代诉求有清晰的了解，才能够制定出与之对应的城市建设运动活动。本节在研究时，将留住城市记忆、交通疏导、文化传承与创新、经济复苏与改革以及新型城市事件作为目标导向，综合考虑了城市更新的实际实施策略以及更新方法。

在城镇化的影响下，城市更新模式也受到广大社会群众的关注。参与城市更新的各大主体方式使用的运营模式也开始向着多元化的方向发展。但与此有关的政策实践以及相关的概念还未发展成熟，还要对有关城市更新的课题进行大量的研究。

第二节　项目策划方法在城市更新规划中的应用

相比西方国家，我国的城市更新研究起步较晚，早期的探索普遍基于单个的住宅展开，在旧住宅改造政策的引导下完成了一批老旧房屋更新改造工程①，如北京的菊儿胡同有机更新改造工程，天津的吴家窑街坊旧住宅成套改造工程②。此后的更新改造逐步以政府专项计划推进，例如老旧小区的综合环境整治、既有住宅的电梯加建、停车场扩建等等。同时，各城市积极积极响应国家大力推进棚户区改造的工作目标和任务要求，强力推动城市的老旧城区改造，取得了一定成效。随着中央城镇化工作会议提出“盘活存量、严控增量”，旧城区物质、功能等方面的更新急迫性愈发凸显，深圳、广州、上海等城市创新更新规划编制方法，依托城市更新专项规划与城市更新详细规划两个层面的技术手段，整合更新区域对象，系统推进旧区改造。笔者总结了各城市在两个层次下更新规划具体编

① 杨仲华．城市旧住宅可持续性更新改造研究 [D] 杭州：浙江大学，2006：19.

② 张大昕．城市已建成住宅改造更新初探 [D] 天津：天津大学，2004：21.

制要点，对城市更新的规划编制技术手段提出完善与优化建议。

一、城市更新专项规划

城市更新专项规划应当体现战略高度与统筹思维，确保更新工作的有序开展。目前，许多老城区用地矛盾突出的大城市都编制了城市更新专项规划。总体来说，专项规划层面应当重点考虑市区范围内的城市更新区域布局结构、更新规模、居住环境、产业、文化等目标任务，确定更新策略和方式引导，提出土地利用、开发强度、配套设施、综合交通等方面的具体引导要求，确定重点更新区域与城市更新实施机制。其中，诸如总体结构、功能、用地、公服等方面的编制内容与传统新区规划在形式上差别不大。除此之外，专项规划的编制内容还应具备以下几个要点。

（一）摸底调查与数据库建立

在规划编制的初始阶段，以规划主管部门为引领，对需要展开更新的区域做实际情况的调查，将宗地作为基础单位，以工厂建筑、老旧城区以及村屋作为调研对象，收集其质量、结构、改造意向等有关的信息，并完成信息库的建立，为后期的专项规划提供数据帮助。以当前所涉及的数据为基础，通过汇总与分析规划区域内的旧城资源分布情况，结合其他实际状况，预测其后期可能达到的发展区域。不仅如此，摸底调查以及最快的运用，还可以使数据的调取更改更加便捷，为规划实施的结果提供了保证。

（二）确定更新范围与更新目标

专项规划的编制依托更新对象划定了详细的更新范围，构建了更新目标体系，并将其作为统领全市城市更新工作的主要依据。更新范围依据现状摸查和综合评估的结果确定，以成片连片为原则，考虑更新改造条件的成熟程度划定更新片区，用以规范城市更新项目进行申报的具体范围至边界。而更新目标往往是综合与多层次的，响应城市总体规划以及国民经济发展规划提出的要求。

（三）更新模式引导

更新模式的分类与引导有利于各级城乡规划管理部门有针对性地管理更新对象，有利于规划高效实施，优化城市结构，促进环境改善。不同的更新模式可以对应不同的改造方式和改造原则，政府也可以给予差异化的改造政策，针对区域特点和发展导向重点解决。此外，在建设总量和容积率等开发强度指标上进行统筹协调，保持总体平衡，还可以对提供公共要素的更新奖励容积率、建设量或减免部分费用。

通过政策分区设定不同的更新模式，进行改造强度的总体平衡与联动，保证各政策分区内的开发强度得到合理控制和引导，使旧城“该高的高、该密的密、该疏的疏、该绿的绿”。

（四）确定重点地区

重点地区应当是对城市发展有结构性影响的区域，或者是需要特别进行多方利益与改造资金平衡的区域，其对城市更新的规模和重点的合理调控起关键作用，也是在详细规划与项目实施阶段制定年度计划的依据。

二、城市更新详细规划

详细层面的更新规划是城乡规划（或城市更新）主管部门作出更新许可、实施管理的依据。各城市以“更新单元”为核心制度，在现行控制性详细规划的编制模式上进行了规划内容上的探索，针对旧城更新的重点与难点，加强对更新改造项目的规划管控。

（一）规划编制空间单位：城市更新单元

作为空间单元中的一种城市更新单元，在实际操作过程中因城市状况的差异，其表述方式也会存在不同。在界定更新单元时，需要确保其公服以及基础设施的建设较为完善，要将河流、道路以及产权边界等因素考虑在内，并要确保其符合有关技术规范以及成片连片的相关标准。在这一范围内，更新项目的数量既可以是一个，也可以是多个，项目的整个深度可以控制性详细规划为基础，并可将其延伸至修建性详细规划中。

更新单元的确立对原有的规划管理局面做了整合，实现了对不同地区的统筹管理，提高了土地利用的效率，且对片区的整体转型和升级有着推动作用。此外，更新单元规划制度的确立，能够为后期规划管理部门在项目中的协调合作提供平台。以该平台为基础，政府可以对当前的空间资源划分以及土地使用等情况及时进行审查与监督，更好地了解更新项目当前的实际进度，调解各方主体在更新活动中的诉求申请，在对其统筹引导作用加以关注的同时，帮助其公共利益的价值得到更好的体现，以达到城市更新的最终目标。

（二）城市更新单元与控制性详细规划的关系

因规划编制、管理框架与决策机制存在细微差异，以及城市更新与规划管理主管部门的事权划分存在差异，各城市的更新单元编制内容及其与控规的关系略有差别。

（三）规划管理技术指标

针对城市更新的技术管理规定体现了城市更新有别于新区建设的开发模式，通过控制参数的差异化确定，使得详细规划既立足于现实又具备可实施性，规划管理更加科学、精细。例如，为配合城市更新办法，上海市制定了《上海市城市更新规划技术要求》，从用地性质、建筑容量、建筑高度、地块边界等方面对旧城地区的控制指标确定方式进行了规定。

（四）地权重构与产权安排

旧城区域权益复杂，主体众多，城市更新详细规划作为利益协调平台应当在具体实践中发挥重要作用。将重构地权作为规划编制中的特殊管控要素，围绕多个主体协商形成利益平衡方案，在单元内实现产权有机整合与违法建筑疏导，同时落实公共利益项目，令更新改造在实施操作困难的现实难题上得到破解。

例如，S市的更新单元规划编制过程中，需要对土地与建筑物的权属合法性、手续完整性进行了充分核查，以其作为权益分配的基础。在单元内的权益初次分配过程中，优先保障公共利益项目的用地，以反向的“征地返还”的手法，向城市更新单元索取“大于3000 m^2且不小于拆除范围用地面积15%”的归政府支配。权益的再次分配过程中，按照原有权益的比例构成情况分配基准增量，按照贡献公共设施的比例分配奖励增量，同时在单独的“地权重构”图则上予以落实，绑定各权益主体承担的拆迁、配套建设、安置等责任。总体而言，地权重构作为城市更新单元规划内容的组成部分，要将产权类型、用地主体、建筑三个层面的权益分配进行规划安排。

三、城市更新规划编制的优化与完善

（一）提高编制体系的完整性

以当前已有的规划管理以及所建立的编制体系为基础，将城市更新规划与之进行结合，进而为更新专项规划提供有力的支撑，实现与各级法定规划之间的高效协调。在现有规划体系的基础上，借助实施层面、街道层面以及总体层面的方式完成规划编制体系的构建。一为总体层面，对主城区城市更新专项规划进行编制。二为区级层面，即对街道更新规划进行编制。三为实施层面，在上述两项更新规划编制完成之后，依照其实际需求和实施时序，对城市更新的年计划进行编制。

1.体层面——主城区城市更新专项规划

第一，核心内容。城市更新的规划要与其整体规划之间进行有效的连接，并对其原则、对象、更新目标、使用的策略以及重点工作进行确定，并提出相应的实施机制和空间政策，确定组成区需要更新的具体范围，使用分类的方式确定其需要用到的更新方式。

第二，编制与审批。所有参与城市更新项目初期工作的部门要根据整个城市的总体规划，以及当前的土地利用总体规划为基础，编制与其相适应的专项规划计划。用于指导主城区更新范围内更新对象的确定、计划的制定、方案的实施等。本项目的相关主管部门在经过讨论后将得到的更新规划内容，上报至市人民政府进行审批，待其通过后实施。

第三，与法定规划之间的联系。假如与编制总体规划相同，则作为专章使用，若存在差异，则作为专项使用，以为后期的规划编制提供指导。

2.区级层面——街道城市更新规划

第一，街道城市更新规划主要内容。首先，街道城市更新规划对接控制性详细规划，一要进行区域评估：原则上以街道为基本编制评估单位，主要评估现状建设情况；二要根据评估结果明确片区的更新目标与主导功能，更新规模与模式、重点工作、改造时序等，明确项目实施指引。其次，区域评估主要对公共要素展开评估，包括城市功能、公共服务配套设施、历史风貌保护、生态环境、慢行系统、公共开放空间、基础设施和城市安全等。经过区域评估划定更新项目范围：将现状情况较差、民生需求迫切、近期有条件实施建设的地区，划为一个或几个更新项目。更新项目一般最小由一个完整地块构成，是编制城市更新实施计划的基本单位，更新项目可按本细则相关规定适用规划土地政策。最后，落实更新项目的公共要素清单，结合评估中对各公共要素的建设要求，以及相关规划土地政策，明确各更新项目内应落实的公共要素的类型、规模、布局、形式等要求。

第二，街道城市更新规划编制与审批。主城各区更新主管部门组织编制街道更新规划。各区更新主管部门将区域街道更新规划报各区人民政府，经区人民政府常务会议审议通过后，如不涉及控制性详细规划的修改，由区人民政府批准并送市城市更新主管部门备案；如涉及控制性详细规划的修改，由区人民政府报送市人民政府审批。

第三，街道城市更新规划跟法定规划的关系。如涉及修改控制性详细规划的控制要素，则相应同步修改控制性详细规划；如不涉及可直接指导更新单元实施方案的制定。

3.实施层面——更新单元实施方案

第一，更新单元实施方案主要内容。更新单元实施方案即拟定更新项目的具体实施方案，需包含以下内容：项目所在地现状分析、更新目标、项目设计方案、公共要素的规模和布局、资金来源与安排、实施推进计划等。更新项目建设方案的编制应遵循以下原则：首先，优先保障公共要素。按区域评估报告的要求，落实各更新项目范围内的公共要素类型、规模和布局等。其次，充分尊重现有物业权利人合法权益。通过建设方案统筹协调现有物业权利人、参与城市更新项目的其他主体、社会公众、利益相关人等的意见，在更新项目范围内平衡各方利益。再次，协调更新项目内各地块的相邻关系。应系统安排跨项目的公共通道、连廊、绿化空间等公共要素，重点处理相互衔接关系。最后，组织实施机构应组织更新项目内有意愿参与城市更新的现有物业权利人进行协商，明确更新项目主体，统筹考虑公共要素的配置要求和现有物业权利人的更新需求，确定各项目内的公共要素分配以及相应的更新政策应用等。

第二，更新单元实施方案编制与审批。①由区政府组织申报单位委托专业设计机构编制城市更新项目实施方案。②城市更新项目实施方案应经专家论证、征求意见、公众参与、部门协调、区政府决策等程序后，形成项目实施方案草案及其相关说明，由区政府上报市城市更新主管部门协调、审核。③市城市更新主管部门组织召开城市更新项目协调会议对项目实施方案进行审议，提出审议意见。协调会议应当重点审议项目实施方案中的公共要素配置、改造方式、供地方式以及建设时序等重要内容。涉及城市更新项目重大复杂事项的，经协调会议研究后，报市城市更新工作领导小组研究；涉及控制性详细规划的修改，报市人民政府审批。④城市更新项目实施方案经审议、协调、论证成熟的，由市城市更新主管部门向所属地各区政府书面反馈审核意见。区政府应当按照审核意见修改完善项目实施方案。⑤城市更新项目实施方案修改完善后，涉及表决、公示事项的，由区城市更新主管部门按照规定组织开展，表决、公示符合相关规定的，由区政府送市城市更新主管部门审核。⑥市城市更新主管部门负责向市城市更新工作领导小组提交审议城市更新项目实施方案。城市更新项目实施方案经市城市更新工作领导小组审议通过后，由市城市更新主管部门办理项目实施方案批复。⑦城市更新项目实施方案批复应在市城市更新部门工作网站上公布。

第三，与法定规划的关系。如涉及修改控制性详细规划的控制要素，则相应同步修改控制性详细规划；如不涉及可直接指导项目实施。

4.其他——城市更新年度实施计划

在主城区内进行的城市更新建设活动实行年度实施计划制度。市城市更新主管部门会同市发展改革、财政、城乡建设等相关职能部门，统筹编制主城区的城市更新年度实施计划。城市更新年度实施计划以更新项目为最小单位，主要明确项目名称、主要更新方式、主要权利人和参与人、资金及其来源等内容。

各区人民政府应当提前向市城市更新主管部门申报纳入下一年度实施计划的城市更新项目。市政府各部门、有关企事业单位也可提出城市更新项目，在征求项目所在地区政府意见后，由所在区人民政府统一申报。城市更新年度实施计划由市城市更新工作领导小组审议通过后，报市人民政府批准实施。

城市更新年度实施计划应以城市更新规划为依据，以现有物业权利人的改造意愿为基础，发挥街道办事处、镇政府的作用，依法征求市、区相关管理部门、利益相关人和社会公众的意见。城市更新年度计划可以结合推进更新项目实施情况报市城市更新工作领导小组定期调整。当年计划未能完成的，可在下一个年度继续实施。完成审批之后一年内无法启动实施的更新项目自动清退。

（二）明确法律地位，出台编制指引

更新专项规划是城乡规划编制体系的重要组成部分，其法律地位应当按照《城乡规划法》的规定，作为总体规划和分区规划的附属内容予以明确。同时，在管理实施层面，更新单元规划与法定控规充分对接。针对各城市的更新项目的规划编制采用一般区域的规划标准，缺乏明确统筹指引与专项指导的问题，各级政府应当结合管辖范围的旧城实际问题，尽早出台城市更新专项规划编制指引，应对“存量时代”的城市发展需求，填补相关管理空白。

（三）强化区域统筹，明确更新模式

旧城区同时面临发展与保护问题，对于开发强度极度敏感，以单个项目研究难以平衡建设容量与相关人利益。加强区域统筹，一方面可以对城市片区的现实问题做系统研究，另一方面提供了可操作的区域内利益平衡与建设量平衡的实现方式，应当依托更新单元的划定过程明确具体的更新模式，并给予相应的规划政策支撑。

（四）深化管理体制，制定配套政策

明确城市更新改造的专职管理部门与机构，出台更新办法、实施细则等政策，如有必要研究制定更新条例的可能性。加强对国土、财政等公共政策以及专家论证制度、项目退出机制的研究，保障城市更新中的资源高效配置。

第三节　旧城社区更新中城市规划方法的应用

一、中国旧城概述

（一）旧城的范围

旧城的范围一般指城市已建成的老旧地区，但由于随城市发展，其应属于一个动态概念。实际上，当代中国典型的城市模型由旧城、新城和开发区三部分组成，且各部分随着时间发生动态变化。城市的旧城，某种意义上即现状已建成区域，在建设时期由于受到当时的规划和建设水平、经济水平等因素的影响，在当前阶段其规划与建筑的外观、功能、质量等方面又不能满足城市居民的实际生活需要的区域，这些应是旧城更新的重点区域。

对于开发区而言，其是我国城市化发展过程中出现的特定空间区域，目前面临的是单一产业功能向综合城市功能转变过程。而新城在过去快速城市化发展过程中，是城市发展的主要方向，但在存量更新时代中，大规模的新城建设已不太可能，取而代之的将是有限的增量区域，是城市未来发展的新的重大职能的精准供给区。

（二）旧城的内涵

旧城一般也称“老城”，并不同于相关法律法规所确定的如旧城区、历史城区等术语。和历史城区、旧城区等相对固化的法定术语不同，旧城一般相对于新城而言，从改造与更新的角度来说，旧城实际上是一个动态的概念。因此，旧城可以定义为：指在过去一段时期内规划与建成的城市地区，但现阶段其功能条件与建设质量等方面已落后于城市功能或城市居民实际生活需要的区域。

（三）中国旧城更新的特征

中国的旧城一般具有以下特征。

第一，历史性。一般来说，旧城地区是一个城市最先发展的地区，经历了城市的长期发展与演变，往往是历史文化遗址遗迹、历史文化街区等较为集中的地区。同时，作为需要进行改造与更新的陈旧、衰退地区，旧城区在不同时期经历了不同的改造，这些时代性的发展变化印记往往能够清晰地体现在城区中。

第二，落后性。在我国快速工业化、城镇化过程中，旧城地区发展相对滞后于新城新区的发展建设，这种滞后多表现为房屋老化下沉、道路狭窄拥堵、功能规划有缺陷、公共设施落后、环境品质不高等问题。

第三，复杂性。旧城更新涉及调整城市产业结构，提升投资、工作与居住环境以及完善基础设施等多个方面，另外主体多、利益博弈复杂，历史遗留问题也比较复杂，对操作实施提出很大的考验。

第四，综合性。对于整个城市来说，旧城只是其中的一个组成部分，但实际上，旧城改造与更新是“牵一发而动全身”的，不可能抛开城市整体而单独考虑一个区域的改造问题，必须根据城市的发展，从城市整体发展的角度综合考虑。

旧城更新的任务一方面要维护其独有的历史价值，另一方面则需要大力提升生活品质与居住环境水平，整体上应达到城市本身发展的定位要求。所以，旧城更新是一个综合系统的工程，并不仅仅针对旧城区或历史城区，两者应属于旧城的一个片区，是旧城的组成部分。同时，旧城更新也不是面面俱到，全部铺开，应针对重点需要更新的区域，这些区域主要包括老旧居住小区、棚户区、城中村、零散工业区及诸如城市商业中心、大专学校校区、行政办公区等老旧公共服务设施集中区等，旧城更新的目标就是要更新整治这类不能适应城市功能发展和居民生活需要的区域。综上，旧城更新的定义为：更新已建成的城市功能区域内不符合城市功能发展或生活生产需求的区域。其主要更新范围除法定意义上的“旧城区”以外，也包括城市历史建设时期留存的零星工业用地、棚户区等，还包括因城市发展而形成的“城中村”及其他有更新需求的城市功能区。更新的目标是改善环境与风貌，提升生活生产品质等。

二、旧城更新规划方法

现行的规划设计编制手段沿袭增量规划的技术方式：用地性质、开发强度、建筑高度、绿地率等控制指标，或是建筑贴边、节点标志、开敞空间等城市设计指引，均具有“蓝图式”属性特征，对应地块后期的有偿出让或划拨使用控制引导，缺乏对旧城更新发展更细致的路径引导。结合政府、开发商、公众多元主体利益诉求的探讨，本节尝试提出以下旧城更新规划设计的技术改造方案。

（一）目标层级：兼具战略性与实施性的多元协调方案

作为指导旧城地区更新发展的公共政策，规划设计需综合区位位置、现状建设等要素特征找准目标定位，形成既有前瞻视野又有可操作性的更新策略，从而推进旧城更新改造高水平发展。例如，“公共事件”驱动下的旧城更新，需要充分挖掘公共事件可能带来的形象展示、环境整治的契机；“环境改善”驱动下的旧城更新，需要关注环境改善所带来的土地价值与城市活力提升等。因此，目标确立不能是规划师拍脑袋，或仅是满足政府意志，而应关注公众诉求，顺应市场规律，通过多角度比选，找准旧城地区的目标定位。

1.对接上位规划

依据城市总体层面的把握，衔接上位规划赋予的目标定位，明确旧城地区的发展方向。同时，旧城地区及其周边区域的战略部署均是规划设计应充分关注的对象。

2.关注公众诉求

通过翔实的现状踏勘、问卷调查、居民访谈等方式，深入了解居民的年龄、职业构成，摸清实际生活现状及改造更新的诉求，以此了解旧城地区学校、医院、菜场等公共服务设施及住房、交通出行的现实状况及改善方向。

3.顺应趋势变化

需要关注城市发展的现实状况与未来的潜在变化，落实不同功能空间的布置。例如互联网对市民消费习惯、生活习惯的影响都会极大影响基层生活设施的配置；同样是“B”类用地控制，大型商场、特色商业街、底层商业大为不同。

（二）空间层级：关注开发主体、时序、方式的差异

目标定位的实施还需要系统性的空间支撑。旧城更新规划设计需要结合不同功能的孵化、培育、发展、衰落自然规律进行相应的空间配置。S市对应不同空间提出综合整治、功能改变、拆除重建3类模式；上海市侧重主题分解方式，针对旧区改造、城中村改造、工业区改造等不同类型，采用不同策略并配套相应的政策要求。旧城更新规划设计不应局限于用地性质的划分，还需着眼于不同功能的培育需求及不同利益主体诉求，建立起旧城更新发展的立体思维，关注空间背后的服务对象、成长路径、开发主体等，以服务于政府决策。

1.底线保障空间

底线保障空间是需要政府主导，保障公共利益提升及弱势群体权益的空间。保障性住房、公共服务设施（尤其大型基础设施）、公园开敞空间的建设以及具有历史文化价值的老旧街区或建筑的保护等，均需在政府主导下才能完成。开发商追求利益的最大化、居民不具备合适的话语渠道，均无法有效推进其保护与建设，最终损害的是城市公共利益及弱势群体权益，导致“公地悲剧”发生。部分居民着眼于短期利益而出现极端利己主义现象，阻碍城市整体的更新改造，也需要政府对其加以引导。

2.潜力预控空间

潜力预控空间是指需要政府主导、市场参与，保障重大战略功能培育、促进城市转型发展的空间。结合城市长远发展需求，大量区位、交通、景观优越，文化特色突出的现状

建设空间，可承载战略功能发展，应予以控制以避免沦为房地产开发项目。例如，老旧厂房具有深远的历史文化价值，是孵化培育创意研发功能的优选区域，但限于更新改造的启动时间、改造模式、安置补偿方式等不确定因素，难以在规划编制过程中予以明确，但若仅是确定“B”或“M”类用地性质等规划指标，则很难在其后的开发建设中有效控制。

3.改造提升空间（拆迁重建空间）

改造提升空间（拆迁重建空间）是指结合居民意愿和市场需求确立的改造提升区域。针对建筑质量破败、品质低下的区域，通过对居民搬迁改造意愿及开发商的土地开发计划的分析，予以精准施策，开展相应的品质提升或拆除重建。针对近期实施拆迁重建的区域，应关注拆迁安置的利益赔偿及重建功能引导。

（三）实施层级：尊重发展规律，拟定适宜的成长秩序

旧城更新改造伴随土地价值提升，其增值收益应由政府、居民（产权主体）和开发商（开发主体）共同享有，但在现行制度框架下的旧城更新改造中，基本按照“谁开发、谁受益”原则，土地增值收益归开发主体所有，导致旧城公益性投入的财政紧缺，并引发诸多社会矛盾。例如，过去单一地块或局部区域的经济平衡思路容易导致高强度下的人口和设施压力并危害历史文化资源保护。因此，旧城更新规划设计需要建立整体化思路，形成保护与开发、局部与整体的联动发展，并反向校核空间布局方案，促进空间增值收益平衡，实现更新利益的公平公正分配。

1.时序引导

旧城更新发展也是动态演绎的过程，包括市场环境的变化、开发建设的推进、现状建设的自然老化、居民意愿的转变等，都应予以关注和考虑，并作为更新时序的重要依据和参考。同时，旧城更新改造的“外部性”特征代表着存量利益的再分配过程，为促进城市整体利益的提升，规划设计应注意各类功能的优先次序，例如轨道交通建设的开发建设，以极大带动和释放土地价值收益。

2.成本核算

旧城地区更新改造涉及拆迁补助、土地征收、土地出让等开发投资与收益，需要从市场角度核算拆迁补助、出让收益等，从而反向确定经营性用地与非经营性用地的构成比例以及土地开发强度等关键控制指标，提升规划设计的可操作性。

3.项目策划

更新改造需借助市场力量推进，故应关注市场运行规律，注重项目策划、品牌营销，尽可能挖掘特色资源并将其包装为特色项目，既可成为政府的实施抓手，又能提升知名度与曝光度，吸引市场关注。

旧城更新规划设计作为指导旧城地区发展的公共政策，其技术思路也不再局限于

"蓝图愿景"的终极谋划，而应关注多元主体利益的协调整合及不确定市场环境的弹性应对，关注空间背后的社会、经济、环境发展运行规律，并在规划设计的空间配置中予以表达，从而真正满足旧城地区的更新改造需求。规划设计本身的改变不够，如大量研究实践所述，尚需多元主体参与的利益协商机制、城市更新单元的管理机制、城市规划体系的改革调整等，真正引领旧城地区更新改造有序进行。

第四节　城市既有住区更新改造规划设计探究

随着岁月的更迭，既有住区已不能满足人民日益增长的物质生活的需求。需要对既有住区进行更新改造，对其进行合理的规划设计，改善其破败的面貌，优化其功能结构，对其进行重塑再生，既使之成为人们的生活场所，又使其原有的文化与肌理得到保护传承。

一、城市既有住区更新改造的必要性

（一）可持续发展的必然趋势

随着我国城市化的不断推进，人居环境的建设越来越受到人们的重视，如"以人为本""可持续发展"等。完善住区功能、优化住区公共空间等住区更新方式也受到了广泛的关注。既有居住区建设，只是停留在绿地和铺装的简单设置层面，没有考虑居民对公共空间的使用和维护，导致老住宅小区的公共空间规划理念陈旧、缺乏配套设施。在设计时也没有充分考虑居民的社会行为和心理需求等因素，导致既有住区的景观环境与现代小区环境相去甚远，既有住区所存在的室外环境问题亟待解决。

目前，世界各国都面临着能源短缺、人口增长过快等一系列问题，现代社会要将节约能源、绿色发展作为主要目标，既有住区环境在生态、环保等方面已经跟不上城市的发展，达不到可持续发展的要求。因此，应继续展开对既有住区环境的更新，同时既有住区环境更新也是社会可持续发展的必然趋势。

（二）城市发展的必然要求

随着中国城市化的快速发展，对进一步改善居民居住环境，实现社会公平发展提出了更高的要求，当代城市的快速发展，本质上是更快地不断提出新的人居模式。

近几年来，大连市政府积极开展了既有住区更新工作，目前的工作是从物理环境的更新出发，从建筑保温系统改造、供热系统节能改造、对小区进行环境更新这三个方面进行考虑。在涉及具体的住区环境更新方案时，设计者对住区区位特点分析不足，导致更新方案大同小异，缺乏对住区环境的系统更新以及整体把控。

建筑的节能改造一定程度上提高了居民的生活质量，既有住区环境的改善和优化对于小区居民来说也是具有价值的，宜人的住区环境能够为居民休闲活动、缓解疲劳、增进邻里情感提供便利，适宜的户外环境是居民室外活动的基础。

从长远来看，只有从住区整体功能的更新出发，因地制宜、注重恢复住区活力、提高居民生活幸福指数，才能实现更新的目的。

（三）实现文脉的传承、促进民生的改善

城市中的住区呈现了当地传统的市井生活，“记住乡愁”是对过去生活场景的回忆，是对未来美好生活的向往。“记住乡愁”，提醒我们当前城市建设应满足人们的实际需求，在既有住区更新中，应继续保留居民原有的生活方式，不同收入水平、不同知识背景，不同的价值观念的居民，在既有住区的长期生活实践中，构成了一个丰富的、多元化的、包容的生活氛围，这种生活氛围成为城市风貌和城市精神的基础所在，城市人群的生活、交流，能映射出城市发展的文化脉络。因此，既有住区环境更新要延续居民原有的交往方式，实现文脉的传承，既要让更新后的住区环境融入现代城市当中，又要让居民感受到亲切感和熟悉感。

宜人的户外活动场所，对于形成和谐的邻里关系，促进民生的改善，起着至关重要的作用。既有住区环境的提升，除了维护社会秩序、保障居民的基本生活条件以外，还可以化解小区不和谐因素，住区道路及时修补，照明设施得到完善，能够方便居民出行；拆除违规搭建，可以腾出场地修建绿地、停车场和休闲健身活动场所等。相信居住环境优美了，居民身心也会感到愉悦，精神文明建设水平自然会有所提升。

二、既有住区的概念

从广义上讲，已经建成的住区都隶属于既有住区的范畴。由于住区建设年代及使用年限的增长，其原本的居住功能、形态在物质和社会的双重影响下，出现了居住功能物理老化及居住组织形态失效的现象，因而既有住区是旧住宅单体与其居住环境在一定的使用时间段、社会形态、经济形态、自然空间和地域空间的整体作用下功能性的集合。

在我国，既有住区的建设与发展主要集中于三个时间段，即中华人民共和国成立初期到20世纪80年代、20世纪80年代到2000年、2000年至今。这些既有住区中，处于第一阶段的住区由于物理老化严重已达到住宅使用年限，以及建设初期规划设计功能性差的原因已

经被大面积拆除重建；而2000年至今的既有住区由于建设时间相对较晚，住宅和配套设施的规划建设都比较完善，且物理老化现象不明显，所以不在既有住区更新改造对象的范畴内。本书研究的既有住区范畴主要是指建造于二十世纪八九十年代的目前尚在使用的既有住区。

三、既有住区更新改造的内容

既有住区更新改造具有长期性和阶段性的特点，在改造过程中考虑的因素越多，最终产生的效果就越明显，这就需要在更新改造前对既有住区的现状和城市的发展进行系统的了解，在了解的基础上，对更新改造的主要内容进行具体分析和更新改造。既有住区更新改造内容如下：

（1）既有建筑更新改造选择合理的更新改造方式，对既有建筑外部形体进行优化处理，对外围护结构进行整修设计，对其建筑空间进行合理重塑，以改善住区居民的居住条件，提高居住生活质量。其包括空间结构更新改造、建筑立面更新提升、屋顶更新改造。

（2）既有交通更新改造对住区内的既有交通进行对应的优化，通过对道路、车道及人行道、停车设施以及无障碍设施进行针对性的更新改造，营造便利出行的氛围，为居民提供良好的生活环境。

（3）既有管网更新改造对既有住区内的给水排水系统、电力电信系统、燃气系统和供暖系统等进行整体的更新改造，对老化的管网合理排查，并对其进行更新优化处理，以满足居民日常生活的需要。

（4）既有设施更新改造对既有住区内的基础设施进行更新改造，对住区内能满足安全使用的原有基础设施予以保留，增设配套设施及公共服务设施，保证住区内的居民生命安全以及创造便利的生活快捷方式。其包括建筑配套设施更新改造、住区配套设施更新改造、公共服务设施更新改造。

（5）既有园区更新改造整合园区内现有的景观绿化并对其进行修复改造；对园区内的出入口进行改造，提升优化其功能；对园区内地下空间进行重塑设计，以改善园区内的生活环境，创造高质量的居住环境。

四、既有住区的规划设计

（一）规划设计的内容

住区规划任务的制定应根据新建或改建情况的不同区别对待，通常新建住区的规划任务相对明确，而对于既有住区的改建，需对现状情况进行详细的调查，并依据改建的需要和可能，制定既有住区的改建规划方案。

住区规划设计的详细内容应根据城市总体规划要求和建设基地的具体情况来确定，不同情况应区别对待，一般来说，包括选址定位、估算指标、规划结构和布局形式、各构成用地布置方式、建筑类型、拟定工程规划设计方案和规划设计说明及技术经济指标计算等。详细内容如下：

（1）选择并确定用地位置和范围（包括改建和拆迁范围）。

（2）确定规模，即确定人口数量和用地的大小（或根据改建地区的用地大小来决定人口的数量）。

（3）拟定住区类型、层数比例、数量和排布方式。

（4）拟定公共服务设施（包括允许设置的生产性建筑）的内容、规模、数量（包括用房和用地）、分布和排布方式。

（5）拟定道路的宽度、断面形式和布置方式。

（6）拟定公共绿地、体育和休息等室外场地的数量、分布和排布方式。

（7）拟定有关的工程规划设计方案。

（8）拟定各项技术的经济指标和进行成本估算。

（二）规划设计的原则

由于既有住区的环境复杂多变，更新改造和规划设计形式千差万别，为了更好地实现既有住区的更新，在规划改造中，我们应该遵循相应的规划设计原则，将其纳入理性化、规范化的轨道上，以避免以往的盲目性和随意性。

（1）“以人为本”原则以切实解决现实存在的问题、改善生活设施、美化居住环境、提高居民生活品质为目的，强调服务对象为住区现在和将来的居民，规划标准的制定、规划方式等都应该从居民自身的需求和支付能力出发。

（2）适应性原则提供规划改造的多种途径，适应政府、集体或居民自发改造，尽可能多地提升住宅区室内外生活环境质量。户型改造要适应特定家庭的生活需求和生活方式。

（3）经济性原则尽量保持原有建筑结构，减少改造成本，提高效用—费用比，创造更大的经济效益和社会效益。

（4）公众参与原则健全公众参与机制，组织居民参与改造的策划、设计、施工、使用后评估整个过程，真正满足使用者的实际需求。

（5）可持续发展原则结合既有住区的实际情况确定改造方案，延长住宅使用寿命，节约建设资金和资源；同时采取适当方法，使规划改造行为本身具有可持续性。

（三）规划设计的目标

对既有住区进行规划设计，是在对其更新改造的基础上，对其功能结构进行合理优化，目的是优化配置土地资源，营造文化生活空间，打造美好居住环境，提升居民生活质量，实现规划设计所追求的目标。

（1）优化配置土地资源合理有效利用城市居住区土地资源，通过对既有住区用地与功能结构的合理化调整，提高土地综合利用效益、优化配置，并使居民生活环境得到改善。

（2）营造文化生活空间规划改造的过程中应充分体现对城市传统风貌、建筑文化、人文特征的尊重，注重保护具有历史价值的地段与建筑，同时增加社区文化设施，营造富有文化品位的生活空间。

（3）运用适当的技术手段打造美好居住环境，改善或增加必要的环境设施和休闲空间，改善居民的生活环境，减少交通噪声干扰，为居民提供舒适美好的居住环境。

（4）通过更新整治，对环境不良的住宅群与房屋进行改造，弥补既有住区在交通、环境和基础设施等方面的短缺，增加既有住区配套医疗和文娱活动设施，从根本上提升居民的生活质量。

既有住区的规划改造应满足居民不断提高的居住需求，同时规划改造是一个动态的过程，一方面要适应居民生活水平不断提高的需求，另一方面也有推动社会进步的作用。

（四）规划设计程序

既有住区的规划设计从收集编制所需要的相关资料，确定具体的规划设计方案，到规划的实施及实施过程中对规划内容的反馈，是一个完整的流程。从广义上来说，这也是一个循环往复的过程。但从既有住区所体现的具体内容和特征来看，其规划设计工作又相对集中在规划设计方案的编制与确定阶段，呈现出较明显的阶段性特征。规划设计程序如下。

（1）确定既有住区规划区。在对既有住区进行规划设计前，必须先确定规划设计区。通过规划区的划分，合理确定功能区间，为后续的设定规划目标工作打下基础。

（2）设定规划目标。在确定既有住区规划区后，应该着手考虑怎样进行规划设计。只有设定好规划目标，才能进行实地调研考察，判断此目标是否适宜该规划区后期的发展以及方案编制工作的开展。

（3）调查分析。确定规划目标后，应该进行实地考察，实践是检验真理的唯一标准。既有住区问题突出，我们应该对影响既有住区规划的各种因素进行调查并进行合理分析，为后期编制规划方案的确定提供建议支持。

（4）编制规划方案。当各种相关工作已准备好后，应该对规划区进行方案的编制，并为后期的建设方案提供技术指导，保证规划工作有条不紊地进行。

（5）编制建设方案。当规划方案编制完毕后，应开展建设方案的编制工作。建设方案的编制应整合利用现有的资源，应对建设过程中可能会发生的情况进行综合考虑，为后面的规划实施提供有力的技术保障。

（6）实施规划及反馈。当前面的相关准备工作都完善后，应对规划区进行规划设计。规划的实施要紧密结合现场的实际情况，一旦现场实际信息与计划有出入时，应进行及时的反馈，调整修改方案，保证规划的顺利进行。

第四章　国土空间规划的基础认知

第一节　国土空间规划概述

一、国土空间规划的概念

《辞海》对“空间”定义为与时间一起构成运动着的物质存在的两种基本形式；将“国土”定义为主权国家管辖下的地域空间，是一个国家人民赖以生存和发展的场所。国土空间作为国家管辖下的地域空间，是国民生存的场所和环境，是承载各种自然资源要素和人文社会要素的地域空间。

国土空间规划是各类建设活动的基本依据，对其他专项规划有指导性和约束性作用。笔者认为，国土空间规划的技术概念是政府通过授权对国土空间内所有类型的自然资源进行统一规划配置，达到国土空间的有序开发及资源的有序利用，实现空间要素优化配置，促进效益的有机统一，具有基础性、战略性、综合性的特点，不是简单将各类空间自然资源规划进行叠加，需要不同资源要素的协同配合，达到保护与发展的统一，具有统筹性。从广义的角度来说，对国土空间资源保护与开发利用的规划均属于国土空间规划。国土空间规划法理概念认为规划是一种行政规划，是行政主体为达到合理开发、利用、整治和保护国土空间资源的目的，以政府的调控和具体的监督管理为主实施的行政行为，具有公益性、强制性和行政性，属于行政法范畴。

国土空间涉及的自然资源要素繁多，笔者认为需要对国土空间规划进行分类来明晰规划的概念和层次。首先是国土空间总体规划，这是国土空间的全局规划，需明确所有空间资源的保护和利用要求，提出原则和管制目标。其次是国土空间详细规划，这是对总体规划的详细落实。最后便是国土空间专项规划，这是对国土空间中某一自然资源类型的保护及利用进行安排的一类规划，例如林地规划、草地规划等。这三类规划共同构成了国土空间规划，统称为国土空间规划。

二、国土空间规划的作用

在我国，国土空间规划概念随着改革的不断推进而演变和发展。因此，国土空间规划内涵也在不断地更新。笔者根据国家对国土空间规划提出的任务和目标，结合国际及国内学者对国土空间规划的看法，将国土空间规划的作用剖析如下。

（一）体现国家意志

国家意志，既有正面的正向要求，也有基于发展阶段的判断。国家意志也是对国家自然资源禀赋、发展需求和遇到的冲突之间的最终裁决和平衡。建立国土空间规划是生态文明的重要举措，习近平总书记不断强调的“绿水青山就是金山银山”的生态文明理念也体现了国家意志，也是国土空间规划的重要价值取向。

（二）促进资源的利用和保护

人类生活在国土空间里，其必要活动须利用空间资源。近年来已经有大量侵占耕地，掠夺自然资源，挤占生态空间的情形出现，造成部分地方承载力减弱，资源不足、环境污染等问题出现，人与自然的关系失衡。基于自利性目的，若是没有统一的规划管控，人类将会毫无限制利用和破坏资源，造成“公地悲剧”。国土空间规划就是通过对空间资源的合理配置来实现资源的开发利用和保护，提升国土空间治理能力现代化的基础保障。建立国土空间规划体系是生态文明建设的重要举措，目的就是要促进空间资源利用和保护。

（三）推进各类规划的协调统一

从我国现状看，国家早就意识到保护生态环境，合理利用空间资源的重要性。为了达到这样的目的，出现了各种以部门为主导的规划。此类规划均从部门角度出发，达到保护自然资源的目的，形成了九龙治水的现状。正是存在这样的部门博弈，导致出现空间资源不能得到充分合理的利用和保护，行政效率降低，部门推诿扯皮，政府丧失公信力的情况。国土空间规划将对整个国土空间资源进行有效配置，统领各类空间规划的功能定位，推进各类空间规划的协调与统一，成为诸多零散规划的聚合点。

第二节　国土空间规划的性质与功能

一、国土空间规划的性质

一是长期性。既有的国土空间格局是人类长期开发建设的结果，未来无论是区域和城乡开发格局优化，还是国土整治和生态修复，也必然是一个长期过程。因此，空间规划的期限较长，一般在15～20年。长期性也决定了国土空间规划具有战略性和稳定性，要有战略定力，不可随意更改。

二是管控性，也称约束性。国土空间规划有关生态保育、资源节约、环境整治、景观保护等内容，既涉及社会公共利益，又涉及政府与市场作用的边界，一经确定，必须以公权力作为后盾强制实施。管控性实质是以规划的确定性来应对社会发展的不确定性，达到稳定社会预期、保障持续发展的目的。

三是基础性。国土空间规划的对象是诸如土地、建筑、设施、环境等物质实体，一般不对经济、民生、文化发展等进行直接安排，但物质实体规划的规模和形态会显著影响经济、民生乃至文化发展。也就是说，国土空间规划通过空间重塑和环境再造，对经济社会发展起重要基础性作用。

国土空间规划的长期性、管控性和基础性，是区别于经济社会发展规划的重要特性。

空间规划和发展规划都服务于国家发展战略，但空间规划更注重长期可持续发展，具有约束性和基础性，而发展规划更注重实现中近期发展目标，具有指导性和针对性。二者都属于综合性规划，但发展规划涵盖经济社会发展的各个领域，涉及人力、资本、资源、科技等各类要素的合理配置，而空间规划侧重空间资源的合理、高效和可持续利用，涉及国土空间的源头保护、过程管控和退化修复。

可见，二者虽关系紧密，但性质不同，不可相互取代。

二、国土空间规划的功能定位

（一）总体定位

在进行国土空间规划过程中，主要是对我国的土地资源进行开发、保护、治理，对整体进行战略部署，以此推动社会环境保护等方面的和谐发展。在国土空间规划的过程中，总体定位要体现出基础性和战略性特点，其中涉及国土空间的利用、保护和治理，对实际建设活动的开展具有指导性和管控作用。《全国国土空间规划纲要（2020—2035年）》明确指出，要将国土资源的实际环境承受能力作为基础，推动其开发、保护、治理等过程。在这些方面，我国国土空间规划不断完善，同时汲取其他国家的成功经验，逐步推动国土的优化保护，从而实现综合治理能力的全面提升。

（二）主要功能

在当前社会发展的背景下，推动国土规划过程与功能区域制度建设具有密切的联系，可以使开发工作更好地实现战略目标。国土规划主要是对土地使用、人口分布进行统筹规划，体现各空间的功能性，也是未来发展的引导方向。以此为基础对国土开发进行科学控制，优化各个环节。国土规划的主要功能是实现开发格局的改进，对区域进行有效协调。

（三）主要规划与整治

国土空间规划的开展与传统的土地利用管理制度息息相关。国土规划主要落实土地资源开发保护工作，属于刚性管控，能让保护管理工作更为科学。在规划过程中，需要对资源进行合理开发与保护。还应充分体现空间规划效果。土地整治规划也是国土空间规划的重要组成部分，是当前土地综合整治的重要手段。在实际规划过程中，需要对各种活动进行统筹安排，从而构建省级、市县级、乡镇级的规划体系。此外，土地数量、质量及生态环境在规划过程中也不断受到重视，在提高资源开发效率的同时，推动其生态化、可持续发展。

第三节　国土空间规划背景下规划思路转变的思考

一、变革后的国土空间规划体系

（一）规划与国土合并

自然资源部原副部长赵龙表示，“抓紧建立国土空间规划体系并监督实施，有利于把每一寸土地规划得清清楚楚、明明白白，形成生产空间集约高效、生活空间宜居适度、生态空间山清水秀，安全和谐、富有竞争力和可持续发展的国土空间格局”。要坚持山水林田湖草是一个生命共同体的系统思想，这是党的十八届三中全会确定的一个重要观点。生态是统一的自然系统，是各种自然要素相互依存而实现循环的自然链条。城镇化与生态化和谐共融，结合城市绿色生态网络，在尊重自然本底的基础上促进三生空间融合。规划主管部门转变为自然资源管理部门的举措为规划与国土合并奠定了机构基础，自2015年来生态文明改革到国土空间规划的提出，为规划与国土合并奠定了体制基础。

（二）国土空间层级框架化

过去的主体功能区规划、土地利用总体规划、城乡规划和海洋功能区划统筹为国土空间规划。从规划层级和内容类型来看，可以把国土空间规划分为“五级三类四体系”。“五级”是从纵向看，对应我国的行政管理体系，分五个层级，就是国家级、省级、市级、县级、乡镇级。其中国家级规划侧重战略性，省级规划侧重协调性，市县级和乡镇级规划侧重实施性。“三类”是指规划的类型，分为总体规划、详细规划、相关的专项规划。“四体系”是指从规划运行方面来看，可以把规划体系分为四个子体系：规划编制审批体系、规划实施监督体系、法规政策体系和技术标准体系。“五级三类四体系”建立起国土空间规划的框架体系，通过环环相扣、相互影响和制约的关系进一步完善了我国的城乡规划体系，是城乡规划及土地利用和自然进程的一大进步，为空间规划如何与实实在在的土地问题及矛盾进行有机结合提供了解决思路，也是新时期为落实国家一号文件，进一步处理好城乡协调发展、生态环境保护、农业农村农民问题、落实可持续发展观而提出的规划层面的举措。

（三）三区三线划定与双评价的引入

“三区三线”是空间规划时代的核心管控工具。“三区三线”是指生态空间、农业空间、城镇空间“三区”和生态保护红线、永久基本农田、城镇开发边界“三线”。城镇开发边界内并不是完全没有生态空间。城镇开发边界内还划分为城镇集中建设区、城镇弹性发展区和特别用途区三类区。特别用途区可以是生态绿地或公园。“双评价”是指资源环境承载能力评价和国土空间开发适宜性评价。“双评价”内容涉及生态、农业和城镇功能承载等级。“双评价”作为“三区三线”划定的前提条件，结合 ArcGIS 技术分别可对区位优势度、交通可达性、最佳设施点及服务区时圈、土地资源、气象资源、大气容量、水环境容量、地质灾害、OD 成本等方案进行分类评价和综合分析，进而确定国土空间规划的基础信息。

“三区三线”与“双评价”的提出、划定与评价是国土空间规划开展的前提条件。在规划的实际操作中，生态本底的划定、生态资源的保护及生态禀赋的挖掘为规划的开展提出了生态前提，符合国土空间规划提出的初衷。一切的规划建设开展必须在生态环境充分评价的基础上进行。

（四）国土空间体系下氛围的转变

过去城市规划由城市总体规划作为上层指导，推进地方城市控制性详细规划及镇总体规划的编制，推进美丽乡村建设，对旧城区进行“退二进三”“腾龙换鸟”的城市更新，采用 AutoCAD、湘源及Photoshop 进行城市规划图形文件的绘制。在国土空间规划改革的背景下，自然资源管理部门推进以“三调”（第三次全国国土调查）数据为基础，以“双评价”结果划定“三区三线”，对“三生”（生产、生活、生态）空间进行统筹规划，实现国土空间规划“一张蓝图”并对其进行动态监测。国土空间规划设计更多地依赖ArcGIS及智能化编程软件Python，实现更加系统全面和框架完善的国土空间规划与设计。

二、规划编制思路转变：“一张蓝图”构成国土空间规划成果

过去土地及项目审批与空间规划脱离，国家发展改革委及城乡规划局各司其职，底图底数不统一，带来许多矛盾与冲突，国土规划合并提出了解决方案。2000年，国家发展和改革委作出规划体制改革的建议，从而促成主体功能区概念的提出，到后来遍地开花的“多规合一”，乃至党的十九大提出全面推进“五位一体”，布局城市规划新篇章，并提出由“一张蓝图”构成国土空间规划成果。

《中共中央 国务院关于建立国土空间规划体系并监督实施的若干意见》（以下简称《若干意见》），明确了建立国土空间规划体系并监督实施的时间表：到2020年，基本建立国土空间规划体系，逐步建立起“多规合一”的规划编制审批体系、实施监管体系、法

规政策体系和技术标准体系，基本完成市县以上各级国土空间总体规划的编制，初步形成全国国土空间开发保护的“一张图”。到2025年，健全国土空间规划的法规政策和技术标准体系。到2035年，全面提升国土空间治理体系和治理能力现代化水平。

（一）信息整合的“一张蓝图”

国土空间“一张蓝图”在数据上综合了基础地理数据、规划现状数据、规划成果数据、规划实施管理数据和社会经济数据等内容，统一了项目经济数据及空间规划数据的底图底数等信息，解决了以往数据分散，数据内容相互冲突的情况。国土空间“一张蓝图”在数据层面对城市规划与国土资源管理，以及国民经济和社会发展、环境保护、文物保护等不同行业规划成果进行了整合，创建全域全要素分类。目前的国土空间规划以“三调”成果为基础，与国土空间规划用途分类存在差异，需要进行数据转换。国土空间规划基数转换可通过直接对应、核实归并、补充调查等方式，在“三调”成果的基础上，转换为国土空间规划分类，并对基础数据、坐标系、“三区三线”的划定方法等内容进行了详细的规定，按照统一的技术要求绘制“一张蓝图”。

（二）平台建设的“一张蓝图”

“一张蓝图”是国土空间规划的核心业务大平台，需要针对新的要求进行平台重构，建立健全国土空间规划动态监测评估预警和实施监管机制。通过搭建“多规合一”信息平台，实现“一张蓝图”监督实施等系统建设的成果。通过建立统一的规划信息管理平台，统一各类规划的空间坐标体系和数据标准，保障空间信息的共享，并通过政务网络接入区县和各委办局，实现业务协同。同时，通过优化行政审批流程，提高行政审批效率，提升政府现代治理能力。

（三）管控内容的“一张蓝图”

国土规划合并，并以“一张蓝图”对项目建设及空间规划进行管控，实现了从CAD到CIM的项目管理的进步。“一张蓝图”统筹项目生成机制强调空间规划部门和财政部门的前期介入，将空间规划、资金投放和项目计划整合到一个体系。工作机制的设计对于规划“一张蓝图”内容的更新尤为重要。“一张蓝图”的管控对数据流程、业务流程中各个环节的工作分工、管理职责、对接方法和标准规范等工作机制进行研究，目的是形成完整、长效、协同的工作环境，进行统一布局。“一张蓝图”干到底，重在规划后的管理。“多规合一”审批流程改革既实现了在市、区、部门等建设审批服务领域的全覆盖，也实现投资建设从前端项目策划生成到后端施工图审查、施工许可、竣工验收阶段的全流程覆盖，切实推进了与投资建设及审批服务密切相关的各个领域的全方位监管。

第四节　国土空间规划技术体系研究

《若干意见》明确了我国将建立新的国土空间规划体系，并将国土空间规划体系分为四个子体系：规划编制审批体系、规划实施监督体系、法规政策体系、技术标准体系。国土空间规划的技术标准体系构建是规划从业者今后的重点工作，也是当前急需解决的重点任务之一。以下将重点研究国土空间规划技术体系的主要内容。

一、总体考虑

国土空间规划技术体系是以生态文明为顶层设计，以《中共中央 国务院关于统一规划体系更好发挥国家发展规划战略导向作用的意见》（中发〔2018〕44 号）、《中共中央 国务院关于建立国土空间规划体系并监督的实施意见》（中发〔2019〕18 号）以及其他政策文件为指导，在总结了市县“多规合一”试点和省级空间规划试点经验和继承主体功能区规划、城乡规划等原有规划编制技术路径的基础上提出来的。因此，国土空间规划技术体系是多方研究成果的集成，是各方智慧的融合。

二、指导思想

以习近平新时代中国特色社会主义思想为指导，全面贯彻党的十九大和十九届三中全会精神。落实新发展理念，统筹推进“五位一体”总体布局，协调推进“四个全面”战略布局，以绿色发展和高质量发展为主线，坚持以人民为中心、坚持可持续发展、坚持从实际出发、坚持依法行政，发挥国土空间规划在规划体系中的基础性作用，在国土开发保护领域的刚性控制作用，以及对专项规划和区域规划的指导约束作用，体现战略性、提高科学性、强化权威性、加强协调性、注重操作性，加强统筹协调性，兼顾开发与保护，注重规划的传导落实，为实现“两个一百年”奋斗目标营造高效有序的空间秩序和山明水秀的美丽国土。

三、总体思路

按照国土空间规划体系，遵循上位规划、落实上级规划，“能用、管用、好用”的规划要求，坚持“战略引领、空间优化，统一分类、分层传导，对应事权、分级管控”的理念，以“双评价”为基础，以国土空间总体规划为统领，以专项规划和详细规划为支撑，以国土空间用途管制为重点，以信息平台为保障，以主导功能定位划定规划分区，建立国土空间用途分区分类分级管制体系。落实重大空间布局，统筹各类资源要素配置，优化国土空间格局，整合形成“多规合一”的国土空间规划，促进区域可持续发展。

四、主要任务

综上所述，国土空间主要任务可概括为战略定位—优化格局—要素配置—空间整治—实施策略五部分。

第一，落实战略定位。衔接国家、省级空间规划、发展规划等上层次相关规划，科学研判当地经济社会发展趋势、国土空间开发保护现状问题和挑战，明确空间发展目标和发展愿景，确定各项指导性、约束性指标和管控要求。

第二，优化空间格局。开展资源环境承载能力评价和国土空间开发适宜性评价，根据主体功能定位，确定全域国土空间规划分区及准入规则，划定永久基本农田、生态保护红线和城镇开发边界三条控制线，明确管控要求，优化全域空间结构、功能布局，完善城乡居民点体系，明确基础设施、产业布局要求。

第三，进行要素配置。按照国土空间总体布局，实行全域全要素规划管理，统筹耕地、林地、草地、海洋、矿产等各类要素布局；保护生态廊道，延续历史文脉，加强风貌管理，统筹重大基础设施和公共服务设施配置，改善人居环境，提升空间品质。

第四，实施空间整治。明确国土空间生态修复的目标、任务和重点区域，安排国土综合整治和生态保护修复重点工程的规模、布局和时序，明确各类自然保护地范围边界，提出生态保护修复要求，提高生态空间完整性和网络化。

第五，制定实施策略。分解落实国土空间规划主要目标任务，明确规划措施，健全实施传导机制。结合规划部署，制定近期建设规划及重大项目的实施计划，合理把握规划实施时序。

五、技术路径

总体技术路径分为四步走：布底图、落用途、严管控和强保障。

第一步：布底图

1.完成技术准备

针对实际情况，制定国土空间规划工作方案，明确工作目标、工作范围、工作内容、职责分工、进度安排、实施步骤等内容，以规范并保障空间规划编制工作的顺利实施。以自然资源、发改、环保、林业、农业、水利、交通等部门为重点，进行全面调研，通过部门访谈、现场踏勘等方式，了解国土空间本底条件。收集测绘资料、各类规划资料以及经济人口、人文历史等其他方面的基础资料。

2.开展专题研究

基于市县实际，开展国土现状分析、经济社会发展研究、产业发展与布局研究、国土空间发展战略研究等基础研究；开展资源保护、土地集约节约利用、基础设施廊道建设、国土综合整治与生态修复、乡村振兴等专项研究，为国土空间规划开展提供支撑。

3.绘制一张底图

收集全域和相邻县区第三次全国国土调查（以下简称“国土三调”）成果、基础测绘成果，以及规划、各类保护区、经济、人口等资料；以“国土三调”成果为基础，地理国情普查数据为补充，综合集成人口、经济、空间开发负面清单、行业数据等资料，进行数据预处理、数据分类与提取、外业核查、数据整合集成等，形成统一的国土空间规划底图底数。

4.实施双评估

规划实施评估：全面评估现行城乡规划、土地利用规划以及海洋功能区划的实施情况，总结成效、分析问题，明确本次规划的重点，提出国土空间开发保护格局优化的建议。

国土空间开发保护现状评估：科学评判国土安全、气候安全、生态环境安全、粮食安全、水安全、能源安全等对市县带来的潜在风险和隐患，提出规划应对措施。

5.开展双评价

开展全域覆盖的资源环境承载能力评价和国土空间开发适宜性评价，通过评价识别资源环境承载能力和关键限制因素，分析国土空间开发潜力；在“三条控制线”统筹划定、国土开发保护格局确定、国土空间用途管制、国土整治与生态修复安排等方面，为规划方案提供技术与策略支撑。

第二步：落用途

1.研究空间战略

分析国家、省发展政策，以国家、省级空间规划、发展规划为引领，科学研判市县经济社会发展趋势、国土空间开发保护现状问题和挑战，提出市县国土空间发展战略，提出战略定位、战略目标，确定各项指导性、约束性指标和管控要求。

2.优化空间格局

以规划评估、评价分析为基础，结合国土空间开发保护战略与目标，立足市县域自然资源本底，构建国土空间开发保护总体格局，提出宏观的开发保护总格局、区域协调格局、城乡空间结构、产业发展、乡村振兴等重大格局。

3.划定三条控制线

严格落实省级国土空间规划相关要求，划定生态保护红线、永久基本农田和城镇开发边界三条控制线，统筹优化“三条控制线”等空间管控边界，制定空间管控措施，合理控制整体开发强度。

4.划定规划分区

以基础评价为依据，根据市县主体功能定位，划定生态保护、永久基本农田保护、城镇发展、农村农业发展、海洋发展等规划基本分区，明确各分区的管控目标、政策导向和准入规则。

5.进行要素配置

按照国土空间总体布局，实行全域全要素规划管理，统筹耕地、林地、草地、海洋、矿产等各类要素布局，科学确定水、土地、能源等各类自然资源保护的约束性指标；保护生态廊道，延续历史文脉，加强风貌管理，统筹重大基础设施和公共服务设施配置，改善人居环境，提升空间品质。

6.落实用途管控

建立“全域—片区—单元”三个层面管控体系，明确各层面管控要素、管控重点和管控要求；制定全域管控规则，确定约束性指标。

第三步：严管控——搭建业务平台

以自然资源调查监测数据为基础，采用国家统一的测绘基准和测绘系统，整合各类空间关联数据，建立国土空间基础信息平台，实现集规划分析、智能评价、规划编制、规划管理、规划应用等于一体，提高行政审批与管理效率。

第四步：强保障——建立一套机制

依托国土空间基础信息平台，建立健全国土空间规划动态监测评估预警和实施监管机制；健全资源环境承载能力监测预警长效机制，建立国土空间规划定期评估机制，结合国民经济社会发展实际和规划定期评估结果，对国土空间规划进行动态调整完善。

第五章　国土空间开发格局的结构与形成机制

第一节　国土空间开发的基础理论

国土空间开发一直是区域经济学和发展经济学关注的重点命题。自1826年杜能提出农业区位论以来，学者们进行了扎实有效的研究。从国土空间开发相关理论演进过程来看，主要包括：

（1）区位选择理论，主要是以运输费用为核心的成本分析、市场分析、成本—市场综合分析等。

（2）区域经济增长理论，包括均衡增长理论、非均衡发展理论及内生增长理论等，其核心是集聚与区域经济增长的关系。

（3）区域分工与贸易理论，包括绝对优势理论、比较优势理论、要素禀赋理论等。

（4）区域开发理论，包括据点开发、点—轴开发、网络开发等。此外，近年来兴起的新经济地理学成为理论界的热点。

一、区位选择理论

区位选择理论通过建立假设，运用成本分析、市场分析，或者成本—市场综合分析来解释经济活动区位的选择。主要包括：杜能的农业区位论、韦伯的工业区位论、克里斯泰勒的中心地理论和廖什的市场区位论。

（一）农业区位论

德国经济学家杜能最早注意到运输费用对区位的影响，在《孤立国同农业和国民经济之关系》（1826）一书中，杜能指出距离城市远近的地租差异即区位地租或经济地租，是决定农业土地利用方式和农作物布局的关键因素。由此他提出了以城市为中心呈六个同心圆状分布的农业地带理论，即著名的“杜能环”。

（二）工业区位论

德国经济学家韦伯继承了杜能的思想，国土空间开发格局的理论与形成机制。在其著作《论工业区位》（1909）、《工业区位理论》（1914）中韦伯得出三条区位法则：运输区位法则、劳动区位法则、集聚或分散法则。他认为运输费用决定着工业区位的基本方向，理想的工业区位是运输距离和运量乘积最低的地点。除运费以外，韦伯又增加了劳动力费用因素与集聚因素，认为由于这两个因素的存在，原有根据运输费用所选择的区位将发生变化。

（三）中心地理论

德国地理学家克里斯塔勒在其《德国南部的中心地原理》一书中，将区位理论扩展到聚落分布和市场研究，认为组织物质财富生产和流通的最有效的空间结构是一个以中心城市为中心地、由相应的多级市场区组成的网络体系。在此基础上，克氏提出了正六边形的中心地网络体系，并且认为有三个原则支配中心地体系的形成：市场原则、交通原则和行政原则。

（四）市场区位论

德国经济学家廖什在其著作《经济空间秩序》（1940）一书中，将利润原则应用于区位研究，并从宏观的一般均衡角度考察工业区位问题，从而建立了以市场为中心的工业区位理论和作为市场体系的经济景观论。

二、区域经济增长理论

（一）均衡发展理论

均衡发展理论的假设前提是要素替代、完全竞争、规模报酬不变、资本边际收益递减。这样在市场经济下，资本从高工资发达地区向低工资欠发达地区流动，劳动力从低工资欠发达地区向高工资发达地区流动，随着生产要素的流动，各区域的经济发展水平将趋于收敛（平衡），该理论主张在区域内均衡布局生产力，从而使得各地区经济平衡增长。区域均衡发展理论包括：赖宾斯坦的临界最小努力命题论，纳尔森的低水平陷阱理论，罗森斯坦·罗丹的大推进理论，纳克斯的贫困恶性循环论和平衡增长理论等。

赖宾斯坦的临界最小努力命题论，认为要使一国经济取得长期持续增长，就必须在一定时期受到大于临界最小规模的增长刺激。纳尔森的低水平陷阱理论，认为不发达经济的居民收入通常也很低，使得储蓄和投资受到极大局限；如果以增加国民收入来提高储蓄和投资，又通常导致人口增长，从而又将人均收入退回到低水平均衡状态，这是不发达经济难以逾越的一个陷阱。在外界条件不变的情况下，要走出陷阱，就必须使人均收入增长率超过人口增长率。罗森斯坦·罗丹的大推进理论，主张发展中国家在投资上以一定的速度和规模持续作用于各产业，从而冲破其发展瓶颈。由于该理论基于三个“不可分性”，即社会分摊资本的不可分性、 需求的不可分性、储蓄供给的不可分性，因此更适用于发展中国家。纳克斯的贫困恶性循环论和平衡增长理论，认为资本缺乏是不发达国家经济增长缓慢的关键因素，这是由于投资能力不足或储蓄能力太弱造成的，而这两个问题的产生又是由于资本供给和需求两方面都存在恶性循环。但通过平衡增长可以摆脱恶性循环，进而扩大市场容量并形成投资能力。

均衡发展理论的缺陷在于忽略了规模效应和技术进步的因素，特别是由于规模效应的存在，规模报酬并不是不变的，市场力量作用通常导致区域差异增加而不是缩小。发达地区由于具有更好的基础设施、服务功能和更大的市场，必然对资本、劳动力等要素具有更强的吸引力，这就导致在完全竞争下，极化效应往往超过扩散效应，区际差距扩大。此外，这一理论没有考虑要素空间流动时要克服空间距离而发生的运输费用。

（二）非均衡发展理论

1.梯度转移理论

源于弗农提出的产品生命周期理论，该理论认为，工业各部门及各种工业产品，都处于生命周期的不同发展阶段，即经历创新、发展、成熟、衰退四个阶段。此后区域经济学家将这一理论引入区域经济学中，便产生了区域经济发展梯度转移理论。该理论认为，区域经济的发展取决于其产业结构的状况，而产业结构的状况又取决于地区经济部门，特别是主导产业在工业生命周期所处的阶段。如果其主导产业部门由处于创新阶段的专业部门构成，则说明该区域具有发展潜力，因此将该区域列入高梯度区域。随着时间的推移及生命周期阶段的变化，生产活动逐渐从高梯度地区向低梯度地区转移，而这种梯度转移过程主要是通过多层次的城市系统扩展开来的。

梯度转移理论主张发达地区首先加快发展，然后通过产业和要素向欠发达地区的转移带动整个区域发展。梯度转移理论的局限性在于难以精确划分梯度，有可能把不同梯度地区发展的位置固定化，造成地区间发展差距进一步扩大。

2.累积因果理论

缪尔达尔认为在一个动态的社会过程中，社会经济各因素之间存在着循环累积的因果关系。市场力量的作用一般趋向于强化而不是弱化区域间的不平衡，即如果某一地区因初始优势而比别的地区发展得快，那么它凭借已有优势在以后的日子里会发展得更快。这种累积效应有两种相反的效应，即回流效应和扩散效应。前者指落后地区的资金、劳动力向发达地区流动，导致落后地区要素不足，发展更慢；后者指发达地区的资金和劳动力向落后地区流动，促进落后地区的发展。

区域经济能否协调发展，关键取决于两种效应孰强孰弱。在欠发达国家和地区经济发展的起飞阶段，回流效应都要大于扩散效应，这是区域经济难以均衡发展的重要原因。因此，要促进区域经济的协调发展，必须有政府的有力干预。这一理论对于发展中国家解决地区经济发展差异问题具有重要指导作用。

3.不平衡增长论

赫希曼认为经济进步并不同时出现在每一处，经济进步的巨大推动力将使经济增长围绕最初的地区集中，即增长极。他提出了与回流效应和扩散效应类似的“极化效应”和“涓滴效应”，在经济发展的初期阶段，极化效应占主导地位，因此区域差异会逐渐扩大，但从长期看，涓滴效应将逐步占主导，区域差异也趋向缩小。

4.增长极理论

佩鲁认为增长并非同时出现在各部门，而是以不同的强度首先出现在一些增长部门，然后通过不同渠道向外扩散，并对整个经济产生不同的终极影响。显然，他主要强调规模大、创新能力强、增长快速、居支配地位且能促进其他部门发展的推进型单元，即主导产业部门，着重强调产业间的关联推动效应。布代维尔从理论上将增长极概念的经济空间推广到地理空间，认为经济空间不仅包含了经济变量之间的结构关系，也包括了经济现象的区位关系或地域结构关系。

增长极理论认为，增长极的产生取决于有无发动型的产业，而区域上取决于有无发动型的核心区域。这个核心区域通过极化和扩散过程形成增长极，以获得较高的经济效益和发展速度。这种核心区域的发展速度较快，且与其他地区的关系特别密切，在没有制度障碍的情况下，具有持续的空间集中倾向。

点—轴开发理论是增长极理论的重要拓展，该理论不仅强调“点”（城市或优区位地区）的开发，而且强调“轴”（点与点之间的交通干线）的开发，形成点—轴系统。但是点—轴理论具有局限性，其更适用于区域发展初期，可在有限投入下获得较好的效果，但在区域发展的中后期，特别是城镇体系较为发育的情况下，这一理论在微观尺度上已经不再适应实践要求（如城市群内部），但在宏观尺度上（城市群之间）仍具有一定指导意义。

5.中心—外围理论

中心—外围理论，是由普雷维什（1949）最早提出的，他对拉美的研究发现，在传统的国际劳动分工下，世界经济被分成了“中心”和“外围”两部分，在这种“中心—外围”的关系中，“工业品”与“初级产品”之间的分工并不像古典或新古典主义经济学家所说的那样是互利的，恰恰相反，由于技术进步及其传播机制在“中心”和“外围”之间的不同表现和不同影响，这两个体系之间的关系是不对称的。

弗里德曼对其进行了发展，从区域经济学的角度讨论了中心和外围的关系。弗里德曼认为区域发展通过一个不连续的，但又是逐步积累的创新过程实现的，而发展通常起源于区域内少数的“中心”，创新由这些中心向周边地区扩散，周边地区依附于“中心”而获得发展。中心区发展条件较优越，经济效益较高，处于支配地位，而外围区发展条件较差，经济效益较低，处于被支配地位。因此，经济发展必然伴随着各生产要素从外围区向中心区的净转移。在经济发展初始阶段，二元结构十分明显，最初表现为一种单核结构，随着经济进入起飞阶段，单核结构逐渐为多核结构替代，当经济进入持续增长阶段，随着政府政策干预，中心和外围界限逐渐消失，经济在全国范围内实现一体化，各区域优势充分发挥，经济获得全面发展。该理论对制定区域发展政策具有指导意义（见表5-1）。

表5-1　发展阶段与区域特征

	前工业化阶段	工业化初级阶段	工业化成熟阶段	空间经济一体化阶段
资源要素流动状态	较少流动	外围区域资源要素大量流入中心区	中心区要素高度集中，开始回流到外围区	资源要素在整个区域内全方位流动
区域经济典型特征	已存在若干不同等级的中心，但彼此之间缺乏联系	中心区进入极化过程，少数主导地带迅速膨胀	中心区开始对外扩散过程，外围区出现较小中心	多核心区形成，少量大城市失去了原有的主导地位，城市体系形成

6.倒“U”形理论

威廉姆逊把库兹涅茨的收入分配倒“U”形假说应用到分析区域经济发展方面，将时序问题引入了区域空间结构变动分析，提出了区域经济差异的倒“U”形理论。他通过截面分析和时间序列分析发现，发展阶段与区域差异之间存在着倒“U”形关系，均衡与增长之间的替代关系依时间的推移而呈非线性变化。

综观上述非均衡发展理论，其共同的特点是，二元经济条件下的区域经济发展轨迹必然是非均衡的，但随着发展水平的提高，将逐渐向区域经济一体化过渡。其区别主要在于，它们分别从不同的角度来论述均衡与增长的替代关系，在发展阶段与非均衡性的关系上截然不同。增长极理论、不平衡增长论和梯度转移理论倾向于认为无论处在经济发展的哪个阶段，进一步的增长总要求打破原有的均衡。而倒“U”形理论强调经济发展程度较高时期增长对均衡的依赖。

（三）内生增长理论

内生增长理论认为经济能够不依赖外力推动实现持续增长，内生的技术进步是保证经济持续增长的决定因素。

内生增长模型是在完全竞争假设下考察长期增长率的决定因素。有两条路线：一是罗默、卢卡斯等人用全经济范围的收益递增、技术外部性解释经济增长，代表性模型有罗默的知识溢出模型、卢卡斯的人力资本模型、巴罗模型等；二是用资本持续积累解释经济内生增长，代表性模型是琼斯—真野模型、雷贝洛模型等。

为克服完全竞争假设条件过于严格，解释力弱，以及无法较好地描述技术商品的非竞争性和部分排他性等不足，20世纪90年代以来，增长理论家开始在垄断竞争假设下研究经济增长问题，提出了一些新的内生增长模型。根据对技术进步的不同理解，主要有三类：产品种类增加型、产品质量升级型、专业化加深型。

三、区域分工与贸易理论

区域分工与贸易理论包括传统的斯密绝对优势理论、李嘉图比较优势理论、俄林生产要素禀赋理论等。

（一）绝对优势理论

绝对优势是指一个国家较另一个国家在生产某种商品中拥有最高的劳动生产率（单位劳动投入带来的产出率最大），或指一个国家较另一国家在生产同种商品中所具备的最低的生产成本（单位产出的劳动投入量最小）。

斯密认为国家或区域间分工原则是成本的绝对优势。分工可以极大地提高劳动生产率，企业、区域或国家从事最有优势的产品生产，然后彼此交换，则对每个人都是有利的。斯密将该理论由家庭推及国家，论证了国际分工和国际贸易的必要性。他主张，如果外国的产品比本国生产便宜，那么最好是输出在本国有利的生产条件下生产的产品，去交换外国的产品，而不要自己生产。这样对所有国家都是有利的，世界的财富也会因此而增加。绝对优势的基础在于自然禀赋或者后天的优势，它可以使一个国家生产某种产品的成本绝对低于别国，从而在该产品的生产和交换上处于绝对有利地位。

（二）比较优势理论

两个国家刚好具有不同商品生产绝对优势的情况是极为偶然的，因而绝对优势理论在现实中面临一些挑战。

李嘉图对绝对优势理论进行了发展，提出比较成本学说。该学说认为：国际贸易产生的基础并不限于生产技术的绝对差别，只要各国之间存在着生产技术上的相对差别，就会出现生产成本和产品价格的相对差别，从而使各国在不同的产品上具有比较优势，使国际分工和国际贸易成为可能，进而获得比较利益。比较利益学说进一步揭示了国际分工贸易的互利性和必要性。它证明各国通过出口相对成本较低的产品、进口相对成本较高的产品就可能实现贸易互利。

（三）要素禀赋理论

要素禀赋论又称要素比例说，是由赫克歇尔（1919）和俄林（1933）提出的。该理论阐明了什么因素决定外贸模式和国际分工，同时也指出外贸对资源配置、价格关系和收入分配的效应。赫克歇尔和俄林认为，现实生产中投入的生产要素不只是一种，而是多种。根据生产要素禀赋理论，在各国同一产品生产技术水平相同的情况下，两国生产同一产品的价格差来自产品的成本差别，这种成本差别来自生产过程中所使用的生产要素的价格差别，这种生产要素的价格差别则取决于该国各种生产要素的相对丰裕程度。

狭义的生产要素禀赋论认为，一国在生产密集使用本国比较丰裕的生产要素的产品时，成本就较低，而生产密集使用别国比较丰裕的生产要素的产品时，成本就比较高，从而形成各国生产和交换产品的价格优势，进而形成国际分工和贸易。此时本国专门生产有成本优势的产品，而换得外国有成本优势的产品。

广义的生产要素禀赋论认为，当国际贸易使参加贸易的国家在商品的市场价格、生产该商品的要素价格相等的情况下，以及在生产要素价格均等的前提下，两国生产同一产品的技术水平相等（或生产同一产品的技术密集度相同）的情况下，国际贸易取决于各国生产要素的禀赋，每个国家都专门生产密集使用本国比较丰裕的生产要素的商品。生产要素禀赋论假定，生产要素在各部门转移时，增加生产某种产品的机会成本保持不变。

（四）区域开发理论

1.据点式开发

据点式开发的理论基础是增长极理论，即一个地区的开发应当从一个或若干个“点”开始，并使其逐步发展成中心城市，进而以中心城市为基础，带动周围区域的发展。中国区域开发实践的经验与教训表明，对欠发达地区，据点式开发是一种适宜的国土开发空间战略。通过政府的作用来集中投资，加快若干条件较好的区域或产业的发展，进而带动周边地区或其他产业发展，可集中使用有限的建设资金，发挥各种设施空间集中形成的集聚效应，同时也可使新区开发就近得到支援。20世纪70年代以来，中国在中西部地区实际上实行的就是据点式开发空间发展战略。

但该模式忽略了在培育据点或增长极的过程中，增长极和周围地区的发展差距扩大，进而导致彼此之间产业难以配套，影响了区域发展的平衡性和可持续性。

2.点—轴开发

点—轴开发理论除了重视“点”（中心城镇或经济发展条件较好的区域）的增长极作用外，还强调“点”与“点”之间的“轴”（即交通干线）的作用，认为随着重要交通干线如铁路、公路、河流航线的完善，连接地区的人流和物流迅速增加，生产和运输成本降低，形成了有利的区位条件和投资环境，产业和人口向交通干线聚集，使交通干线连接地区成为经济增长点，沿线成为经济增长轴。在国家或区域发展过程中，大量生产要素在“点”上集聚，并由线状基础设施联系在一起而形成“轴”。

点—轴理论十分重视地区发展的区位条件，强调交通条件对经济增长的作用，点—轴开发对地区经济发展的推动作用要大于单纯的增长极开发，也更有利于区域经济的协调发展。我国的生产力布局和区域经济基本上是按照点—轴开发的战略模式逐步展开的。

3.网络开发

网络开发理论是点—轴理论的延伸。该理论认为，在经济发展到一定阶段后，一个地区形成了增长极（即各类中心城镇）和增长轴（即交通沿线），点和轴的影响范围不断扩大，在更大的区域范围内形成商品、资金、技术、信息、劳动力等生产要素的配置网和交通、通信网。网络开发理论强调增长极与整个区域之间生产要素交流的广度和密度，促进地区经济一体化和城乡一体化。同时，通过网络的拓展，加强与区外其他区域经济网络的联系，对更多的生产要素进行合理配置和优化组合，促进更大区域内经济的发展。网络开发理论宜在经济较发达地区应用。

网络开发理论有利于缩小地区间的发展差距。增长极开发、点—轴开发都是以强调重点发展为特征，在一定时期内会扩大地区发展差距。而网络开发是以均衡分散为特征，将增长极、增长轴的扩散向外推移。一方面要求对已有的传统产业进行改造、更新、扩散、转移；另一方面又要求及时开发新区，以达到经济布局的平衡。新区开发一般也采取点—轴开发形式，而不是分散投资，全面铺开。这种新旧点—轴的不断渐进扩散和经纬交织，逐渐在空间上形成一个经济网络体系。

网络开发理论一般适用于较发达地区或经济重心地区。它同时强调推进城乡的一体化，加快整个区域经济全面发展。所以，该理论应选择在经济发展到一定阶段后，区域之间发展差距已经不大，区域经济有能力全面开发新区的时候实施。

（五）新经济地理理论

克鲁格曼将贸易理论和区位理论之间建立关联，把“空间”因素引入对区际贸易的分析，克鲁格曼以规模报酬递增、不完全竞争的市场结构为假设前提，在*D-S*垄断竞争模型的基础上，认为产业集聚是由企业的规模报酬递增、运输成本和生产要素移动通过市场传导的相互作用而产生的。这从理论上证明了工业活动倾向于空间集聚的一般性趋势，揭示了外在环境的限制，如贸易保护、地理分割等原因，产业区集聚、特殊的历史事件等对空间格局的影响，解释了现实中空间集聚的路径依赖性，并且认为在一个区域内，随着运输成本的下降，工业生产活动的空间格局经由分散—集聚—分散的演化过程，集聚是必然要经历的一个阶段。最具有代表性的著作是《空间经济学：城市，区域与国际贸易》，该书将空间经济模型的特征总结为四条，即*D-S*模型、冰山成本、动态演化和计算机数值模拟。空间经济的动态演化并不是通过基于理性预期的跨时决策对厂商和家庭建立清晰的模型进行模拟，这样将会非常复杂，而是采取了一条捷径，通过对静态模型的动态化处理，使得一系列空间现象得以在演化中产生。因此，空间经济的动态并不具有真实时间意义下的微观动态特征，只是在时间序列上展现了空间集中不断累积时的每一个均衡。在主流经济理论特别强调理性预期和策略博弈的今天，这可能是空间经济理论未来的发展方向之一。

经济模型中的均衡总是来自个人理性的最优决定。但是在空间经济系统中，由于空间最初总是被假定为完全均质的，在报酬递增的作用下，空间由分散向集中的转变就会出现多重均衡的特征。克鲁格曼等认为多重均衡下的空间演化具有两个突出特征：一是如何从许多可能的地理结构中选择其一集聚，比如两地区模型中，最初的要素分布完全相同，当运输成本降至足够低时，制造业将在“报酬递增”的作用下选择两地区之一集聚，而且任何地点的集聚在个人理性看来都是最优的。而究竟在哪个地方集聚就依赖于历史偶然因素的选择。也就是说，如果某个区位碰巧在早期吸引了更多的企业，接下来的发展如果没有更大的反方向刺激，就会在报酬递增导致的循环累积下按照这一条路径一直演化下去，即“路径依赖”或称之为“锁定”，于是早期稍具优势的地区就会成为集聚的中心。二是分岔（见图5-1）：人口最初平均分布在两个地区，人口份额$\lambda=0.5$。随着运输成本T不断降低，至$T(B)$时空间发生突变分岔，人口向其中某一地区完全集中，即$\lambda=0$或1，这时就存在两重均衡。反过来，如果希望打破这种集中的状态，则T不仅是要达到$T(B)$，而是要付出更多的努力达到$T(S)$，这是因为$T(B)\sim T(S)$实际上是一个三重均衡。这从另一侧面说明了锁定之后的空间状态为什么难以打破。在政策上，这就意味着最初的非均衡策略实施后，要想再实施均衡政策需要付出更多的努力。

1.中心—外围模型

中心—外围模型是新经济地理中最基本的一个模型，也是不完全竞争下最典型的区域空间结构模型。其基本模型直接继承了*D-S*模型，解释了在两地区两部门的情形下制造业企业层面的报酬递增如何导致均质的空间分化为中心—外围的异质结构，以及这种结构在何种条件下得以维持和瓦解。

建模过程与*D-S*模型类似，但由于参数过多，求解起来，即使是数值模拟也比较复杂，因此对模型的某些参数进行了标准化处理，并假设农业部门的名义工资为单位1，且农业部门在两个地区的规模始终为1/2，制造业部门在地区1的规模为λ，在地区2为$1-\lambda$，也保持总规模始终为1。于是可以将中心—外围模型的静态均衡表述为如下4组8个方程。

收入方程：

$$Y_r = \mu\lambda_r w_r + (1-\mu)/2$$

价格指数方程：

$$G_r = \left[\sum_s \lambda_s \left(w_s T_{sr}\right)^{1-\sigma}\right]^{1/1-\sigma}$$

名义工资方程：

$$w_r = \left[\sum_s Y_s T_{rs}^{1-\sigma} G_s^{1-\sigma}\right]^{\sigma-1}$$

实际工资方程：

$$\omega_r = w_r G_r^{-\mu}$$

模型的动态过程通过人口的迁移不断累积而实现。每一次动态人口迁移的规则是按照当地实际工资与所有地区实际工资的平均值间的差异增加或减少人口规模：

$$\lambda_r = \gamma\left(\omega_r - \bar{\omega}\right)\lambda_r，\text{其中，} \bar{\omega} = \sum_r \lambda_r \omega_r$$

虽然通过标准化模型得到了很大的简化，但由于强烈的非线性特征而难以得到解析，于是采用了数值模拟的方法。从模拟的结果可以看到，所有的外生参数，包括T、σ、μ均对中心—外围结构的形成具有激励作用：当运输成本足够低，制造业产品的差异性足够大，制造业消费的份额足够大时均有可能形成中心—外围结构。图5-1说明了运输成本的降低如何导致中心—外围的形成：当运输成本较高时，把制造品运输至外地销售将是不经济的行为，因此此时的经济就是自给自足的，每个地区生产的产品都供应本地消费。当运输成本下降至一定程度后，出现了三个稳定均衡点的情况，即T_2对应的λ=0、0.5、1三个点，可能出现的情况是已经开始发生区域间的贸易，但如果没有强烈的刺激引导集聚发生，空间仍然是均质分布的。直至运输成本继续下降，均质分布结构变得不稳定，即T_3，中心—外围的区域分异结构便在报酬递增下内生地形成了。

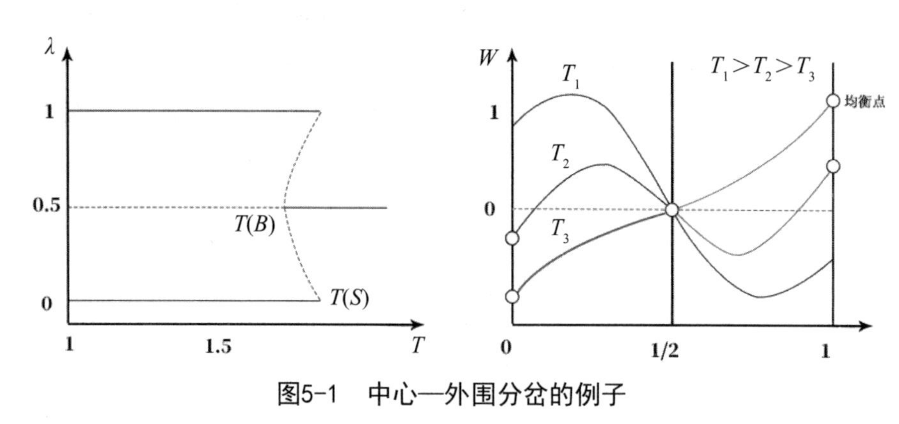

图5-1 中心—外围分岔的例子

2.单中心城市模型

新经济地理在城市尺度的模型，可以解释杜能的单中心城市如何内生形成，以及单中心结构何时将被打破，并形成多中心甚至城市体系的过程。事实上，*D–S*模型的结论已经预示了城市必然出现，因为本地市场效应的存在，将使得本地市场较大的地区发生循环累积，制造业规模的不断扩大以及工资的不断增加，从而集聚形成城市。藤田等学者用一个简单的例子说明了本地市场效应如何导致单中心城市的形成和区位锁定。假设经济体的全部人口分布在长度为1的直线上，于是空间可记作（0，1）。经济体中仅包括工人和农民两类人群，总人口为单位1，其中工人人口为μ，农民人口为$1-\mu$，且在直线上均匀分布。现在要考虑的问题是，如果所有的企业都集中于一处r，这就形成了本地市场效应，那么其中的任何一个制造商在选择自己的区位s时会选择在何处？该厂商要权衡的主要问题就是运输成本。如果要接近农村市场，那么坐落于直线的中央，即$s=0.5$是最佳的方案；如果要接近工人市场，则布局在其他企业集聚的地区r是最优的。计算的结果显示，如果其他所有企业集中的地区不是接近于直线的两端，而是在距中央某一范围的邻域内，那么，即使该集聚地不是在空间的中心，其他厂商的区位决策也将是集中在r的。这也就是说，最初的集聚在本地市场效应下导致了城市的形成，即使最初的集聚不是最优的。

这种模型解释虽然不很正式，但说明了城市如何内生形成。《空间经济学》中以*D–S*模型为基础建立了一个正式的、考虑了土地市场的典型城市模型，验证了城市的持续集聚效应。同样是在经济体中存在农业和制造业等两个生产部门，生产技术与*D–S*模型的假设完全相同，所不同的是，城市模型的空间系统不再是离散的多个区域，而是考虑一个一维线性的连续空间，记作（$-f$，f），在这条线上均匀分布着同质的土地。经济体中存在N个劳动者从事农业或制造业生产，他们不仅可以在空间内任意流动，而且可以自由选择要从事的行业。此外，经济体中还存在一类人，即地主，地主分布于每一寸土地，土地的所有租金由地主获得，并且是他们唯一的收入来源。假设生产1单位的农产品需要投入C^A单位劳动力和1单位土地，制造品的生产只需要投入劳动，并采用*D–S*模型中的报酬递增技术。运输成本在这里则需要具体化为距离的函数：如果将1单位的农产品或制造品运输至距离产地d公里的地方，根据冰山成本，到达目的地时实际只剩有exp（$-\tau^A d$）或exp（$-\tau^M d$）单位的产品了。

这里假定所有的制造业生产都发生在位于线性空间中央0点处的城市内。城市实际上是内生形成的，但这里将这一过程省略掉了。那么所有的制造品在城市生产后都要运输到（$-f$, f）的农村各地销售，这一过程在D–S模型中已经解决了。其中存在一些关键内生参数：若中心城市有L^M个制造业工人，那么城市的总财富水平$Y^M=w^M L^M$；每一处农村的总财富水平Y^A（r）则等价于农产品的销售额，由于1单位的土地可生产出1单位的农产品，于是Y^A（r）$=p^A$（r），这一财富实际上是农民和地主的收入之和。于是，经过标准化处理，并令城市的名义工资w^M为单位1，各地的价格指数：

$$G(r)=\left(\frac{L^M}{\mu}\right)^{1/(1-\sigma)}e^{\tau^M|r|}=G(0)e^{\tau^M|r|}=Ge^{\tau^M|r|}$$

其中，G为城市的价格指数。

于是城市工人的实际工资：

$$\omega^M=G^{-\mu}\left(p^A\right)^{-(1-\mu)}$$

而对农产品来说，除自身消费外，也需要运到城市销售。如果令中心城市的农产品价格为$p^A=p^A$（0），那么r处的均衡农产品价格为：

$$p^A(r)=p^A e^{-\tau^A|r|}$$

假设位于经济体边界处的土地地租为零，也就是说，农民生产农产品获得的收入全部归自己所有。于是位于边界f处的农民的名义工资：

$$w^A(f)=\frac{p^A e^{-\tau^A f}}{c^A}$$

边界处农民的实际工资：

$$\omega^A(f)=\frac{1}{c^A}G^{-\mu}\left(p^A\right)^{\mu}e^{-\mu\left(\tau^M+\tau^A\right)f}$$

于是空间均衡下，城市实际工资应与农民的实际工资相同，可得到城市的农产品价格：

$$\omega^A(f)=\frac{1}{c^A}G^{-\mu}\left(p^A\right)^{\mu}e^{-\mu\left(\tau^M+\tau^A\right)f}$$

关于城市边界f递增。

另外，考虑农产品的市场出清。每单位土地生产的农产品中有$1-\mu$被本地消耗，其余的μ供给城市。于是供给城市的农产品总量：

$$S^{A}=2\mu\int_{0}^{f}e^{-\tau^{A}|s|}\,\mathrm{d}s$$

而工人的收入将有$1-\mu$被用于农产品的消费，于是城市农产品的消费量：

$$D^{A}=(1-\mu)w^{M}L^{M}/p^{A}$$

考虑到总人口$N=L^{M}+2c^{A}f$，根据农产品的市场出清，得到城市的农产品价格：

$$p^{A}=\frac{(1-\mu)\left(N-2c^{A}f\right)}{2\mu\int_{0}^{f}e^{-\tau^{A}|s|}\,\mathrm{d}s}$$

关于城市边界f递减。

对于每一个人口规模N，根据实际工资均衡和农产品市场出清总能达到一个均衡的空间边界f。因为一方面空间边界越大，农产品的运输成本越高，为了让农民获利必须推高农产品价格，曲线上行；另一方面，空间边界越大意味着农产品的供给越大，在竞争的压力下又必须压低农产品价格，曲线下行，如图5-2所示。如果人口规模扩大，即N增加，则市场出清下的p^{A}曲线上移，则均衡下的空间边界也将扩大，农产品价格也将提高。

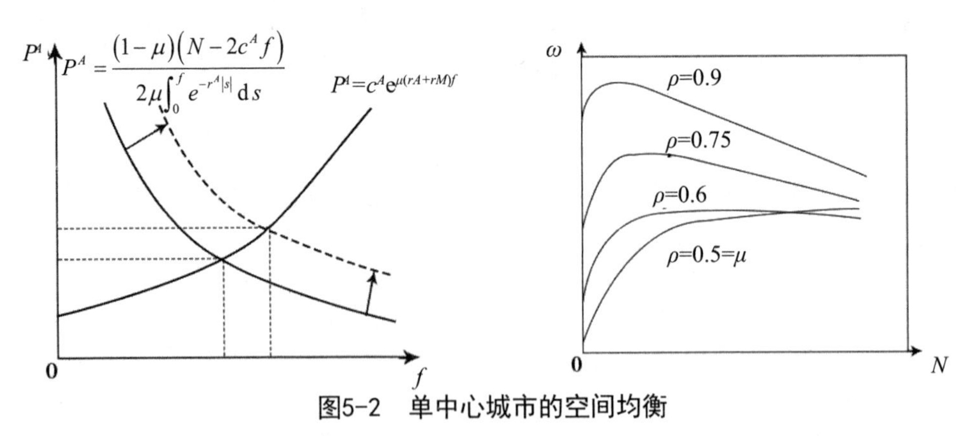

图5-2　单中心城市的空间均衡

将均衡时的p^{A}代入实际工资，并求关于f的全微分，可得：

$$\frac{\mathrm{d}\omega}{\mathrm{d}f}=C\omega\left(\frac{\mu-\rho}{1-\rho}+\frac{\tau^{A}}{\tau^{A}+\tau^{M}}\cdot\frac{1}{\mathrm{e}^{\tau^{A}f}-1}\right)$$

C为大于0的常数。

如果没有非黑洞假设的约束，即可能出现$\rho<\mu$的情形，则$\mathrm{d}\omega/\mathrm{d}f$将总是大于0，也就是说，随着空间边界或人口规模的扩大，均衡实际工资总是随之增加的。这是因为μ较大时制造业部门的份额较大，其在报酬递增下所显示的规模经济相对于运输成本增加而言总是

占优势，于是单中心城市的集聚状态将永远维持下去，这显然是一个不合常理的结论。因此在*D–S*模型中假设非黑洞条件似乎更合乎现实情况：随着*N*或者*f*的不断扩大，$d\omega/df$总会在某一人口规模下变为负值，如图5–3所示，此时过高的运输成本难以被规模经济平衡，人口单中心集聚的动力将会瓦解，这就预示着多中心的城市体系将会出现。从$d\omega/df$的式子可以看出，p、τ^A、τ^M均越小，而μ越大时，或者说，当制造品的差异化程度越大、两部门的运输成本越低、制造业产品占消费的份额越大时，更有可能形成较大规模的城市。

3.城市体系的形成

城市体系的内生形成正是由单中心城市的不稳定导致的。这里的不稳定并不是空间均衡的不稳定，而是因存在更佳状态的空间均衡的潜力所希望发生的空间均衡结构的跃迁。藤田等学者采用了市场潜力函数来衡量这种结构跃迁的潜力：

$$\Omega(r)=\frac{\omega^M(r)^\sigma}{\omega^A(r)^\sigma}$$

市场潜力函数实际上反映的是“跃迁”状态下将达到的实际工资与“现实”均衡下实际工资的大小关系：$\omega^M(r)$就是假如在*r*处投入制造业生产会达到的实际工资水平，根据工资方程很容易得到解析表达式；$\omega^A(r)$是在原本的均衡下*r*处从事农业生产时获得的实际工资，根据均衡条件，这一工资与中心城市制造业工人的实际工资相同。于是，当$\Omega(r)$在任何*r*处均小于1时，说明单中心城市结构是稳定的；一旦$\Omega(r)>1$，单中心城市变得不稳定，就会发生结构变迁。可将潜力函数整理为如下等式：

$$\Omega(r)=e^{\sigma\left[(1-\mu)\tau^A-\mu\tau^M\right]r}\left[\left(\frac{1+\mu}{2}\right)e^{-(\sigma-1)\tau^M r}+\varphi(r,f)\left(\frac{1-\mu}{2}\right)e^{-(\sigma-1)\tau^M r}\right]$$

其中，$\varphi(r,f)$为值介于0～1的关于*f*的增函数。于是$\Omega(r)$关于边界*f*或人口规模*N*也是递增的，也就是说，随着人口规模的扩大，单中心城市结构被瓦解的可能性越发凸显。如图5–3左所示，随着*N*的不断增大，潜力曲线不断抬升，至N_3时，在距离中心城市*f*处进行制造业生产所能支付的实际工资刚好与均衡工资相等，如果人口规模继续增大，制造业就会自发地向$\pm\tilde{r}$处集中，以更接近于农产品产地和农村市场，于是，新城市就内生地出现了。

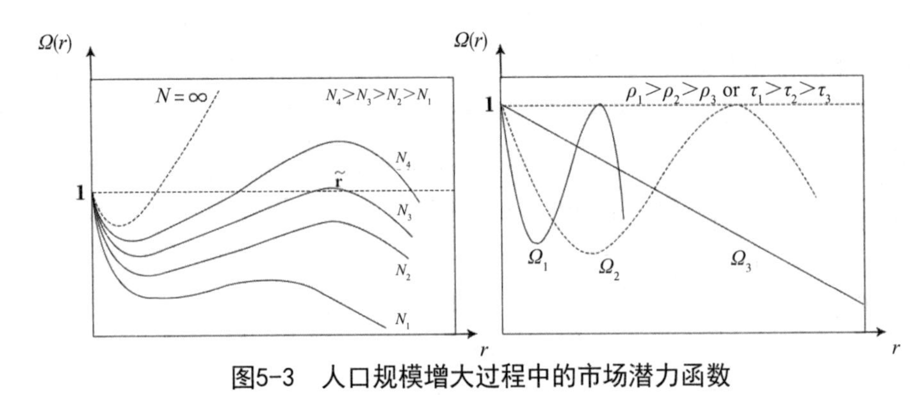

图5-3 人口规模增大过程中的市场潜力函数

接下来讨论新城市形成的均衡稳定性问题。最基本的是对称三城市的稳定性，也就是在中心城市的两侧$\pm\tilde{r}$处分别形成一个新城市，且两个城市的人口规模相同。记中心城市的人口为L_1，每个新城市的人口为L_2，并以$\lambda_2=2L_2/(L_1+2L_2)$表示两个新城市的人口占总城市人口的比例，显然，$\lambda_2$介于0～1。当$\lambda_2=0$时，即为单中心结构；当$\lambda_2=1$时，则表示所有城市人口都集中在两侧的新城市，中心城市消失，为两城市结构。

根据D–S模型的工资方程、价格指数方程、收入方程等可以计算出对应于每个中心城市和新城市之间的人口分配λ_2的中心城市和新城市的实际工资ω_1、ω_2，并可绘制如图5–4所示的轨迹。实际上，当人口规模达到N_2时，如果存在三个城市，将是均衡的，但这个均衡不稳定，稍有扰动就会因为新城市实际工资水平的下降而向中心城市集聚。当人口规模达到N_3时，虽然三个城市的结构可以形成均衡，且是稳定的，但由于单中心城市同样也是稳定的，如果没有大的扰动，单中心结构仍继续维持。事实上，此时可以看作政府规划引导新城开发的最佳时机。当人口达到$\tilde{N}$时，也就是市场潜力曲线刚好与$\Omega(r)=1$相切时，单中心结构就成为一个不稳定均衡，人口会不断向两侧的新城市集中，直至达到新的均衡。如果人口进一步增大，至N_4甚至N_5时，城市人口完全集中在新城市是经济体的唯一均衡，形成了双中心的空间结构。显然，随着人口规模的增长，空间结构的变化过程存在如图5–4右所示的分岔，也再一次表明了空间结构的路径依赖和锁定效应。

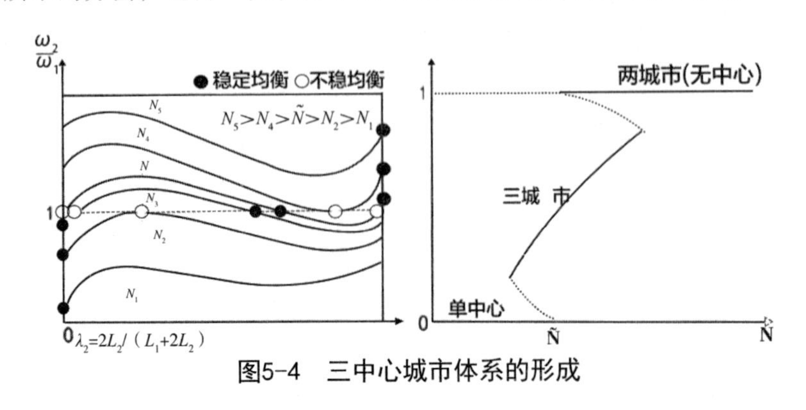

图5–4 三中心城市体系的形成

在三城市的约定下，中心城市最后消失，形成两城市的结论显然不太合常理。但如果允许更多的新城市不断出现，那么这种不合理就不会发生了。更多城市的分析与单中心的市场潜力分析完全一样，藤田等学者给出了9个城市构成的城市体系的例子，限于篇幅，这里不赘述。需要说明的是，形成的空间结构中所有的城市基本上是等距离排列的，而且各个城市规模相当，生产的制造品所占的市场份额也基本相同，也就是说，经济体内的所有城市并不存在等级之分。这是由于各城市的制造业均属于同一部门，其ρ、τ，μ等参数均相同。

鉴于此，藤田等学者为了得到具有等级结构的城市体系，就像中心地理论中所展现的中心地等级体系一样，又扩展了D–S模型的框架：假设制造业内部分为H个行业，各行业间互异，但行业内部生产隶属于本行业的差异化产品。在这种情况下，随着人口规模N的不断增加，各个行业的潜力曲线虽然均往上抬升，但由于行业间在规模经济和运输成本上存在差异，那些具有较低规模经济或运输成本较高的行业，将难以支撑运输成本的增加，其市场潜力函数Ω（r）便率先在中心城市以外达到1，如图5–3右所示的Ω_1，第一个新城市就会出现。显然这是一个低等级的城市，因为其他的行业都不可能在这里集聚。此后，随着人口规模增长，其他行业的潜力曲线也将陆续达到Ω（r）$=1$，具有层级关系的城市体系就形成了。其中，较高等级的城市会同时拥有较低等级城市的所有行业，反之则不成立。藤田等证明了行业的等级与主要参数间的关系：ρ、τ较小的行业，也就是产品差异性较大（规模经济则越强）、运输成本较小的行业具有较高的等级，其Ω（r）$=1$时的临界人口规模和临界距离均较大。

第二节　国土空间开发格局的结构

一、国土空间与国土空间开发

空间，哲学上认为是运动行为和存在的表现形式，行为是相对彰显的运动，存在是相对静止的运动。物理学上的空间，是指能够包容（所有）物理实体和物理现象的场所；空间是有或没有具体数量规定的认识对象，具有长、宽、高等多个维度。国土空间是“区域”在国家尺度上的称谓。首先具有“区域”的基本内涵：一是具有基本的自然地理规定性，“是地域分异规律作用的产物”。二是具有一定的经济规定性，它是“社会经济客体在区域空间中的相互作用和相互关系以及反映这种客体和现象的空间聚集规模和聚集形态”。三是具有一定的政治规定性，列昂惕夫认为将“区域”与行政区划相结合有助于掌握数据、描述、制定实施政策等。另外，国家尺度下的“区域”（国土空间）具有不同于一般意义“区域”的特定内涵。一是受关税、贸易壁垒等影响，其要素流动的交易成本或广义运输距离更显著，在经济全球化、区域经济一体化发展日益深入的背景下，国土空间受到外部环境的影响越来越大，国际政治经济环境、贸易政策等都会对其产生重要影响，这使得国土空间相比于一般区域呈现出更强的行政规定性。二是出于国家安全的考虑，国土空间上战略性资源配置要立足内部，这样以效率为导向的市场机制将呈现部分失灵，从而需要中央政府层面的宏观调控或管制来辅助。

国土空间开发具有阶段性。从全球角度看，国土空间开发格局形成和发展与区域经济社会发展阶段密切相关。在农业社会，水资源对于经济社会的发展具有决定性意义，国土空间开发长期处在“流域主导期”。如两河文明、尼罗河文明、印度河文明、黄河文明等。工业化时期，推动经济社会发展的主导力量逐渐地由农业转向工业，国土空间开发特征也由“流域主导”向“产业主导”转化。工业化中后期伴随快速城镇化进程，农业剩余劳动力向城市转移，城市数量增加和城市规模的扩大，加速了服务业的发展，国土空间开发特征由“产业主导”向“城市（群）主导”转化，同时，城市人口剧增导致空气污染、噪声干扰、交通拥堵等问题，城市居住质量下降、产业发展导致资源过度开采、生态遭到侵蚀等问题，可持续发展日益得到重视，国土空间开发特征在“产业主导、城市（群）主导”的基础上，增加了“生态约束”特征。

国土空间开发具有效率性。国土空间要素主要包括土地、劳动力、矿产资源、资本等，这些要素的丰沛程度在很大程度上影响着国土空间开发。早期的国土空间开发，多具有资源指向，如德国的鲁尔区、英国中部、中国的辽中南地区等，都明显受到这一规律的影响。各要素之间的匹配程度是影响国土空间开发的另一个因素，尽管要素之间的相互替代可在一定程度上减少要素不匹配的影响，但低于某个门槛值时，这种替代便难以形成，这样使得要素匹配性好的地区的生产活动的效率更高。无论在哪个阶段，效率都是各种要素配置目标，市场则是要素配置的基础，为实现高效，一方面要通过空间组织，形成有效的区域分工，提高全要素生产率；另一方面市场的效率导向会引导生产活动撤离那些不具备竞争力的地区，或由于过度开发而产生负的外部性的地区。

国土空间开发具有公平性。公平性的核心是空间中人的发展机会和福利均等，包括受教育机会、就业机会、社会保障、住房保障、医疗保障等。新区域主义认为，市场机制最终将通向不平衡的地理发展，市场本身难以阻止地理不平衡，因此需要政府政策的引导，引导的目的并不是空间发展的均衡，而是空间中人的公平。

二、国土空间开发的四个维度

理想的国土空间开发格局应该能够促进要素充分流动和优化配置、空间中人的发展机会和福利水平相对公平、生态环境可持续发展，经济、社会、环境发展与人的发展相协调。国土空间开发应包括四个维度，即开发区位、开发功能、开发强度、开发组织。

一是开发区位，主要解决在哪里开发的问题。即根据资源环境条件、发展基础和发展潜力，确定哪些地区可以开发、哪些地区不可以开发，划定空间开发的边界。

二是开发功能，主要解决开发什么的问题。其中主要对国土空间内某一特定区域能发展什么、不能发展什么（即主体功能）进行安排，如城市发展区、粮食主产区、生态保护区等，通过规划进行控制，强化可以发展的功能，控制不可以发展的功能。

三是开发强度，主要解决开发到什么程度的问题。依据特定区域的承载能力、开发程度和开发潜力来综合评定，如主体功能区规划中按照开发强度分为优化开发、重点开发、限制开发、禁止开发四种类型。

四是开发组织，主要解决如何开发的问题。开发组织要明确基本单元、划分层级、制定结构等，其本质上取决于基于资源禀赋和动态比较优势的要素流动。在纯经济属性的“区域”中，市场机制在各要素配置中发挥基础性作用。而在国家尺度的“区域”中，由于各级行政边界的存在，特别是地方政府发展诉求强烈，产生恶性竞争，要素流动不畅，这就需要综合运用国土空间组织手段进行干预，更好地发挥政府作用，引导市场主体有序开发，促进要素合理流动。

第三节　国土空间开发格局的形成机制

基于理论综述，国土空间开发格局主要受资源本底、政策环境、发展阶段三类因素影响，这些因素通过路径依赖、集聚与知识溢出、外部性、区域政策和制度等四种机制共同作用于国土空间开发格局。

一、影响因素

国土空间开发格局的影响因素很多，从静态看，主要受到资源禀赋、政策环境两方面影响，其中资源禀赋具有客观性，而政策环境具有主观能动性；从动态看，还受到区域发展差距、工业化城镇化发展阶段的影响，发展阶段具有客观性。

（一）资源本底

资源禀赋包括区域的土地资源、水资源、矿产资源、生态资源等的丰裕程度、匹配程度、比较优势和承载能力，区域已开发程度与开发潜力等。海拔很高、地形复杂、气候恶劣，以及其他生态脆弱或生态功能重要的区域，并不适宜大规模高强度的工业化城镇化开发，否则，将对生态系统造成破坏。各区域资源禀赋决定了其主体功能，如有的区域在提供农产品上具有优势，有的区域则更适合提供生态产品，而另外一些区域适合大规模高强度的工业化、城镇化开发等。

资源本底具有客观性，可分为两类，一类是很难通过人类努力进行调整的，如气候、水文、开发建设条件等，具有绝对客观性；另一类是通过人类努力可以适当改变的，如资源能源的跨区域调配、交通条件的改善等，但其受到市场机制的约束，具有相对客观性。

（二）政策环境

政策环境包括区域发展战略、区域增长模式、经济体制等。

区域发展战略受政府意志影响显著，多为解决特定历史条件下经济社会发展中存在的问题而采取的空间上的解决途径，这在政府调控力度较强的国家表现得尤为显著。如我国，新中国成立初期实行高度集中的计划经济体制，为应对可能出现的战争，大量项目布局在中西部地区。改革开放以后，出于对外开放和招商引资的需要，沿海成为经济发展的重点地区，在区域发展战略上强调东部率先。

区域增长模式是在特定历史条件下市场力量和政府力量共同作用形成的，比较有代表性的有出口导向、内需导向、出口替代战略等，任何一种增长模式必然要求在空间上相应地给以支撑，如我国长期实施出口导向战略，在全球化和本地化循环累积作用下，沿海经济带得到快速发展。国土空间是经济增长模式的重要载体，而国土空间开发格局的调整也是转变增长方式的重要内容。

经济体制直接影响着经济要素在空间上的组织方式，如我国在计划经济体制下，各种生产要素和产品按照计划进行配置，地方政府缺少经济发展和空间开发的能动性，呈点状均衡化布局，但各点之间缺乏内在的经济联系，其结果必然是低效率和低效益。从20世纪80年代开始，财政实行地方政府承包制，即“分灶吃饭”，诱发了地方政府发展经济的冲动，经济组织在空间上表现为行政区经济，“断头路”等使得行政区交界地区发展缓慢，过多的行政干预使行政区之间缺少有效的分工，要素配置效率不高，比较优势难以充分发挥，发展潜力难以完全释放。

（三）发展阶段

学者们的研究表明，发展阶段与区域空间结构之间存在显著关系，威廉姆逊的研究认为发展阶段与区域差异之间存在着倒“U”形关系，均衡与增长之间的替代关系依时间的推移而呈非线性变化。弗里德曼也研究发现了空间一体化过程与区域经济发展阶段的对应关系。一般来说，在发展初期，区域差距比较小，空间开发上多采取增长极战略，进行据点式开发；发展中后期，区域发展差距逐渐扩大，这时，需要引导生产要素跨区域合理流动以缩小区域发展差距，成为影响国土空间开发战略的重要方面。这一过程同时受到工业化城镇化阶段、经济体制转型等时间维度变量的影响。

二、形成机制

国土空间开发格局的形成，从根本上说，是资源和要素在空间上配置的结果。在市场经济条件下，市场是国土空间开发格局主要推动力量，伴随市场配置资源和要素的过程，正外部性和负外部性不断产生。如在一些地区进行项目建设，改善其产业配套条件，增强其承接产业转移的能力，增强这些地区承载经济和人口的能力，从而产生正外部性；而在生态环境比较脆弱的地区进行资源开发，则有可能破坏这些地区的生态环境，降低其提供生态产品的能力。

优化国土空间开发格局，就是要鼓励正外部性，抑制负外部性。在存在外部性和公共产品生产的领域，市场经常会失灵，因此国土空间开发格局的优化也离不开政府力量。政府发挥作用主要是设计合理的政策体系，选准适宜的作用领域——主要是弥补市场失灵，而不是代替市场的作用。其中市场机制主要包括：路径依赖效应、集聚与知识溢出、外部效应等，政府机制主要包括土地制度、财税制度、户籍制度、环境制度等。

（一）路径依赖

路径依赖是指一个具有正反馈机制的体系，一旦在外部性偶然事件的影响下被系统采纳，便会沿着一定的路径发展演进，很难为其他潜在的更优的体系所代替。一旦进入一种低效或无效的状态则需要付出大量的成本，否则很难从这种路径中解脱出来。克鲁格曼认为，现实中产业区的形成是具有路径依赖性的，而且产业空间集聚一旦建立起来，就倾向于自我延续下去。

产生空间上路径依赖的原因，一是市场保护，城市或区域政府出于就业和稳定的考虑，倾向于保护辖区内的企业和产业，这样就在政府的市场保护政策下形成了一个进入壁垒，阻碍外地商品进入；二是迁移成本，即新企业从一个地区迁移到另一个地区所要付出的代价；三是制度障碍，地方政府往往设置许多不利于企业迁移的地方政策，同时为了营造一种能使这类企业继续生存的空间，这会使有迁移愿望的企业锁定在原来的区位。要素流动不顺畅，也使得在宏观空间结构上倾向于保持固有的格局。

（二）集聚与知识溢出

所有的区域空间结构理论都强调集聚经济在区域经济发展中的作用。运用集聚经济将在生产或分配方面有着密切联系，或是在产业布局上有着共同指向的产业，按一定比例在某个拥有特定优势的区域，形成一个地区生产系统。在系统中，每个企业都因与其他关联企业接近而改善自身发展的外部环境，并从中受益，结果系统的总体功能大于各个组成部分功能之和。梯度推移理论认为大城市是高区位区，就因为它可以依靠集聚经济来推动与加速发明创造、研究与开发工作的进程，节约所需投资；增长极理论强调城市体系中城市等级结构的差异，实际上是考虑城市集聚经济能力；生产综合体理论更是指出要追求集聚经济；产业集群理论不仅强调大量产业联系密切的企业集聚，而且还强调相关支撑机构在空间上的集聚，获得集聚经济带来的外部规模经济。

知识溢出效应近年来也得到了更多的关注，新经济地理认为，空间邻近的知识溢出在产业区位形成中具有重要作用，空间集聚与经济增长之间之所以具有显著的相互影响，其关键就在于知识溢出的空间特征。内生增长理论将区域增长归结为要素投入与知识积累，在区域层面，知识溢出依赖于区域之间的地理距离、技术差距及学习能力，知识溢出在领先和落后地区的流动是双向的，但领先地区向落后地区的溢出更大，外生知识增长是影响区域增长的主要变量，邻近区域的知识溢出效应更为明显，知识溢出的生产力效应随着地理距离的邻近而增强。

（三）外部效应

外部性通常是指私人收益与社会收益、私人成本与社会成本不一致的现象。如果一种经济行为给外部带来积极影响，使社会收益大于私人收益，使他人减少成本，则称为正外部性；如果一种经济行为给外部造成消极影响，导致社会成本大于私人成本，使他人收益下降，则称为负外部性。萨缪尔森认为，“生产和消费过程中当有人被强加了非自愿的成本或利润时，外部性就会产生。更为精确地说，外部性是一个经济机构对他人福利施加的一种未在市场交易中反映出来的影响”。科斯对制度的外部性进行了研究，认为如何让外部效应内部化是解决负外部性的关键。

在区域经济活动中，河流、空气、人才等流动性明显的资源无法明确界定其区域空间归属，因而，企业缺乏保护河流、治理污染的动力。而我国地方政府具有特别突出的“经济人”属性，他们的行为“同经济学家研究的其他的行为没有任何不同”，他们都以自身利益最大化为目标，缺少对外部性的考虑。这两方面原因共同作用于国土空间开发格局。

正是由于外部性特别是负的外部性的存在，就需要中央政府进行政策调整以达到优化国土空间格局的目的，体现为两种不同的政策模式：一是通过区域经济一体化与区域合作，在私人市场中把外部性内部化，减少区域之间的恶性竞争，内化区域之间的交易成本及克服区域之间的负外部性；二是区域补偿政策，政府通过对有负外部性的活动征税以及对有正外部性的活动提供补贴。

（四）区域政策与制度

在市场经济下，虽然中央政府对于经济资源的掌握能力大大弱于计划经济，但中央政府仍然拥有一系列干预区域经济运行的手段。区域政策工具可以分为三大类：第一类是微观政策工具，第二类是宏观政策工具，第三类是协调政策工具。微观政策工具包括劳动力再配置政策（迁移政策、劳动力市场政策、劳动力报酬政策）、资本再配置政策（如对资本、土地、建筑物等生产要素的投入进行财政补贴，对产品进行税收减免，对技术进步进行财政补助、税收减免等）。宏观政策工具包括区域倾斜性的税收与支出政策、区域倾斜性的货币政策、区域倾斜性的关税与其他贸易政策。协调政策工具主要用于微观政策之间的协调、微观与宏观政策之间的协调、中央与区域开发机构之间的协调、区域开发机构与地方政府之间的协调。

按照政策的功能，区域政策工具可以分为奖励性政策和控制性政策两大类。前者包括转移支付、优惠贷款、税收减免、基础设施建设、工业和科技园区设立等。后者包括明文禁止相关开发活动、对一些开发活动实施许可制度和提高税收等。

1.财税政策

包括收入类政策和支出类政策。其中收入类政策大体可以分为税、费、债和转移性收入四项，支出类政策大致包括政府投资、公共服务、财政补贴和政府采购四项，其主要作用：一是支持特定地区改善发展所需要的基础设施；二是支持特定地区增强提供公共产品的能力，或向特定地区的居民提供特定的公共产品；三是在特定地区进行生态环境基础设施建设；四是鼓励资本和劳动力进入或转移出特定地区；五是鼓励或限制某些产业的发展；六是引导市场参与者节约资源、保护环境。

2.投资政策

包括中央财政基本建设支出预算安排、固定资产投资规模控制、重大项目布局等。其主要作用：一是在特定地区进行交通、通信、生态环境保护等基础设施建设；二是鼓励或抑制特定地区固定资产投资的增长；三是在特定地区培育经济增长极；四是引导社会投资的空间流向。

3.产业政策

包括鼓励性或限制性产业发展指导目录、产业技术标准的设立等。其主要作用：一是引导资源和要素在空间上的配置，合理化产业的空间布局；二是鼓励或限制特定产业发展，优化特定地区产业结构；三是鼓励或限制特定开发活动，促进资源开发与生态环境保护的协调。

4.土地政策

包括建设用地指标分配、土地最低价格标准、单位土地投入产出强度控制等。其主要作用：一是鼓励或限制特定地区的发展；二是鼓励或抑制特定产业的发展；三是鼓励或限制特定的开发活动。

5.人口管理政策

包括人口生育政策、人口迁移政策、劳动力培训政策和劳动力市场政策等。其主要作用：一是调节特定地区的人口生育率和人口增长率；二是鼓励或限制城乡居民迁入、迁出特定地区；三是增强劳动者在区外寻求生存和发展机会的能力；四是合理调节劳动要素在空间上的配置。

6.环境保护政策

包括环保标准的制定和实施、环保禁令的颁布、环保税收的设定、污染排放指标的分配、环境基础设施投资的安排等。其主要作用：一是在特定地区进行生态环境保护工程建设；二是鼓励或限制特定产业在特定地区的发展；三是调节特定地区的生产和消费活动，促进人与自然的和谐相处。

7.绩效评价和政绩考核政策

包括指标的设立、奖惩制度安排等。其主要作用：一是引导各地区制定和实施符合自身功能定位的经济社会发展规划；二是引导各地区进行符合自身功能定位的开发活动。

8.规划政策

包括空间开发规划的制定与实施、经济社会发展规划的制定与实施等，以及各类规划之间的协调。其主要作用：一是规范国土空间开发秩序；二是引导各地区制定符合自身功能定位的经济社会发展规划；三是促进各地区协调发展。

第六章　国土空间规划的编制探索

第一节　各级国土空间规划的编制

一、国家级国土空间规划的编制

国家级国土空间规划应当以贯彻国家重大战略和落实大政方针为目标，提出较长时间内全国国土空间开发的战略目标和重点区域规划，制定和分解规划的约束性指标，确定国土空间开发利用整治保护的重点地区和重大工程，提出空间开发的政策指南和空间治理的总体原则。

（一）国土空间总体规划编制

2019年8月，中央财经委会议强调“落实主体功能区战略，完善空间治理，形成优势互补、高质量发展的区域经济布局”，再一次指明了主体功能区战略在国土空间治理体系中的重要地位。自国土空间规划编制以来，如何在国土空间总体规划中落实主体功能区战略，在空间治理体系中发挥其战略指引和基础制度作用，成为编制工作的难点。在空间治理的视角下，主体功能区是中央意志的具体表现，省级国土空间总体规划应当结合本省发展实际和地域差异对这份“意志”进行细化传导。随着国土空间总体规划的纵向延伸，逐层细化落实主体功能区将成为构建空间治理体系的关键举措。

（二）国土空间详细规划编制

目前，国土空间规划体系已经步入改革后的实施阶段，详细规划的编制已经提上日程。作为详细规划的主体，控规在空间治理视角下的核心还是管控，是地方层面精细化治理国土空间的核心工具。在谋求高质量发展的今天，在政府、市场、社会等多元主体利益趋同的情况下，控规注定会由原来“规划—建设”的单一逻辑转变为“规划—载体—实施—反馈”的循环逻辑。也就是说，控规作为新时期精细化管理国土空间的工具，首先要以空间为载体进行有效落实，其次要指导并且规范实施行为，最后还要能够建立反馈机制反作用于规划编制。因此，控规需要进行自我完善和适应性变化，以解决原来编制形式化、指标不科学和覆盖失之偏颇等一系列问题。根据空间治理体系和总体规划编制的要求，详细规划在编制前，应该做好以下两方面的准备工作。

1.构建国土空间治理体系的空间载体——全域管控单元

自古以来，划分空间单元就是空间管理的重要手段，在我国城镇方面有闾里制、里坊制、街巷制等单元管控制度；在农业方面有井田制、授田制等。从满足基本需求的空间管理到追求物质生活的空间管控，再到追求高质量生活的空间治理，不同空间发展阶段应该有不同空间需求的单元管控模式。

随着主体功能区制度和用途管制制度的不断深化与完善，国土空间规划明确对国土空间全域、全要素进行管控，因此详细规划要能够覆盖国土空间全域，需要在地方总体规划的基础上划定全域的空间管控单元。这是统筹好区域要素管控、推动开发保护制度落地的关键。

（1）划定生态管控单元

优先明确国土空间规划中生态极重要区（包括脆弱区和重要区）及自然保护地体系，兼顾生态环境部门的“三线一单”，根据文物保护、林地性质和水利保护等方面的空间管控要求划定生态单元。首先，划定优先保护型单元，主要用于保护重要的生态源地、维护自然保护地体系及重要的生态廊道等；其次，划定系统修复型单元，主要为区域内水土流失、土地沙化、石漠化、盐渍化及水草退化等需要修复的生态区域；最后，划定有序利用型单元，主要对区域内的山、水、林、田、湖、草、湿等自然资源要素进行利用。

（2）划定农业管控单元

优先明确国土空间规划中永久基本农田和永久基本农田储备区，统筹兼顾美丽乡村建设、高标准农田建设以及历史文化、地域文化、城镇发展、水土安全等方面的内容，结合农业农村部门相关政策分区的要求划定农业管控单元，包括优先保护型单元、整治提升型单元和备选功能型单元，保障粮食安全，兼顾城镇发展、基础设施和服务保障等相关要求，为经济社会发展预留空间。

（3）划定城镇管控单元

合理避让生态保护红线，尽量不占用或少占用永久基本农田，明确国土空间规划中城镇边界空间范围，基于增量开发、存量更新和存量建设等方面的要求，结合地方特征语境划定城镇管控单元。坚持集约节约、精明用地增长的原则，划定开发建设型单元、城镇更新型单元和预留功能型单元，全面提升城镇内部空间的治理能力，充分发挥政府、市场、社会等主体的治理作用。

2.刚弹结合，配置“指标表”和“政策包”

国土空间规划需要综合统筹区域和要素的关系，空间治理则需要对应空间分区进行科学合理的指标管控和政策投放。全域管控单元是承接主体功能区落地的空间载体，要对不同的地域、功能区和要素制定差别化的综合管控措施，根据国土空间规划统筹区域和要素的特点，对要素指标和区域政策进行综合配置。

（1）构建“政策+空间”的差异化空间政策分区

根据单元特点，在主体功能区细化传导的引领下，对不同的空间单元制定不同的空间政策，因地制宜、因时制宜地设置差异化政策分区。例如，在城镇空间单元中着重兼顾人口政策、产业政策和文化政策；在生态管控空间单元中注重生态补偿、转移支付和生态移民等相关政策；在农业管控空间单元中注重配置土地轮休以及退耕还林、还水、还草、还湿等。

（2）构建“指标+要素”的全方位“指标表”和清单

根据国土空间要素特征和上位规划的要求，制定“指标表”和清单进行要素的管控，指标的设置要针对不同的管控单元。例如，生态管控单元的林、水、草等要素指标要注重增量和质量；城镇管控单元中的耕地等要素指标则要注重减量和质量。同时，要对生态空间中特别是多类别的自然保护地体系、多种管控要求的林地和多种类别的项目等进行清单管控。

（三）国土空间专项规划编制

国土空间规划作为空间治理的重要工具，每一类规划都有其不可替代的作用，“三类”规划中的专项规划也是国土空间治理不可或缺的一个重要环节。尽管机构改革明确了自然资源部门统领规划编制的职权，但在国土空间中一些特定的区域和要素仍然涉及众多的事权部门，这就需要以专项规划来补充和完善国土空间规划的有效传导机制。

首先，专项规划要与国土空间规划建立有效的传导反馈机制，对于主体功能区等特定区域，以及自然保护地、生态保护红线和林草耕等成体系、成系统的国土空间要素，需要建立全域覆盖的专项管控体系，要能够对上位规划的战略意图进行有效传导，衔接国土空间规划强制性管控的内容，避免专项规划与国土空间规划的脱节，有效反馈特定区域及要素内容上的诉求和问题。

其次，专项规划的编制也要遵从“以管定编”，要结合不同层级治理主体的诉求，管什么编制什么。例如，《自然资源部关于全面开展国土空间规划工作的通知》（自然资发〔2019〕87号）明确提出“城市开发边界内，城市结构性绿地、水体等开敞空间的控制范围和均衡分布要求”，也就是说，将蓝绿体系作为一项系统性的审查要点，然而在国土空间规划中想要系统、细致地研究蓝绿体系，就需要对该体系进行专项规划的研究。

二、省级国土空间规划编制

省级国土空间规划是从空间上落实国家发展战略和主体功能区战略的重要载体，是对一定时期内省域空间发展保护格局的统筹部署，是促进本地区城镇化健康发展和城乡区域协调发展的重要手段，是规范省域内各项开发建设活动秩序、实施国土空间用途管制和编制市县等下层次国土空间规划的基本依据。

（一）对省级国土空间规划基本特性的认识

1.战略性：对重大战略做出空间响应

对国家重大战略做出空间响应是省级国土空间规划的战略性任务。从区域发展层面来看，省级国土空间规划需要对主体功能区、区域协调等国家重大战略做出空间响应，发挥好空间规划在空间开发保护方面的基础和平台功能，为国家、省确定的重大战略任务落地实施提供空间保障。同时，省级国土空间规划要成为引领生产生活生态空间科学布局、推动高质量发展和高品质生活、建设美好家园的重要手段，必须将重大战略具体化为空间治理措施。具体而言，省级国土空间规划重点需要对以下三个方面的重大战略做出空间响应：

（1）贯彻新发展理念，落实国家赋予省级重大区域战略及主体功能定位，落实省委、省政府战略决策部署，制定省级国土空间规划战略目标；

（2）实现省级自然资源主管部门“两统一”的职责要求；

（3）以科学有效的空间治理措施促进国家治理体系和治理能力现代化。

2.综合性：统筹省域全要素空间治理

省级国土空间规划是对省域范围内国土空间的保护、开发、利用、修复做出的总体部署与统筹安排。从国土空间规划的功能层面来看，省级国土空间规划需要从以下四个方面加强要素综合统筹：

（1）保护类要素的底线刚性管控。对于承担生态安全、粮食安全及资源安全等地域空间进行严格管控，在省级国土空间规划中划定生态保护红线、永久基本农田保护线边界，明确管制规则。

（2）发展类要素的空间供给保障。优化城镇发展空间、农业农村发展空间、海洋发展空间布局，统筹用地、用海、用林规模，对于区域性重大交通、重点发展平台、重大产业项目、国家重要科技基础设施和重点民生工程的用地、用海需求予以优先保障。

（3）低效、受损性要素的整治与修复。在省级国土空间规划中需要明确批而未用、闲置用地等存量土地及旧城、旧厂、旧村等低效空间进行整治、改造的分类处理措施及规模，明确区域性“大山大河”受损需要生态修复的范围、名录，以及城市内部“小修小补”的空间原则。

（4）各类要素的利用和管理规则。通过建立全域全类型国土空间用途管制制度，明确各类空间管制要求，实现国土空间节约科学规划管理与集约利用。

3.协调性：统筹多层面价值空间需求

国土空间规划应实现宏观和微观、整体和局部等国土空间及资源管理的全面统筹，统筹和综合平衡多层面的空间需求是国土空间规划的协调性任务。就省级国土空间规划而言，重点需要协调好三个层次的空间诉求：

（1）加强跨行政界线功能区的差异化空间引导，结合区域性的主导功能，分类明确空间布局指引及管控要求，并依托重大交通廊道、生态廊道、人文线性廊道等促进各功能区域间要素相互对流。

（2）综合平衡各专项领域的空间需求，包括重点产业发展平台、重大基础设施建设、公共服务设施建设、生态系统保护与修复、历史文化保护与利用等，提出合理的空间布局和管控导向，强化国土空间规划的基础保障作用。

（3）协调各城市发展空间诉求，基于“三调”和“双评价”结果，综合考虑各城市的资源禀赋、资源利用质量、人民生活保障等因素，统筹协调各城市国土空间的增量与存量。

4.约束性：有效传导国土空间管控要求

国土空间规划强调底线约束，包含了对规划内容进行结构化分层的任务要求，构建有效传导机制是省级国土空间规划约束性得以落地的基础保障。根据省级国土空间规划所处的层级，应在纵向和横向两个维度实现有效传导。

（1）在纵向落实国家重大战略及各类约束性、预期性指标，明确省级国土空间规划向市县国土空间规划传导的目标指标、空间布局、空间要素配套标准、分区分类管控要求等，为下层次国土空间规划的目标指标细化、各类控制线划定用途管制等规划内容提供依据。

（2）在横向制定需要细化的特定区域和专业领域等专项规划的编制清单，以编审要点及合规性审查机制保障规划横向传导。

（二）省级国土空间规划编制的思路

省级国土空间规划编制由省级自然资源主管部门会同相关部门开展具体编制工作。编制程序包括准备工作、专题研究、规划编制、规划多方案论证、规划公示、成果报批、规划公告等。规划成果论证完善后经同级人大常委会审批后报国务院审批，规划经批准后，应在一个月内向社会公告。

1.省级国土空间规划编制原则

（1）推动形成绿色发展方式和生活方式。解决好人与自然和谐共生，践行绿水青山蕴含的生态产品价值就是金山银山的发展理念，优化国土空间开发布局，通过生活方式绿色革命，倒逼生产方式绿色转型，建设美丽中国。

（2）坚持以人民为中心。一切发展为人民，改善人居环境，提升国土空间品质，促进生产、生活、生态三大国土空间相协调，实现高质量发展。

（3）推动区域协调融合发展。落实国家区域协调发展战略，解决国土空间需求矛盾，加强陆海统筹，促进城乡融合，形成开发有序的国土空间发展格局。

（4）体现特色发展。立足省域实际，因地制宜，尊重客观规律，体现地方特色，走合理分工、优化发展的道路。

（5）实现共享共治发展。编制规划要加强社会协同和参与，听取公众意见，发挥专家作用，凝聚社会共识，实现共享共治。

2.省级国土空间规划编制基础准备

（1）数据基础

以三调成果数据为基础数据，以遥感影像、基础测绘和自然资源调查监测成果数据和资料为补充，收集整理与国土空间规划编制相关的专业数据和资料，利用大数据等手段分析收集的相关数据。

（2）政策理论准备

梳理主体功能区、区域协调发展等国家重大战略，以及省级党委政府确定的本省发展战略要求，明确他们对国土空间的具体要求，将这些战略作为编制省级国土空间规划的重要依据。

（3）研究风险评估

基于“双重评价”（资源环境承载能力与土地空间开发适宜性）研究，识别省域内生态功能极其重要和极其脆弱区域，提出农业生产、城镇发展的承载规模和适宜空间。研判国土空间开发利用需求，识别在生态保护、自然资源、自然灾害、国土安全方面可能面临的风险。

3.省级国土空间规划编制内容

（1）目标战略

结合省域实际，明确省级国土空间发展的总体地位，确定国土空间开发保护目标，制定省级国土空间开发保护战略，推动形成主体功能约束有效、科学适度有序的国土空间布局体系。

（2）开发保护格局

落实国家确定的国家级主体功能区，完善和细化省级主体功能区。明确省域内生态屏障、生态廊道和生态系统保护格局，优先保护以自然保护地体系为主的生态空间。严格保护耕地和永久基本农田保护区，优化农业生产结构和农业空间布局，优化乡村空间布局。依据国家确定的建设用地规模，结合主体功能定位，确定省域内城镇体系的等级和规模结构、职能分工，创建大、中、小城市和小城镇协调发展的城市空间格局。将省级生态保护红线、永久性基本农田红线和城市发展红线划定为调整经济结构、规划产业发展、推进城镇化不可跨越的三条红线，将这三条红线管控边界成果在市县乡级国土空间规划中落地，解决历史遗留问题，协调解决划定矛盾。

（3）资源的保护与利用

山水林田湖草是一个生命共同体，统筹协调这些自然资源的保护和利用，确定自然资源利用上线和环境质量安全底线，统筹地上地下空间，以及其他对省域发展产生重要影响的资源开发利用。落实国家文化发展战略，系统建立历史文化保护体系，构建历史文化与自然景观资源网络，统一纳入省级国土空间规划，制定区域整体保护措施，延续历史文脉。

（4）生态修复与国土综合整治

落实国家确定的生态修复和国土综合整治的重点区域、重大工程，以国土空间开发保护格局为依据，以生态单元作为修复和整治范围，提出省域内修复和整治目标、重点区域、重大工程。

（5）区域协调

做好与相邻省份规划编制内容方面协商对接，确保省际协调，同时规划编制也要明确省域内重点地区的引导方向和协调机制，优化空间布局结构，促进经济发展区域协调。

（三）保障省级国土空间规划实施的政策措施

省级国土空间规划要落地并实施，真正起到管控作用，需要采取以下几个方面的政策措施予以保障。

1.健全配套政策机制

要完善细化主体功能区配套政策和制度安排，加强相关制度保障与制度建设，制定和出台本省的国土空间规划条例、生态保护红线管理条例、永久基本农田管理条例、城镇开发边界管理条例、环境督察改革方案、离任审计与离任考核机制等相关法规、条例和规章来保障规划的实施。

2.构建国土空间规划的基础——“一张底图”

在持续更新本省自然资源调查监测数据基础上，汇总本省各市县土地调查数据、基础地理信息数据、现状数据、规划数据，并将其纳入省级国土空间基础信息平台，形成区域资源一张底图，为省级国土空间总体规划编制和管理提供基础底数依据。

3.建立规划实施评估并提出改进制度

省级国土空间规划实施所涉及的相关部门要定期评估省级国土空间规划执行情况，监测各市县对省级国土空间规划的落实情况，动态评估规划实施情况，分析梳理规划实施中存在的矛盾，提出规划改进的建议及措施。

4.制定规划实施近期目标

结合省级国土空间规划中确定的重点任务、紧迫任务，明确近期规划安排，确定约束性和预期性指标，分解下达至市县规划。明确推进措施，保障编制的规划能落地管用。

建立国土空间规划体系并监督实施，是党中央全面深化改革的重要举措，是落实生态文明建设总体要求而构建的新的体制机制。我们要紧紧把握时代潮流和时代需求，在省级国土空间规划编制过程中，要充分运用大数据云平台、云计算、区块链、人工智能等新技术，构建可感知、善管控、自适应的智慧规划。此外，规划方案从编制到审批全流程，都要注重公众参与和社会协调；规划方案启动阶段，要深入了解社会各界的意见和需求；规划方案论证阶段，中间成果要征求有关方面意见；规划成果报批前应征求社会各方意见，保证各阶段公众参与的广泛性、代表性、实效性，将共谋、共建、共享、共治贯穿规划工作全过程，确保编制的规划实用、管用、好用。

（四）新时期省级空间规划改革的总体要求与方向

当前我国社会经济发展四期交叠，资源环境约束日趋严峻，空间规划作为引导空间资源配置的基本依据，是落实“五位一体”，推进生态文明建设的重要举措和实施载体。在生态文明体制改革总体方案出台之前，面对省级层面多规冲突的问题，一些省采用协调协同的办法进行“合一”，“在部门的全方位协同中寻找解决问题的对策”[①]。这一做法已不再适应规划改革的整体形势。立足新时代，以生态文明的视角看问题成为构建国土空间规划体系的根本。省级空间规划应以生态文明建设理念为引领，着力解决国土空间开发与保护失衡矛盾问题，推进国家治理体系和治理能力现代化。省级空间规划应成为省域可持续发展的蓝图，通过顶层设计强化管控与治理，形成空间开发与保护统一格局，构建全域山水林田湖草的“命运共同体”。新时期省级空间规划改革应体现以下四个方向：

（1）强化顶层设计。顶层设计是全省空间发展可持续的指南和蓝图，是部门规划与市县空间规划的依据，要着力解决省级各类空间性规划缺乏全域统筹、事权交叠、冲突打

① 张兵，胡耀文.探索科学的空间规划——基于海南省总体规划和“多规合一”实践的思考[J].规划师，2017（2）：19-23.

架的问题。要围绕发展理念、目标任务、技术路径、规划内容、机制体制、法律法规、部门协作、上下统筹等方面，进行合理的规划体系改革路径设计。

（2）注重上下传导。要发挥省级规划承上启下的作用，与省级政府事权和省域空间尺度相对应，体现“一级政府、一级事权”，在空间规划体系中对上落实国家战略，对下统筹指导市县空间规划。

（3）统筹资源配置。要在省级空间统一的发展战略的指引下，促进省域空间资源的有效配置，优化全域空间格局，引导人口与经济活动在空间上的集聚，引导区域重大基础设施的落地安排。

（4）强化空间管控。要强化刚性管控指标的约束性管控和纵向传导，综合满足省级宏观管理和市县微观管控的需求，通过国土空间用途管制和管控指标的上下传导，提升国土空间治理能力和效率，降低制度性交易成本，提升政府空间治理能力，提高行政效能。

（五）未来省级空间规划编制的思考与建议

省级空间规划是省级空间发展的纲领性文件，是指导省级各部门规划建设实施、指导市县空间规划编制的基本依据，是保证省级可持续发展的蓝图，为实现顶层设计、承上启下、资源统筹和管控有效，从重构空间规划体系、统筹央地利益、强化战略引领、整合技术路径和优化工作方法等方面，提出以下对未来省级空间规划编制的一些建议。

1.重构空间规划体系，实现真正意义上的“多规合一”

构建纵向层级传导、事权对应的空间规划体系。不同于此前各地“重多规融合”“重图斑比对”的做法，省级空间规划应通过重构空间规划体系，在省级、市县级层面均以主体功能区规划为基础，统筹各类空间性规划，真正做到“一本规划、一张蓝图”。要整合省级各空间性规划核心内容，发挥顶层设计的龙头作用。以全国主体功能区规划、全国国土规划纲要为依据，以现行省级主体功能区规划为基础，形成省级空间规划，将现有的多个主要省级空间性规划整合为“一本规划”，整合统筹全省空间开发与保护。现行的省域城镇体系规划、全省土地利用总体规划等不再重复编制，其核心内容纳入省级空间规划，相关部门进一步在各自事权范围内细化落实相关空间政策。

2.统筹中央与地方利益，实现有效管控

按照一级政府、一级事权，在梳理横向省级各职能部门、纵向省级与市县政府事权的基础上，体现“保护权上收、发展权下放；从政策至空间、从宏观到中观传递过程；供给引导需求的供给侧结构改革要求”等原则，对各级空间规划编制的核心、焦点内容进行设置，构建从宏观到微观、从统筹协调到具体布局的空间规划体系。省级空间规划应更多体现空间政策，重在明确空间政策，应更加强调区域和跨区域的协调要求，应更加强调保护，包括生态保护红线、基本农田红线和环境约束底线等保护性底线管控。落实主体功能的引导，形成空间资源配置的顶层设计。市县空间规划与事权对应，进行土地用途的规划。强化对上层次空间规划强制性内容的落实，应体现发展权下放的要求，更加强调发展的弹性设计与有效监管。在省—市—县（区）之间，要保证刚性约束的下导传递，确保中央、省级政府对市县的核心约束性指标真正落地。

3.强化战略引领，形成省级空间资源配置的中长期蓝图

（1）绘制空间发展战略中长期蓝图

在省级空间资源中长期配置中，战略目标和战略格局的引领是必不可少的。省级空间规划立足长远，是处理保护与发展均衡关系的重要基础。当前我国国民经济和社会发展规划的法定期限仅为5年，中长期视角的法定发展战略规划在整个规划体系中是缺失的。而空间发展战略对国土空间的开发与保护起着至关重要的统领作用，它决定着人口、产业、土地、资金、政策等各类要素在空间上的配置与集聚。重视中长期发展战略这一蓝图的绘制，通过科学判断地域空间发展战略，方能形成合理的空间资源配置总体方案。应将空间发展战略贯穿始终，兼顾区域协调发展和市县主体功能定位的要求，统筹各类空间开发布局，在全域范围内科学配置公共资源和生产要素。

（2）构建面向核心空间管控要求的统一指标体系

从过去“多规合一”的实践工作来看，从“两规合一”“三规合一”“四规融合”再到“多规合一”，都致力于解决既有各类空间性规划的冲突矛盾，旨在统一规划“目标”“指标”和“坐标”。空间规划作为提升我国治理体系和治理能力现代化的重要组成部分，在生态文明建设的新时代，理应在面向全域自然资源管理、推进绿色发展核心价值观的指引下，形成能够有效管控、便于考核监督的统一指标体系。具体来看，建议未来的省级空间规划在梳理和整合原有各部门规划管控体系的基础上，整合主体功能区规划、城镇体系规划、国土空间规划、土地利用总体规划、林业总体规划等省级空间性规划。各自针对空间管控的规划目标，基于指标管控效能划分指标属性，把握反映各部门核心管控要求的原则，构建具有针对性、可量化的省级空间规划统一指标体系。着重突出经济社会发展、空间管控、生态环境保护、资源集约统筹等板块内容，尤其是涵盖开发强度、生态保护红线规模、基本农田红线规模、资源利用上限、地均产出等开发底线管控和空间效能管控要求的指标。

4.通过技术路径整合改变规划条块分割的局面

（1）将基础评价作为优化空间格局的重要技术方法

长期以来，各类空间性规划冲突的一个重要原因是各自从部门自身的利益和价值观出发，不断扩大自身的部门事权①。新一轮的空间规划改革应当从技术路径上改变过去各

① 许景权，沈迟，胡天新，等.构建我国空间规划体系的总体思路和主要任务[J].规划师，2017(2)：5-11.

类空间性规划条块分割、各自为政的局面，探索从整体到局部、从宏观到微观、从基础评价到空间管控布局的方法。国土空间资源的基础评价是规划编制技术方法的基础和源头所在，需要统一多方认识，形成全域本底和现状的一张底图。同时，我国东部一些地区，如广州、佛山等地的国土开发强度已经大大超过了资源环境承载能力，而主体功能区战略、国土空间规划等的探索，提供了一种本底和客观的视角，即从每一寸国土的源头出发，通过系统的开展基础评价，结合地表现状分区，能够合理确定一定地域空间可以承载的资源开发、污染物排放量，以及可以提供的生态系统服务功能，真正明确适宜城镇发展、农业生产和生态保护的单元地块、管控边界。通过基础评价能够摆脱传统部门固有的视角，从较为客观的角度得到全域国土开发与保护的空间格局，确保将国土空间开发行为限制在资源环境承载能力之内。立足于新一轮机构改革，各类规划管理职能已实现进一步整合，以自然资源部成立为契机的空间规划实践更应十分重视将基础评价作为优化空间格局的重要技术方法，并做到评价的客观性、适宜性和全面性。

（2）强化政策用途管制，划定空间综合管控分区

《中共中央　国务院关于加快推进生态文明建设的意见》提出明确要求，“健全用途管制制度，明确各类国土空间开发、利用、保护边界”，这是推进生态文明建设的重要途径，也是国土空间规划与管制的核心任务之一。在省域尺度，“一张蓝图”应该更多地体现管控指引，明确分类分区的划定界限。以空间综合管控分区划定为蓝图，是省域空间规划可采纳的有效政策用途划定与管制方式，可成为省级综合规划和下位市县用地规划之间良好衔接的桥梁。

事实上，国际上不少国家和地区的宏观区域规划政策管理也是采取划定综合管控分区的方式，统标准、划边界、定指标，直接指导衔接指导下位规划和用地布局的。例如，堪培拉空间规划的空间政策分区中，划定为城市发展区、发展储备地区、乡村地区、开放空间和交通廊道“四区一廊”五个类型；渥太华城市和乡村政策地区规划中，提出的政策性用地分区框架主要有生态地区、城市地区、未来城市储备地区、乡村地区以及设施地区共五个类型；新加坡概念规划是覆盖全域的国土空间政策规划，其空间发展策略将国土划分为建设用地区、发展预留区、开敞区和交通廊道四类①。为我国按照主体功能区规划的理念，划定城镇空间、农业空间和生态空间，提供了一种可能的视角。按照开发内容，全国主体功能区规划将我国国土空间分为城市化地区、农产品主产区和重点生态功能区三类，城市、农业、生态是最基本的国土空间类型。在省、市县层面，将全域国土划分为城镇、农业、生态三大空间，能够延伸与落实全国主体功能区战略理念，同时既涵盖了空间

① 杨玲.基于空间管制的“多规合一”控制线系统初探——关于县（市）域城乡全覆盖的空间管制分区的再思考[J].城市发展研究，2016，23（02）：8-15.

开发的功能类型，也符合空间综合管控的要求，可以作为编制省级空间规划、推进“多规合一”的基础和载体。这三类空间作为省级空间规划的综合功能管控分区，向下应与县（市、区）级空间规划有所对应。在下位规划中，要注重落实上位规划指标与管控边界要求，并将综合管控分区落实到具体地块，对本地各类空间要素布局和用地方案进行细化安排，具体可以通过控制性详细规划、土地利用实施计划的方案等去完成。

（3）形成统一的技术规程，解决部门规划间的基础技术障碍

从规划冲突的源头抓起，制定相关的基础技术标准，形成“省级空间规划技术规程”，从规划编制指引、用地差异处理、资源环境承载能力评价、开发强度测算、空间规划指标体系等诸多方面进行系统控制，从根本上解决省级各类空间性规划缺乏全域统筹、事权交叠、冲突的问题。在划定综合管控分区之后，要围绕各职能部门的核心管控要求，按照空间分类管控、开发强度管控、责任分级管控等管控的原则和方向，形成空间管控共识。

5.采用上下联动、统筹推进的工作方法

按照党的十八届五中全会关于构建以市县级行政区为单元，建立由空间规划、用途管制、领导干部自然资源资产离任审计、差异化绩效考核等构成的空间治理体系的要求，编制省级空间规划，应以市县级行政区为单元，按照“自下而上”和“自上而下”相结合的原则，科学设计空间规划上下层级叠合路径和方法，为构建统一衔接的空间规划体系奠定基础，推动实现“一张蓝图”好用、管用。市县空间规划是省级空间规划的重要基础，二者之间并不是单向的自上而下分解执行或者自下而上拼合的关系，而是各有分工、各有侧重的统一整体。省级规划以县市为单元，县市根据发展实际，对省级下达的内容进行论证研究、校核和反馈。通过这种实实在在的上下联动，把省一级的宏观管理与市县的微观管控、省一级的统筹协调与市县的具体要求有机地结合起来，叠加形成省级空间开发与保护管制的总体“一张蓝图”。

省级空间规划工作的视角极其多元，技术探索较为复杂，对规划工作者深入理解体制机制改革、生态文明建设、国家治理体系和治理能力现代化，有着很大的帮助。本书在梳理省级各类空间规划过去探索的基础上，结合当前生态文明建设等新形势与新要求，提出了新时期省级空间规划改革的方向及思路建议。在顶层设计方面，要整合现有各类规划核心内容，形成省级空间规划的龙头地位；要重构纵向层级分明、事权对应的空间规划体系。在分级管理方面，要统筹中央战略与地方诉求，明确各级空间规划职责内容，并采用上下联动、统筹编制的工作方法。在资源配置方面，要强化战略引领，形成省级空间资源配置的中长期蓝图；构建面向核心空间管控要求的统一指标体系，强调立足生态文明、统筹自然资源综合管控，将基础评价作为优化空间格局的重要技术方法。同时强化政策用途管制，划定空间综合管控分区，通过技术路径整合改变多规条块分割的局面。2018年

3月，中共十九届三中全会通过《中共中央关于深化党和国家机构改革的决定》，在原有国土资源部的基础上推动组建自然资源部，统一行使全民所有自然资源资产所有者职责，统一行使所有国土空间用途管制和生态保护修复职责，并强化国土空间规划对各专项规划的指导约束作用，推进“多规合一”。此轮机构改革标志着空间规划改革进入了全新的阶段。本书提出对未来推进省级空间规划编制的一些思考和建议，以期为有效推进规划改革、建立健全国土空间开发保护制度、实现“多规合一”提供经验，为形成具有普遍意义的技术方法和理论体系积极贡献智慧。

三、市县国土空间规划编制

（一）市县级国土空间规划主要内容及成果

1.规划内容

国土空间规划是对国土资源的开发、利用、整治和保护所进行的综合性战略部署，是协调资源、环境、人口与经济之间的关系，促进国土空间格局优化的重要规划，在资源利用、生态建设、国土开发和宏观调控等方面起着积极的促进作用。国土空间规划以人民为中心，以生态保护为重任，市县级国土空间规划以全国国土空间规划纲要、省级国土空间规划纲要和市县级国民经济发展规划为依据，落实上层次规划的主要内容，同时予以反馈，形成有序的传导机制，提出了“六定”要求，贯彻落实市县级国土空间规划。

（1）定图底

定图底是指两方面内容，分别为以双评估及三调摸清底图和双评价摸清家底以双评估及三调摸清国土空间规划的底图。依据三调资料进行摸底，结合城乡规划和土地利用总体规划内容进行双评估，开展现状差异图斑对比分析，重点对田、林、水、建设用地等一级用地分类的差异冲突与原因进行分析。与三调资料进行对比，结合差异原因，按照合法性、合理性、合规性原则，提出相应的调整措施和建议，形成了国土空间规划的现状底图。结合双评价进一步分析国土空间规划的适宜性，摸清家底，可分为资源环境承载力评价和国土空间开发适宜性评价。资源环境承载力主要从水资源、生态敏感性、自然地理条件、环境影响评价等方面进行评价。国土空间开发适宜性主要从地质灾害情况、交通优越度、地形地貌分析等方面进行评价。最终结合权重，叠加求和，作为国土空间开发利用与保护格局提供的基础和依据。规划底图和家底有一定的区别：底图是各类要素的分布状况，而家底是对其可适用程度进行分析，两者既有共性也有区别，相互之间可以进行补充协调，形成最终的国土空间规划图底。

（2）定战略

建立战略定位—目标—指标传导路径。战略定位是一个城市发展的关键所在，也是一定时期内城市发展的重要方向，因此，确定城市战略应从国家—区域—省市各层面进行分析，落实国家宏观政策，明确区域赋予城市的任务、城市现状性质及针对市县国土空间开发保护存在的重大问题以及面临的形势，结合自然资源禀赋和经济社会发展阶段，制定市县国土空间开发和保护的功能定位、发展战略，落实“两个一百年”的发展目标。从经济社会发展、资源环境约束、国土空间保护、空间利用效率、生态整治修复等方面提出2025年、2035年分阶段规划目标和约束性、预期性指标，并将主要指标分解到乡镇（片区）。同时，与国民经济和社会发展规划做好衔接，重要指标展望至2050年。以库尔勒市为例，战略使命为立足全疆、服务全国、辐射丝绸之路经济带沿线国家的综合交通枢纽；国家重要的能源化工储备、加工和交易基地；承接中东部产业转移的先进制造业基地；全国重要的生态服务和丝路文化承载区。战略定位为：丝绸之路经济带核心区重要承载区、现代产业发展新高地、丝绸之路上的人居典范城市。总体目标为：以产业促发展，以发展保稳定。同时结合战略定位，提出了相应的管控指标体系。

（3）定布局

深刻认识自然禀赋和历史文脉，构建美丽国土空间格局。定布局主要从空间格局和要素布局两个方面进行规划设计。空间格局部分为区域协同发展、市县域空间结构和格局两个层次，要素布局主要分为自然资源与生态保护、农业农村发展与农用地、城镇发展和综合支撑体系四个层次。

（4）定规模

制定面向高质量发展的城市转型路径，规模驱动转向品质驱动，城市用地规模的控制应“因城施策、因地施策”，应以增量规划、存量规划和减量规划三方面进行统筹考虑。确定城市规模与划定城市开发边界同等重要，以人定地，加强人地挂钩政策的实施，避免空城现象。

（5）定设施

坚持以人民为中心，科学配置全域全要素空间资源设施，也是解决城市中存在的不平衡、不充分问题的具体写照。城市规模影响城市设施的布局和规模。如何建设以人民为中心的可持续宜居城市呢？应加强人口流动要素的寻求。以人口自由流动为契机，充分补充，加大投入人口流入地区的公共服务设施和基础设施，保证满足流动人口需求，而不能仅考虑户籍人口的需求，从而逐步突破户籍壁垒。加快人口自由流动政策，以提高设施服务水平。原则上应以十五分钟生活圈、十分钟生活圈、五分钟生活圈进行设施合理布局，满足人民日常生活需求，同时加强公共服务设施、基础设施的配置要求。

（6）定形态

强化城市风貌管控，营造本地特色的城市形态，建设具有地方特色的城市风貌，避免千城一面，从本地特色出发，营造城市环境。强化城市空间管控，保护好自然生态环境，解决城市建多大的问题；通过城市空间形态与天际线规划，优化城市空间形态，解决城市建多高的问题；通过城市建筑特色导引，塑造城市特色风貌，彰显“山水、历史、文化”地方特色，塑造城市特色风貌，建设宜居宜人文明城市。结合传统山水塑造城市形态，确定城市空间格局。结合城市空间结构和片区功能，合理控制视觉中心的位置和高度，构建高低错落的城市天际线景观。

2.规划成果

市县国土空间规划成果包括技术成果和报批成果。技术成果由文本（含管控规则）、图件、数据库（信息系统）和附件组成。附件是对文本、图件的补充解释，包括条文说明、专题研究、基础资料汇编以及会议纪要、部门意见、专家论证意见、公众参与记录、市民手册等。在技术成果基础上，按“明晰事权、权责对等”原则进行梳理、提炼，形成报批成果。形成“批”与“用”结合的成果体系。

（二）建立综合的管理平台

管理平台和督查检查相结合。管理平台是落实一张蓝图干到底的终极目标，管理平台的构建是在国土空间规划和详细规划两个层面共同作用的基础上得以落实的。作为国家空间规划体系的基础平台，以实现各类空间性规划的空间布局和空间要素信息的空间叠合与融合，以用途管制为基础信息平台，统筹城乡各类空间和资源要素，形成上下传导、分级管理的空间信息管理平台。

1.全要素管控，明确各级政府事权，划定用途管制分区

全要素管控可分为非建设用地和城市建设用地两类进行管控。对非建设用地进行全要素管控，划定各类用途的管控范围，按照土地利用规划要求进行详细划分，构建“国土空间规划—控制性详细规划”，统筹城乡建设和山水林田湖草自然资源保护的多规合一空间规划体系。城市建设用地在信息平台构建中应落实国土空间规划的土地使用，同时在编制全域控制性详细规划时将其城市建设用地落实于信息平台中，以便于上级部门对土地使用性质的监管。在全要素分级体系后，应对各级事权各级政府在构建信息平台的过程中重点监管属于自己事权的管控要素，其他区域可不予以细化。如省级层面信息平台的构建中，对市县内仅需划定城市开发边界即可，不需对各市县的土地使用进行细化，可采用自下而上的方式予以落实，有效提高区域的监控管理能力。

2.以生态文明建设为基础，划定三区X线

规划提出以生态文明建设为基础，提升空间治理能力。国家发展改革委、自然资源部、生态环境部、住房和城乡建设部于2014年联合发布《关于开展市县“多规合一”试点工作的通知》（发改规划〔2014〕1971号），明确提出空间规划要“划定城市开发边界、永久基本农田红线和生态保护红线，形成合理的城镇、农业、生态空间布局”，在之后的

《省级空间规划试点方案》中明确要求以“三区三线”为载体，合理整合协调各部门空间管控手段，绘制形成空间规划底图。建议在三线中增加文物保护红线和矿产资源线。文物保护红线作为重要的管控区域，其文物保护线分为两个层面：一是位于城市非建设用地上，以陵墓、古迹等为主（如咸阳五陵园），对其进行严格保护，同时与文保部门共同划定文物保护范围和建设控制地带，对其区域进行严格管控，划定于生态空间内。在文物保护线范围内可适当开发建设，对文物进行保护，但必须明确建设规模和用途。二是位于城市建设用地内，一般为历史文化名城或者文物建筑，应对其进行保护，与文保部门共同划定文物保护范围和建设控制地带。同时划定风貌协调区，对其周边区域建设进行严格管控，其历史文化管控要求应在国土空间规划中予以明确。建议将历史文化名城保护纳入国土空间规划的专项规划中。例如，在咸阳市城市总体规划中划定了三区四线，以保证历史文物古迹的安全性。矿产资源保护红线是主要针对资源型城市进行划定的一条重要管控线。矿产资源均位于非建设用地上，一般划定在生态空间内，因此矿产资源保护线应结合城市发展战略予以保护或开发，在划定后，应提出开发与保护的关系，同时对已开发建设的进行生态修复。文物保护红线、矿产资源保护红线对城市均有限定，不是每个城市所独有的，因此笔者认为应结合地方特色构建三区X线，以达到更好的保护要求，将其作为保障和维护国家重要资源与安全的底线。

（三）市县国土空间总体规划编制的难点

1.工作组织与技术统筹难

国土空间规划是重构型规划，是对过去模块性规划的梳理、整合与优化，由以前部门主导的阵地战、游击战向陆海空协调的多兵种、大兵团歼灭战转变，考验的是地方政府的组织统筹能力和技术牵头单位的统筹整合能力。

因机构整合、规划管理职责由原来分散在国土、城乡规划、发改、环保等部门向自然资源部门集中统一，必然需要重新梳理新的业务体系。与此同时，原规划人还必须掌握海洋、农业、林草、测绘等陌生领域的知识。此外，需要关注专项规划、详细规划如何衔接总体规划的要求，这些无疑加大了工作组织的统筹难度。

国土空间规划是一项庞大的综合性规划，由此不少地方在工作方案中均提出了需要组建涉及土地规划、城乡规划、交通、地理信息等专业领域的技术联盟，但现实情况是，不同的技术团队其专业背景、概念认识、工作模式、技术方法、作业能力等方面也各不相同，因此加大了协调工作的难度。

2.数据治理难

第一，数据管理分散，存储方式不一，数据收集困难。国土空间规划所需数据分散在原国土、规划、林业、测绘、发改等多个部门以及各部门内部科室，并且都是按照原来部门的管理逻辑和标准建设，导致不少数据在坐标体系、概念内涵、格式等方面不统一，从而数据的真实性和质量难以保证。

第二，数据处理工作量大，数据转换处理技术难度高。国土空间规划作为支撑各类规划的基础性工作，需要开展大量的数据整理。目前，国家尚未出台相关数据治理标准，如“三调”数据转换为国土空间规划用途分类，数据整理处理存在技术盲点。同时，各类原始数据的真实性和转换数据的合法性也无相关依据和标准认定。

3.规划编制工作推进难

第一，责任不清，认识不够，重视不够。目前，内地不少市县机构改革三定方案仍未出台，国土空间规划工作统筹薄弱，城规、土规两套人马仍是各自为战。同时，相关领导对生态文明体制改革、自然资源“两统一”职责认识不清。技术单位对空间规划的理解也不清晰。

第二，国家和省的制度顶层设计和技术规范仍处于探索试验阶段。国土空间规划体系的“四梁八柱”已经提出，但相关的技术标准、政策法规尚在建构，尤其是数据治理、用途分区与用地分类标准、国家和省级空间规划等基础性文件尚未出台。因此，规划编制和相关工作较为被动，只能根据上级政府下达的政策文件“来一项，做一项”，规划编制和相关工作仍局限于双评价、双评估以及专题研究等基础性或外围性工作，规划核心的工作无法系统开展。

第三，数据保密要求导致资料共享困难。不少地方普遍认为数据关乎部门的利益，因此导致资料收集部门不配合、不理会甚至相互推诿。同时，数据在部门与部门、部门与技术团队、技术团队与技术团队之间的共享利用也存在壁垒。

第四，受新冠病毒疫情影响，编制工作进展缓慢。当前因受疫情影响未能完全复工，“三调”等基础性工作仍在进行中。不少地方在交通、住宿等日常支撑保障条件处于有限度地提供，导致现场调研、方案讨论、技术交流、专家咨询等工作未能如期开展。

4.利益协调难

第一，开发与保护的平衡。生态文明发展要求必须统筹处理好开发与保护的关系，这既是国土空间规划的基本使命，也是其难点。划为生态空间，很可能将失去发展的机会，而划为开发建设地区，必然将有更多的发展机会。如何平衡这一关系，除了技术层面的协调，更需要制度和政策的设计，如三线的统筹划定、科学划定。目前，我国也已经进入了城镇化的下半场，即大部分市县面临“人口—经济—用地”增长与收缩并存，需要从增长与收缩的视角兼顾效率与公平调配资源，既考验规划师的智慧，也考验政府的能力。

第二，层级博弈，上下协同。未来土地增量空间供给是自上而下的有效配置，市县国土空间规划的使命是向上要争取、向下要说理。从国家到省、地市、县、乡镇的指标控制与分配，体现的是资源管控和供给侧结构性改革思路，是规划发展权的空间和时间分配。

5.平台与系统整合难

第一，规划编制与规划管理不重视数据，是行业长期的短板。一方面，规划编制单位，尤其是传统的城乡规划编制单位，强调图纸的表达，忽视数据的整理；过分强调目标的描绘，忽视数据的规范统一；过分强调结构的合理，忽视数据场景应用。另一方面，规划管理部门数据存储分散，与业务审批缺乏联动；各类规划数据、管理数据存在矛盾和冲突；数据管理缺乏统一的更新机制。

第二，系统多样，标准不一，改造优化难度大。目前，自然资源部门内部，各级部门与部门之间或多或少形成了若干应用系统，如国土资源管理系统、多规合一规划管理系统、专项性的调查监测评价类系统、不动产系统等。这些系统往往架构不一，标准不一，相互连接与联通少，数据共享更是困难。而根据自然资源部信息化建设要求，需要将现有应用系统统一接入国土空间基础信息平台，并基于国土空间基础信息平台实现数据、应用、业务流程一体无缝集成。

（四）市县国土空间总体规划编制的建议

1.加强规划编制工作的组织领导

强化组织领导，成立编制工作领导小组以及技术专责小组，通过强而有力的领导模式，加快规划编制进度，及时研究审议并协调解决规划编制中的重大布局、重大事项；建立部门协调机制，通力推进国土空间规划编制工作扎实开展。

2.重视数据的规范整理

以国土空间规划数据治理为目标，基于资源目录，以数据采集、融合治理、数据质检、汇交建库的整合路径建立一套规范统一的数据标准体系、数据产生机制和数据应用规范，并通过平台系统实现共建共享，全面提升空间治理能力。

3.建立技术联盟，推进市县镇联动编制

建立完善的工作机制，组建一支综合性与专业化相结合的多领域技术联盟，加强沟通、协调和共享，发挥国土空间规划技术联盟或规划行业协会的技术力量，加强对市、县、镇、村规划的技术指导。坚持统筹推进、上下联动，积极推进市县镇联动编制，实现无缝对接，保障规划能用、管用。

4.针对地方关键问题开展专题研究

立足地方特色，跟上时代形势，把控未来需求，充分思考地方在本轮国土空间规划中必须解决的关键内容，结合上级政府要求、地方资源特色和发展诉求，从战略谋划、格局优化、安全保障、品质提升、要素统筹等维度开展具有前瞻性、务实性的专题研究，为国土空间总体规划的编制奠定基础。

5.统筹规划编制与平台、系统的建设

突出规划引领、智慧服务的先进理念，同步建设坐标一致、边界吻合、上下贯通的国土空间基础信息平台和一张图系统，形成数据管理、成果汇交、功能扩展、应用接口等标准体系。用活信息平台与系统，为国土空间的精细化治理提供数据和技术支撑。

四、乡镇国土空间规划编制

乡镇级国土空间规划是实施国土空间用途管制，特别是乡村建设规划许可的法定依据，要体现落地性、实施性和管控性，突出土地用途和全域管控，对具体地块的用途做出确切的安排，对各类空间要素进行有机整合，充分融合原有的土地利用规划和村庄建设规划。

要坚持保护优先、绿色发展；坚持以人为本、尊重民意；坚持“多规合一”、统筹协调；坚持因地制宜、分类推进，按照“产业兴旺、生态宜居、乡风文明、治理有效、生活富裕”的乡村振兴总要求，整合原村庄规划、村庄建设规划、村土地利用规划、土地整治规划等乡村规划，实现土地利用规划、城乡规划等有机融合，编制一个符合乡村发展实际、符合农民发展意愿、符合乡村振兴要求的“多规合一”的国土空间规划。

（一）空间规划改革对乡镇层面的要求

1.国家治理现代化要求乡镇规划管控与事权协同

本质上看，空间规划是国家开展空间治理的重要手段。新的国土空间规划体系作为推进国家治理体系和治理能力现代化的重要抓手，同时将重构不同层级政府之间的事权关系，成为规制地方发展的重要治理工具。乡镇政府作为我国行政体系的基础单元，应当在当下事权有限的条件制约下，积极响应国家治理体系现代化建设的目标，建构起与乡镇事权高度匹配的规划管控体系，以及探索重构适应现代治理要求的乡镇事权体系。乡镇作为一级地方政府，应有总体层面的规划来引领和管控全域国土空间的保护、开发、利用和治理。

2.城乡融合发展要求乡镇承担自然资源和生态保护的职责

党的十八大以来，生态文明成为指导我国各方面建设的重要思想。《若干意见》中明确要“坚持生态优先、绿色发展”的理念，要求国土空间规划体系的建构要建立在生态视角与生态价值观之上。乡镇作为最接近自然资源的政府层级，具有重要的自然资源和生态保护的作用，是国土空间规划有效实施的关键。此外，乡镇的产业发展、基础设施和公共服务设施布局等需要有总体层面的布局安排，发挥城乡统筹作用既要考虑与县市的衔接，也要考虑与乡村的融合。

3.乡镇实现高质量发展和高品质生活是新型城镇化的客观要求

2018年，国务院政府工作报告提出“高质量发展的要求”，分级分类的国土空间规划体系的建立与完善是推进高质量发展的重要举措，也是国家新型城镇化的客观要求。相较于传统乡镇城总规和乡镇土总规，新时期的乡镇国土空间规划强调对全域各类自然资源的管理和空间资源的有序开发利用，不仅落实“多规合一”，更要充分重视城镇、农业、生态三大空间的发展质量，促进发展方式、生活方式及治理方式的转变。显然，高质量的乡镇发展仅靠县市层面的国土空间规划是难以实现的，还需要因地制宜、深化细致的乡镇级国土空间规划。

（二）我国乡镇国土空间总体规划的定位特征

1.国际经验：服务地方发展诉求，匹配乡镇事权

以具有典型意义的英、法、日三国规模尺度与我国乡镇较为相近的行政单元为对象，其空间规划的特点、事权关系等对思考新时期乡镇国土空间总体规划的必要性和定位等有参考和借鉴价值。英国现行地方层面的空间规划包括地方规划和社区规划，前者是总体层面的规划，后者是偏向于实施和详细层面的规划。地方规划主要应用于市、郡、区级的行政单元，由地方规划当局进行编制和审批，在尺度上与我国乡镇类似。法国的市镇层面包括市镇或市镇联合体，与我国的乡镇在规模尺度上大体相当。法国在市镇层面编制《地方城市规划》和《市镇地图》，前者针对较大的市镇或市镇联合体，后者适用于较小的市镇，主要划定分区，提出具体土地利用和建设指标作为实施地方规划管理的依据。日本的空间规划包括国家、都道府县和市町村三个层级，其中市町村是最基层政府，从市到町再到村，其乡村性越来越明显。从规模上而言，日本的町村与我国镇乡较为匹配。町村与市一样，有自己的土地利用规划，内容偏重总体概要性和发展导向性。

从国际经验可以看出，各国在乡镇层面普遍有总体层面的空间规划作为地方发展的指引，其空间规划主要是在相关的法律法规的框架约束下，服务于地方发展的需要而编制，且与地方政府的事权高度匹配。

2.明晰县乡事权划分，适当下放县级规划建设管理权限

《若干意见》中指出，按照“谁组织编制、谁组织实施”“谁审批、谁监管”“管什么就批什么”的原则进行国土空间规划的编制与监管。结合我国的行政管理体制特点，乡镇国土空间总体规划既要与当下的乡镇事权相匹配，也要明晰并尝试改革县与乡镇间的事权划分，逐步因地制宜地适当下放县级规划建设管理权限，提升乡镇政府的执政能力。要结合“强镇设市”的改革趋向，进一步定向下放国土空间资源的管理权限（如城镇开发边界内具体的土地用途管制等），明晰乡镇政府在自然资源管理、监督和巡查方面的作用。乡镇国土空间总体规划应兼顾镇区（集镇）的发展诉求，实现覆盖全域全要素统筹的规划

管控。

3.传导市县规划的管控要求，强化实施性

市县国土空间总体规划是乡镇的上位规划，因此乡镇国土空间总体规划承上须严格衔接落实市县规划中的相关内容，主要包括指标衔接（如永久基本农田、自然岸线保有率等保护类指标；城乡建设用地规模等开发类指标；高标准农田建设面积等修复整治类指标等）、分区衔接（如三区三线控制区线；红线、黄线、蓝线、紫线等二级控制线，以及用途区划定等）和名录衔接（如各类保护区、文保单位、重大项目等）等。与此同时，在县市国土空间总体规划编制阶段，宜实现县乡联动、同步编制，从而确保县市层面获得足够的、有效的、精准的信息反馈，也能同时确保乡镇发展诉求在县市国土空间总体规划中得以呈现。

4.创新镇区空间用途管制方式

对于乡镇本级，除了全域层面进行各类资源的保护与开发利用外，重点和难点在于镇区空间的用途管制方式。要创新空间用途管制方式，区分国有建设用地和集体建设土地，探索用途准入和用途许可制度。在国有建设用地上采取类似于英国的规划许可制度，在集体建设用地上采取类似于日本和中国台湾的建设开发许可制度。前者与当下的城镇建设用地管控许可方式一致，后者需要进一步探索实践，在保障土地权益人和外部效应之间取得有效平衡。

此外，对于乡镇国土空间总体规划与详细规划的编制关系，处理方式有两种：①采取总规、详规一体化的编制方法；②采取“主导功能分区+关键要素控制”的方法。对于第一种方法，实际上在既有的《城市、镇控制性详细规划编制审批办法》的第十条就已经提出过“总控规一体化”，但是多年来相关实践较少，这从侧面印证了这种方案的不适合性，即便是面对新的国土空间规划体系，其虽然能在一定程度上做到一步到位、简化规划层级，但其适用范围仍存在一定局限性（大镇、强镇的适用性差），且审批修改比较特殊，不利于国土空间规划体系下各层次规划的内容统一。

对于第二种方法，针对重点和关键内容可以做精做细，做到详略得当。该方法下，镇区规划将摆脱城总规精确到地类的技术传统，通过划分主导功能分区，利用各分区进行指标和要素控制。明确主导功能、开发强度等关键指标以及公共服务设施与市政基础设施等的配置和选址要求等，同时结合主导功能区内其他管控要素（如历史建筑/生态保护等要求），最终形成“主导功能分区+关键要素控制”的镇区规划方式，向下传递指导详细规划。该做法能够避免“总规详规一体化”带来的总规修改频次过多的问题，同时克服传统城总规对于控规核心指标传导和管控不足的弊端，亦能很好地与现行国土空间总体规划体系相融合。

5.统筹引导村庄（详细）规划

在新的国土空间规划体系之中，市县层面要完成村庄布点工作，乡镇国土空间总体规划作为市县规划与村庄规划的中间层级，应成为村庄建设管控的主体平台，并承担《关于加强村庄规划促进乡村振兴的通知》中明确的“暂时没有条件编制村庄规划的，应在县、乡镇国土空间规划中明确村庄国土空间用途管制规则与建设管控要求，作为实施国土空间用途管制、核发乡村建设规划许可的依据”的重要责任。实际上，就目前我国的实际情况而言，大部分村庄没有实际的建设需求，编制完整村庄规划的动力不足。过去多年来的实践也已证明，所谓全覆盖的村庄规划编制，基本上仅仅满足了主管部门的“统计”之用，现实中基本不具备可操作性。

在当下国土空间规划的改革中，应紧紧抓住乡镇作为一级地方政府的管理优势，在乡镇层面实现镇村空间（总体）规划合并编制、全域覆盖，以实现对村庄的规划建设管控。可以以图则形式，辅以正负面清单索引，通过“要素+指标+图示+名录”的方式对村庄的规划建设进行底线管控，作为一般村庄的建设依据。同时要把握好乡镇层面对村庄建设的管控边界，切实明确村庄规划是详细规划。在乡镇国土空间总体规划中明确村庄的建设边界（规模），并能够切实引导城镇开发边界外的详细规划编制。

对于人口大村、经济强村和历史文化名村、传统村落等特殊类型的村庄，可以在乡镇层面底线管控的基础上编制专门的综合性村庄（详细）规划，但在乡镇层面仍应覆盖基础的管控要求。

（三）乡镇国土空间总体规划的重点内容

国土空间规划改革背景下的乡镇国土空间总体规划不仅仅是对于原乡镇多规的整合，更是一种从编制、审批到实施、监管全流程的全新探索，是生态优先导向下对于乡镇国土空间开发、保护、利用和治理格局的整体谋划，兼具底线管控与发展引导，对应我国乡镇事权特征和改革趋向。乡镇国土空间总体规划的重点内容应包括各类自然资源保护、国土综合利用管控、乡镇域空间格局统筹、镇区空间弹性规划和村庄建设底线管控等。

1.严格保护乡镇全域自然资源

在乡镇国土空间总体规划编制中，有必要对自然资源各类要素做出精准管控，划定各类资源的保护红线、保护区范围（县乡规划同步编制，反馈给县市规划），并深化、细化具体管控内容，全要素绘制“一张图”。需要指出的是，乡镇层面由于其事权的限制，针对自然资源的管控更多的是对市县国土空间总体规划中各项边界的细化与落实（如生态保护红线、永久基本农田保护红线、城镇开发边界等），以及执行县市政府授权的自然资源管理、监测和巡查职能，并落实管控措施与指标要求。在有条件的乡镇，可探索建立乡镇级的自然资源保护体系，划定乡镇级自然资源保护要素的空间边界，制定自然资源要素保护和开发的规则、变更程序。

2.刚性管控乡镇国土空间的开发利用

乡镇国土空间总体规划中较为核心的内容是对于乡镇全域国土空间保护与开发格局的整体规划，这就涉及如何进行分区划分以及管控措施的制定。实际操作过程中，应遵循保护自然生态、因地制宜开发、集约利用空间、统筹多维区域的原则，对城镇、农业和生态等各类分区进行细化，制定综合目标，界定分区范围，明确管制措施，从而更有针对性地进行保护、开发格局的整体管控。如针对城镇空间，可继承优化传统国土规划的经验，继续细分为城镇集中建设区、城镇有条件建设区、特殊用途区、矿场与能源发展区等，继而对各分区制定如鼓励开发、限制开发、禁止开发等具体要求。

3.统筹乡镇域空间格局

乡镇域空间格局的管控应该包含乡镇域空间结构、镇村体系、城乡建设用地、产业布局、综合交通、公共服务、公共安全、公用工程等。相对于传统的乡镇城总规、乡镇国土空间总体规划对于乡镇域空间的管控应更加刚柔并济。比如，对于影响乡镇全域发展的重要发展节点、交通廊道、重大设施等，需在乡镇全域层面进行统筹布局，但是在设施配置等方面应给予更多的弹性，区别于精确到选址的管控方式，可采取制定公共设施配置要求，明确配置标准、类型和选址要求，实际建设选址或进一步的精确管控措施可交由详细规划或专项规划来进一步落实。

4.弹性规划镇区空间

镇区规划方法的创新是乡镇国土空间总体规划的重点内容。建议采用相对有弹性的“主导功能分区+要素控制”的镇区规划方法。该方法，针对镇区的重点编制内容主要包括划分主导功能分区、制定分区指标、明确管控要素等。结合乡镇空间的特点，可将主导功能分区划分为居住生活区、中心活动区、工业物流区、战略预备区以及其他功能区。对各主导功能分区配备“建设控制指标表”，内容可包含分区编号、主导功能、开发强度、基础设施配置、公服设施配置、其他要求等，以实现强度和要素的管控。对于规模较小的乡镇，可以只有一个综合性功能区。与此同时，镇区规划仍然需要一张达到二级用地分类深度的规划引导总图，该总图用于反馈各功能分区的管控指标，也用于传导控规编制，但该总图不是法定的，其作用主要是引导示意。

5.底线管控村庄建设

乡镇国土空间总体规划对村庄建设应做到针对底线要素的刚性管控，内容可包括村庄建设用地总规模，划定建设用地拓展边界、永久基本农田保护红线、生态红线、保护建筑控制线等，提出小学及教学点、村级行政设施、污水处理场站、变电所以及其他公共设施配置类的相关要求。实际操作实施过程中可采用“要素清单”的方式进行管控，并逐步完善相关法律法规，以达到对村庄建设的有效约束。相应地，所谓的“村庄规划”宜坚守其详细规划的本质，除少数特殊村庄（传统村落等）外，不宜做成综合性规划。

传统的乡镇城镇总体规划和土地利用总体规划存在诸多的冲突和尴尬，其内容与现实管控需要相背离，且向下传导和落实差，尤其是镇区的二元土地特征明显，且乡镇规模差异大，职能不完备。与之相悖的是，国家治理现代化的改革需要对乡镇层面的规划管控和事权协同提出了更高的要求，城乡融合发展也要求乡镇承担自然资源管理和生态保护的职责，新型城镇化发展同样要求乡镇要实现高质量发展和高品质生活。在上述背景下，乡镇国土空间规划的重要性不言而喻，尤其是乡镇层面需要由国土空间总体规划来承接市县规划的实施内容，并且指导详细规划的编制实施。乡镇国土空间总体规划的重点内容应包括全域的自然资源保护、国土空间开发利用、全域空间格局、镇区空间布局和村庄建设管控。

实际上，国土空间规划体系的建立有着行政和技术双重逻辑，乡镇国土空间总体规划需要在充分认识当下现实问题和矛盾的基础上，综合考量对生态文明、治理体系现代化的呼应和规划引领高质量发展的要求，创新探索适应时代发展需求的规划定位，要充分重视县与乡镇事权划分和服务地方需求的辩证关系，不仅是国土空间规划体系逻辑的梳理，也要同步推动相关领域的变革，比如行政区划（大镇设市）和财税制度（乡镇财税恢复独立，完善转移支付制度），这样才能合力推动乡镇的健康发展。乡镇国土空间总体规划作为最低行政层级区域的总体规划，有其特殊性，而且量大面广，千差万别的乡镇，面临着不同的发展阶段与差异化的发展诉求。编制有效、管用的乡镇国土空间总体规划是下一步国土空间规划改革走向深入的关键。

第二节　国土空间规划编制的大数据应用方法

一、国土空间规划编制大数据应用的背景

2019年1月23日，中共中央在《关于建立国土空间规划体系并监督实施的若干意见》（以下简称《意见》）中指出，将土地利用规划、城乡规划、主体功能区规划等空间规划融合为统一的国土空间规划。通过对现有研究的梳理，目前对于国土空间规划方法的研究还处于起步阶段，主要集中在对国土空间承载力评价和国土空间适宜性评价方法的探讨，对生态红线、基本农田保护线及城镇开发边界三类边界线的划定，且在国家、省级及区域

层面重点对空间规划编制的思路进行探讨，在市县层面侧重规划编制的实证研究，但总体研究不足，尚未形成完整的国土空间规划编制方法体系。同时，现有研究更多利用统计、空间及调查等传统数据和归纳演绎、统计分析、空间分析等方法。

大数据出现之后，城市研究与规划实践迎来了“大数据应用”热潮，学者或规划师们聚焦于单个城市空间，对城市战略定位、城市空间边界界定、城市规模预测、城市空间结构分析、城市功能区划、城市土地利用等方面的城市规划编制大数据应用方法进行了大量探讨，但是随着自然资源部的成立和空间规划体系的改革，目前较少学者对大数据在国土空间规划编制体系中的支撑方法路径进行研究。有学者借助互联网人口迁徙和人口热力大数据，分别在宏观和微观两个尺度进行区域人口流动格局分析和城市存量建设用地潜力评估。研究发现，国土空间规划编制理念从经验判断走向数据支持，其中人口活动大数据在宏观和微观场景中的实践应用有助于空间规划编制实现提升弹性、增强效率的目标。但是，该研究并未探讨人口活动大数据在国土空间规划其他方面的作用及多源大数据的应用方法。因此，本文重点探讨新时代国土空间规划大数据应用重点领域，并试图搭建具体规划编制环节中的大数据应用方法框架，以期为国土空间规划编制提供更为科学与全面的新方法或技术支撑。

二、大数据重点应用领域

从国土空间规划编制层级来看，可以分为国家、省、市县、乡镇四个层级，但是这四个层级规划各有侧重，且规划编制内容也具有承接性。国家及省级空间规划更多为双评价基础上的三类空间划分及三类控制线的界定，市县与乡镇空间规划主要是三类空间及管控线基础上的落实，更加侧重三类空间内部的规划与设计（包含各类专项规划）。在此过程中，国土资源承载力评价主要是测度各类自然资源为支撑自身功能运转和人类开发活动所能够达到的最大效用能力，侧重对自然资源自身属性的评估，通过采集土地、水资源、环境、生态、灾害等方面的基础数据和生物多样性维护、水土流失、土壤质地、光热条件、地形起伏度、地质灾害等反映自然资源承载能力的指标进行综合分析，较少涉及人类活动。然而，国土空间开发适宜性评价方面，传统方法主要通过对各类国土空间斑块集中度、廊道重要性、区位条件等空间资源本身所适宜利用功能的潜力进行评估，但是对空间资源之上已经发生的各类人类活动缺乏考虑，往往导致诸如城市现状居民活动较多的公园绿地被划入了禁止开发的生态红线以内，城郊人气极其缺乏的新城或产业园区被划在了城镇开发边界以内。实际上，需要在进行国土空间规划适宜性评价时，科学测度空间资源自身利用的适宜性，同时充分考虑现状社会经济活动对空间资源未来利用潜力的重要影响，通过采集人类活动位置、轨迹、情感意愿等大数据，建立包含活动强度、活动联系、活动偏好等内容在内的社会经济活动适宜性指标体系，进而综合测度国土空间适宜性。

具体到生态、农业及城镇三大类国土空间的管控和规划，在国土空间开发适宜性评价基础上，需要利用自然资源开发不适宜性分析结果，划定生态红线和基本农田保护线。同时，城镇开发边界的划定与人类社会经济活动密切相关。空间边界的扩张受人口规模增长、居民活动范围扩大、企业生产集群布局、基础或公服设施建设等多种因子的时空影响，需要统筹考虑城镇空间形态与人类时空活动之间的关系。关于生态、农业及城镇空间的具体规划，需要改变传统仅关注物质空间本身形态的经验式规划布局，重视人类时空活动对空间的影响分析，利用大数据从活动强度、活动联系及活动偏好等方面对社会经济活动特征及规律进行测度，进而更科学地指导三类空间的具体空间结构优化、功能分区及用地布局。此外，国土空间规划编制要求还包括国土空间管制、国土空间生态修复及各类专项规划等内容。但是，空间管制与生态修复强调对空间用途的强制性管理、工程性修复措施引导，倾向于管理制度与措施制定，较少涉及规划编制新技术的创新。

三、国土空间适宜性评价大数据应用方法框架

根据《双评价指南》，按照空间类型划分，国土空间开发适宜性评价主要包含生态、农业及城镇三类空间的适宜性评价。对于生态空间适宜性评价，一方面通过采集斑块矢量数据，利用生态景观指数等方法对生态斑块的集中度进行测算；另一方面利用生态安全评价等级数据，结合距离成本阻力分析等方法分析生态廊道的重要性，进而叠合评估生态空间的适宜性。对于农业空间适宜性评价，更多侧重对其地块连片度的分析，主要利用农业斑块矢量数据和生态景观指数等方法进行测算。对于城镇空间适宜性评价，主要包括城镇斑块集中度和城镇综合优势度的测量。前者可以通过采集城镇斑块矢量数据，利用城市形态指数等方法进行分析，区别于现有研究重点关注区位条件与交通路网密度两方面的物质空间优势，后者则应该是多维度的综合优势，不仅应包含城镇物质空间优势，还应包含城镇活动空间优势，进而降低因城镇物质空间与活动空间现状不匹配而对综合优势度测算精确性造成的影响。例如，很多城市的新城区建设较好，但却人气不足，因此这类空间并不能被认为是综合优势度较好的区域。

（一）城镇物质空间优势测度

实际上，影响城镇物质空间发展优势的不仅仅包括区位条件和路网密度，产业布局、公服设施布局及共享性也是重要因素，是吸引未来城镇空间扩张和人口迁移的主要驱动力。关于具体计算方法，区位条件主要利用至中心城区、交通干线、交通枢纽的距离等可达性数据和可达性分析方法进行测度；交通路网密度主要利用线密度分析方法对城镇路网矢量数据进行分析；产业布局可以采集各类企业POI（Point of Interest）大数据，利用核密度分析、强度公式等方法测算单个地块产业布局强度；公服设施布局的测度方法与产业

布局测度方法类似，但公服设施共享性不但需要考虑设施布局的数量及密度对居民的辐射能力，还需要考虑设施服务的类型差异程度和服务质量对居民的吸引力，主要通过采集公服设施POI和居民网络评论数据（如大众点评网上居民对学校、医院等公服设施的评价及打分），利用核密度分析、差异度分析、引力模型等方法进行设施共享性的测度，这也是测度城镇空间连片发展潜力的重要指标之一。

（二）城镇活动空间优势测度

按照活动的主体划分，城镇活动主要包括人口（居民）活动、产业（企业）活动及公共服务（政府）活动。按照活动维度划分，可以分为活动分布和活动联系两大类。城镇活动空间优势测度可以包含两个方面的指标：一是活动分布方面，主要包括人口活力，如果某地块人口活力越高，一定程度代表该地块适合进行城镇开发的优势越明显；二是活动联系方面，主要包括人口活动联系和产业活动联系，如果某两个地块人口或产业活动联系越紧密，则该两个地块连片开发建设的优势性越明显。具体来讲，人口活动分布可以利用手机、互联网等手段采集居民活动位置的大数据，结合密度分析等方法对其进行测度；人口活动联系可以利用社会网络分析方法对居民活动轨迹大数据进行挖掘；产业活动联系主要通过采集企业POI大数据和企业股权大数据（如天眼查等企业信息网站），利用文本分析识别产业类型、产业业态与资本关联度，利用社会网络分析模拟产业之间的关系网络及网络中心性。

四、生态空间规划大数据应用方法框架

现有生态空间规划主要包括生态空间评价、生态空间结构规划及生态用地布局规划三大部分。生态空间评价是建立在生态空间承载力评价和适宜性评价基础之上的，因生态资源自身所具备的特有自然属性，现有评价更多是利用生态资源数据对其空间的服务能力和质量进行综合测度，总体不涉及人类活动，并进一步为生态空间的结构规划和用地布局提供基础支撑。然而，生态空间结构状态和生态用地分布不仅仅是生态资源本身的基础及发展变化，而且是人类活动影响的结果。生态空间规划的好坏某种程度上反映的是人类对生态资源保护或利用的需求，因此在具体规划过程中需要重点考虑生态空间与人类活动变化之间的关系，综合判断各类生态资源的等级，合理优化生态廊道网络，精准识别生态用地类型，科学界定生态用地的规模。

（一）生态空间结构规划

一般来讲，空间结构规划主要包含对空间等级体系的确定和空间网络体系的构建。生态空间等级体系一方面取决于生态资源自身规模体量和服务功能的重要性，另一方面还应

受到生态资源空间之上的人类活动状态的影响。理论上，生态资源规模体量越大，生态服务功能越重要，且在其容量范围之内的人类活动活力越高，其资源的等级应该也越高。反之亦然。因为这些生态资源既体现了高质量的生态功能，又能够实际服务于更多的人类活动，例如游憩、疗养等。其中，空间规模及重要性主要通过斑块矢量数据和生态空间适宜性评价中的生态资源重要性评价结果进行综合判别。区别于传统方法仅对活力从空间规模层面的判断，空间活力的测度还应包含时间维度的活力，这样才能反映生态资源的全时段实际利用状况。首先，需要建立生态资源活力评价指标体系，可以从活动规模（单位时间与空间内的活动人数占比）和活动时序变化（工作日与非工作日人数占比差、人数时序波动、活动持续度等）两方面进行构建；其次，采集居民活动位置大数据，利用因子分析、核密度分析等方法进行空间活力测度与可视化；最后，对空间活力与空间规模及重要性结合进行生态资源空间等级的判别。

生态空间网络规划方面，传统方法主要在空间内的河流、山地、草地、林地、风等自然生态资源分布基础上，根据人类生态功能服务需求与城市开发建设目标等，经验归纳式地确定空间内的生态廊道网络，通常以“屏—轴—环—楔—廊—心结合模式”等进行布局构建[①]。但是，生态系统与外界其他系统之间、生态系统内部子系统之间各组成要素连接的中介应该是生态过程中发生的能量、物质及有机体的流动，因此生态空间优化需要结合生态流来构建联通稳固的生态空间网络。学者一般从水流、风流、生物迁移等自然生态流方面来构建生态网络，缺乏对人类活动流（人文生态流）的模拟与分析。实际上，人类活动流与生态网络的匹配度是衡量生态资源连通性和服务能力的重要指标。因此，生态空间网络规划一方面需要利用水、生物迁徙廊道、风等数据和情景分析、仿真模拟等方法分析构建自然生态流网络，另一方面通过获取人类活动轨迹大数据和社会网络分析方法分析构建人文生态流网络，进而综合确定生态空间网络体系。例如，虽然两个生态地块相对独立，但是地块间人类活动联系较为紧密，适宜通过多种植林木、草或拓宽河道来连通这两个地块，进而确保生态空间流动体系的完整与畅通。

（二）生态用地布局规划

生态用地布局规划重点确定生态用地的类型与规模，规划师主要是在遥感图像解译基础上，结合城镇人口与开发建设需求，估算生态用地规模，优化生态用地具体类型与范围。实际上，通过遥感对生态用地现状的判别和解译还存在较大的不精确性，且无法反映未来生态用地具体的利用需求、扩展方向等。这就需要在用地类型规划方面，一方面利用

① 陈君. 生态安全约束下的城乡生态格局优化方法：以海南省文昌市木兰湾地区概念规划为例 [J]. 规划师，2018（7）：65-70.

遥感数据和解译方法识别现状生态用地类型；另一方面，可以通过采集人类对生态空间的主观感知大数据（如游客在社交网站上上传的生态空间照片与评论数据、百度或谷歌街景数据等），利用图片分析、机器学习、文本分析等方法，识别图片中反映出的生态空间具体现状类型，同时提取居民对这些用地类型服务功能质量的评价及对其改造提升的意愿，结合城镇开发建设目标与需求，合理优化生态用地具体类型。

在用地规模方面，除了利用遥感数据识别生态用地现状规模与范围，还可以补充利用照片数据测度生态用地的比例（如通过构建绿视率等指标，可以测度单个照片内绿化用地的比例），进而对绿化用地现状规模与具体范围（特别是位于用地范围边缘地区）进行优化修正。同时，采集居民对生态用地评论大数据，利用文本分析方法提炼居民对于生态空间现状规模方面的评论及需求（如居民集中认为某公园绿地规模较小，则表征可能需要在未来的用地方案中适当扩大绿地规模），为新增生态用地的布局提供支撑。

五、农业空间规划大数据应用方法框架

受国家城镇化发展背景和导向的影响，农业空间规划是传统城乡规划和土地规划考虑较少的内容，主要集中在基本农田边界线划定、镇村布局规划及村庄整治规划三个方面，而对农业空间的总体优化布局探讨不足①。一般认为，农业空间主要包含农产品种植空间、乡村（乡镇、村庄及独立工矿）空间及交通等基础设施占用空间三部分。那么，农业空间规划则应是在农业空间评价基础上，一方面对农业产业发展进行分析，对农业产业空间进行优化布局；另一方面还需要对乡村体系和基础设施体系进行梳理，对村庄空间及环境进行整治。农业空间评价是由空间承载力评价和适宜性评价分析得出的农业资源禀赋空间分布结果，在此基础上，农业产业分析与空间布局、乡村体系确定与空间整治两个环节都需要重点考虑人类活动所带来的主导影响。特别是在乡村振兴背景下，未来中国的农业空间不仅仅是以传统农作物种植为主导功能，乡村产业化趋势愈加明显，“生态农业+乡村旅游”开始成为农业空间开发的重要模式。

（一）农业产业规划

农业产业规划首先需要对农业产业进行分析，包括产品的市场销售情况、产业链及业态组织、市场对产品的需求偏好，并结合自身产业基础和未来产业发展导向与目标，准确进行产业发展选择与区域功能定位。产品市场销售分析方面，除了利用产品销售统计数据对市场销售现状与趋势、销售空间分布等进行分析以外，还可以通过专业销售或物流网站

① 武前波，俞霞颖，陈前虎. 新时期浙江省乡村建设的发展历程及其政策供给[J]. 城市规划学刊，2017（6）：76-86.

等采集产品流通（人流、物流、资金流等）大数据，结合社会网络分析方法分析区域同类产品及自身产品的实际销售市场空间分布及变化规律，进而找出产品未来主要市场及潜力市场销售空间。产业链及具体业态组织分析方面，可以采集农业企业及配套企业POI大数据（企业位置及类型），利用文本分析、机器学习及统计分析等方法，一方面分析全国或区域内发展较好的同类产业区的产业链组织及各类业态布局比例，另一方面分析规划区内的产业链与业态组织及存在的问题，进而综合确定规划区未来产业发展方向及业态选择。产品偏好分析方面，利用网络评论及图片大数据（淘宝网、马蜂窝、大众点评等），通过文本分析、图片分析等方法，找出消费者对产品的类型、性价比、质量及服务等方面的真实评价，进而对规划区产业发展类型和具体产品选择提供支撑。

根据产业类型选择及定位，产业空间布局规划就是需要将具体的产业功能落实在空间之上。生态空间规划类型，亦包括空间结构确定、功能分区及用地规划三个环节。空间结构规划需要采集居民位置及轨迹大数据，利用核密度分析方法分析规划区居民活动分布密度，利用社会网络分析规划区各功能地块居民活动联系，进而结合未来产业发展方向及类型综合确定产业空间主中心、次中心、节点及发展轴带。在具体功能分区及用地规划环节，采集网络评论、照片等数据，结合问卷调查和访谈，分析居民、游客、企业及政府部门等多主体对功能片区及用地布局的需求与偏好，并从不同类型产业活动关联的角度合理安排规划区内具体功能片区和用地。此外，对于确定以“生态农业+乡村旅游”开发为主导的规划区，利用网络签到、酒店预订、时刻表、百度搜索等网络大数据和视频监控、门禁刷卡、自动售票机等设备大数据，结合人口识别及预测模型对规划区未来游客数量进行估算，进而对既定空间规划方案进行仿真模拟，评估地块产业功能组织合理性、游客活动强度、设施服务效率及道路交通拥堵情况等，最终使规划方案进一步优化。

（二）乡村规划

乡村规划包括乡村布局规划和村庄整治规划两个部分。前者主要涉及村庄的拆并方案、乡村等级体系确定及乡村联系分析，后者则更多从微观层面对村庄内部空间布局、设施利用及村庄环境进行更新设计。传统的村庄拆并方法主要在人口统计数据分析基础上重点考虑村庄的建设规模、政府开发导向及拆除成本等所做出的利益协调式方案。实际上，受外出务工的影响，村庄的统计人口与实际人口存在较大误差，往往导致拆并方案不科学。这就需要利用微信热力、手机信令等居民活动位置大数据，结合核密度分析、活力指数分析等方法对村庄实际人口进行动态监测，进而识别出真实的空心村，为村庄拆并方案提供较为科学的技术支撑。关于乡村体系规划，区别于通过区位、经济体量、人口与用地规模等传统经验式的乡村体系判断，一方面需要利用居民活动位置大数据和人口、建设用地规模数据，通过核密度分析、因子分析等方法识别与评估乡村的活力。另一方面利用居民轨迹大数据，通过社会网络分析模拟各村庄之间、村庄与乡镇之间的联系网络及强度，并测度各村庄在联系网络中的中心度。最后，结合乡村活力和中心度的测度，综合确定“乡镇、中心村、重点村、一般村”的镇村等级体系，并找出乡村未来的主要发展轴带。

村庄整治规划方面，传统规划主要考虑对村庄物质空间环境的纯粹式设计与改造，忽视了居民的主观需求及偏好，需要采集居民活动位置及轨迹、公服设施POI、网络评论等大数据和问卷调查与访谈数据，通过核密度分析、社会网络分析、文本分析、质性分析等方法科学评估居民日常活动特征与规律，测度居民的公服设施可达性、利用效率及实际需求，进而重新安排村庄各类功能空间与公服设施布局。同时，还需要获取居民网络评论与图片大数据，结合问卷调查与访谈，通过文本分析、图片分析、质性分析等手段了解居民对村庄建筑风格的评价与需求，进而支撑村庄整体建筑设计与改造。

六、城镇空间规划大数据应用方法框架

城镇空间规划延续城乡总体规划的编制流程与方法，在城镇空间承载力和适宜性评价基础上，还包含五个方面的主要编制内容：城镇战略定位、城镇开发边界确定、城镇空间结构规划、城镇功能分区及城镇土地利用规划。

（一）城镇战略定位

传统的城镇战略定位研究或规划更多利用GDP、人口、建成区面积、企业总部数量等统计数据，测算城镇与区域其他城镇之间的差异，进而判别其在区域中的等级地位。但是，这些判别缺乏对区域城镇之间真实要素流动的分析。实际上，城镇在区域要素联系网络中的地位才是决定城镇未来发展潜力的关键，需要对该联系网络进行科学测度。具体来讲，结合社会网络分析工具，利用手机信令、微博签到等居民活动大数据，可以测度区域城镇间的人口要素流动；利用百度搜索引擎等大数据可以发现区域城镇之间的信息交流；利用列车时刻表大数据可以模拟区域城镇间的交通流动；利用淘宝等电商网站大数据可以分析区域城镇间的货运流；利用银行网点POI大数据，可以计算区域城镇间的资本分配格局。同时，还需利用基于GDP数据和重力模型测度的区域城镇经济联系对上述大数据分析结果进行修正。最终，通过各类要素流网络分析结果的综合叠加与聚类分析，找出城镇在区域城镇综合要素网络中的地位，并结合区域未来发展目标或政策导向，提出城镇空间或经济层面的发展战略。此外，城镇战略定位还需要关注其在区域居民意向中的地位或评价，找出城镇社会层面的吸引能力。这类分析可以利用微博或网络论坛居民评价文本数据，通过文本分析方法测度某一城镇被区域其他城镇居民关注的程度和该城镇居民关注其他城镇的能力，并对比分析城镇在区域居民意向中的地位，提出城镇社会发展战略。

（二）城镇开发边界划定

在城镇空间双评价和战略定位分析基础上，城镇开发边界划定主要取决于人口规模和用地规模的预测。在人口规模预测方面，首先，采集反映城镇人口真实分布与动态变化的手机信令大数据，通过统计分析把握居民活动的时间模式，利用时空棱柱等空间分析方法摸清居民的活动空间轨迹；其次，设立包括职住活动识别、城镇枢纽区域基站监测、边界区域基站监测等方面的人流监控机制，判别城镇人口分布与多时段变化，综合分析城镇不同属性人口流动的规律，并进行变化参数的提取；最后，根据最新全国人口普查数据，利用人口多年份变化参数修正传统诸如自然增长法、环境容量法、产业带圈系数等人口增长模型，并结合地方城镇人口或人才相关引导政策测算城镇未来人口规模。关于用地规模预测，一方面可以通过核密度分析等方法测度城镇空间人口活动强度及集聚范围。另一方面可以结合社会网络分析工具发现城镇各组团间的人口联系网络及强度，特别是主城区与郊区组团之间的联系，进而划定城镇实际利用边界范围。另外，通过多年份手机信令、城镇边界及人口规模等数据的分析，提取相关用地规律变化的参数，并考虑城镇未来发展可能出现的机遇或其他限制因素，通过元胞自动机等空间增长模型来划定未来城镇开发边界。

（三）城镇空间结构规划

传统城镇空间结构规划主要是在城镇现状功能体系、相关规划方案、发展政策或机遇、地方政府发展目标等多重因素影响下，结合规划师自身的专业判断进行的空间结构布局。实际上，空间本身并没有真实的意义，满足空间之上的人类活动及需求才是空间存在及利用的价值所在。因此，传统规划手段忽视了对城镇空间之上承载的居民活动和需求的科学分析和思考。具体来讲，城镇空间的结构判断主要与其之上的居民活动分布特征及活动联系有关。一方面，可以采集手机信令、微信热力、微博签到、GPS等居民活动位置大数据，通过核密度分析方法对城镇空间居民活动密度及分布特征进行全尺度分析；另一方面，可以借助社会网络分析方法来判断城镇空间内部各组团之间的活动联系网络及联系强度。同时，居民在城镇空间内的活动规律还会受到居民自身对城镇空间结构判断的影响，即其所认知的意向中心体系。这方面的测度方法可以借助于网络论坛或微博等文本数据和文本分析方法，通过“商业中心”等关键词的提取来分析居民对于城镇空间中心体系的认知。最终，通过对城镇居民活动中心体系和意向中心体系两方面的分析，加之多年的空间结构变化与规律总结，再结合未来可预见性的政策或机遇、重大项目建设等综合确定城镇未来空间结构。

（四）城镇功能分区规划

区别于传统以居住、商业、工业、公园绿地等空间功能开发为导向的功能分区规划方法，城镇空间的功能更多体现在空间之上的居民活动功能，居住空间之上往往会发生大量办公活动，商业空间也会存在着不少的居住或办公活动，且空间功能的混合趋势也越来越明显。基于大数据的城镇功能分区主要集中在对城镇空间之上居民活动的类型和活动范围的识别。一方面，可以利用微博等社交媒体数据和文本分析方法直接提取居民活动内容，并结合其签到的位置数据和核密度分析方法进行不同类型活动的空间集聚程度判别。另一方面，利用手机信令、微信热力、微博签到、浮动车轨迹等居民活动位置大数据，结合时空棱柱、统计分析等方法可以判别居民活动的时空模式，不同的模式实际上代表不同的活动类型，例如居住、就业、出行等活动功能的提取，并通过核密度分析测度不同类型活动的空间集聚程度。另外，在不同活动类型和集聚程度判别基础上，通过聚类分析、泰森多边形等方法对同一类型活动进行聚类及边界界定，将城镇空间划分为就业、居住、休闲、混合等不同类型活动区，并与城镇现状功能区（可以利用POI大数据和聚类分析方法对城镇现状功能布局进行测度）进行叠合优化。最终，在城镇空间结构规划方案基础上，结合多年份功能分区大数据的规律性分析，提出未来城镇空间功能分区布局。

（五）城镇土地利用规划

现有城镇土地利用规划主要是在城镇功能分区规划基础上，按照国家颁布的各类规划编制办法、技术导则等，对城镇各功能区内部的土地利用进行分析与优化，结合人口预测规模和各功能组团的人口分布，确定不同土地利用类型之间的比例关系，划定不同类型用地的实际规模，但是缺乏对具体用地之上居民活动类型及强度的考虑。从逻辑上来讲，城镇土地利用规划是对城镇功能区划分结果在地块尺度的进一步落实。因此，智慧的城镇土地利用规划则是对城镇未来的居民活动与功能空间关系的深度细化。首先，利用地块矢量、POI、容积率等数据统计分析城镇功能区内部用地的现状类型、规模及开发强度；其次，利用手机信令、微信热力等居民活动位置大数据和核密度分析、聚类分析、泰森多边形分析、强度分析等方法，识别现状用地之上的居民活动类型、活动范围及强度；再次，对现状用地与居民活动分析结果进行叠合分析，优化城镇空间现状用地布局，并找出不同用地指标与居民活动之间的配比关系；最后，结合城镇空间人口规模预测及组团分布方案、政府未来用地计划与重点建设项目等，多年份综合确定城镇空间未来土地利用方案。

在国土空间适宜性评价方面，突出城镇空间适宜性评价中的综合优势度测度方法，建议充分考虑基于活动和设施大数据分析的人口活动强度与联系、产业活动强度与联系及公服设施密度与服务能级在城镇空间开发适宜性评估中的重要作用。在生态空间规划方面，强调了居民活动强度和活动联系分析在生态空间等级确定和生态网络构建中的支撑功能，同时倡导利用文本与图片大数据感知生态用地功能与质量，进而提升生态用地布局的合理性。在农业空间规划方面，一方面重视对农业产业的多源大数据分析，另一方面强调对村庄居民生活需求及规律的挖掘，并重点考虑了乡村振兴国家战略下未来农业空间规划中“生态农业+旅游”空间功能布局的仿真模拟方法。在城镇空间规划方面，提出居民活动大数据的采集与时空分析在城镇战略定位、开发边界划定、空间结构规划、功能分区规划及土地利用规划全过程的应用方向，强调了对居民活动空间的分析与优化将提升传统物质空间规划科学性的主要规划方法。

第七章　国土资源规划体系

第一节　规划体系

一、国外规划体系、发展趋势及借鉴

一般认为，规划是对客观事物未来的发展所做的安排，是比较长远的分阶段实现的计划。在汉语中，“规划”一词有两层含义：一是作为活动的意思，对应于英语的planning；二是作为活动成果的意思，对应于英语的plan（在使用后一层意义时有时称为“规划方案”，以示与前者的区别）。规划作为一项活动，已有几千年的历史，但其系统理论（成为一个学科）的出现，则是近百年的事。规划体系是指由若干规划构成的一个相互联系的有机整体。纵观历史，世界各国对中长期规划的重视开始于20世纪初，在1929—1933年经济大危机和“二战”以后大规模实施，20世纪50—80年代历经大发展，90年代至今趋于稳定、成熟和完善，国内专家和学者研究后大致概括其为三个主体阶段，即“二战”前的兴起阶段、“二战”后的发展阶段、冷战结束后的完善阶段。

与此同时，由于政治制度、经济基础、市场环境等存在差异，不同类型国家的中长期规划也因此而不尽相同，但呈现出一个共同特点，即与中长期规划紧密相关的资源规划和管理工作都在顺势推进，在经济的不同发展阶段根据各国实际的具体国情，编制和实施了不同的综合规划和专项规划，对促进资源合理开发利用、经济社会发展发挥了极为重要的作用。

（一）综合性规划

1.以苏联、英国、法国、德国为代表的以区域规划为基础的国土资源开发利用规划

20世纪20—30年代，国土资源规划在城市规划和工矿规划的基础上逐步发展。1920年

苏联开展了以区域为对象的综合性区域研究，于1921年在全国进行了经济区划，成为在国家计划指导下有组织、有步骤地对全国进行分区并对国土资源进行开发的典范。英国为合理开发利用煤炭资源，于1923年开展了当卡斯特煤矿区规划。为恢复“二战”后的经济重建，加强国土空间开发和国土资源利用，法国和德国大力推进了从国家政府到地方政府为构成体系的区域规划，如德国的鲁尔工业区规划，对工业区资源的合理开发利用和有效保护起到了重要的规范和引导作用。

2.以美国等为代表的以国土综合整治为基础的国土资源开发利用规划

1933年美国以流域为对象进行的田纳西河流域规划成为“二战”前资本主义国家开展国土资源规划的良好开端，对流域综合开发、利用、整治和保护收到了良好的效果，至今颇有影响。

3.以日本、韩国为代表的以国土规划为基础的国土资源开发利用规划

日本从“二战”后到现在以整个国土空间和国土资源为对象已进行了5次全国综合开发规划（简称“五全综”），对日本国土空间开发建设的合理利用和经济重建复兴，起到了至关重要的历史性作用。目前，该国正在着手开展第6次国土综合开发规划（ 称为日本国土形成规划）。韩国从20世纪70年代至今先后编制了4次包括振兴经济、空间利用结构调整和优化布局、促进资源合理利用、保护生态环境等核心内容体系的全国国土规划，对其经济起飞，实现“江汉奇迹”起到了十分重要的导向和调控作用。

（二）发展趋势

国外国土资源规划的发展表现出以下几种趋势：（1）政府规划的主导化趋势。国外一些市场经济国家的成功做法和实践表明，经济调节、市场监管、公共服务作为政府的重要职能，政府必须高度重视、统筹规划，在推进国土资源合理利用和有效保护中必须发挥主导作用。（2）规划体系的交织化趋势。在编制实施综合性总体规划，最大限度发挥统领、协调作用的同时，注重重要环节和重点领域的专项性资源规划的编制和实施，二者有机结合、相互促进、协同共为，出现交织推进趋势。（3）规划内容的多目标化趋势。从规划内容来看，规划深度和广度大大加强，许多国家开始由物质建设规划转向社会发展规划，规划中的社会因素与生态环境因素越来越受到重视，追求经济、资源、环境效益的最大化成为共同的目标。

（三）对我国的借鉴意义

“他山之石，可以攻玉。”除了上述国外国土资源规划呈现出的具有共性的趋势值得我国国土资源规划工作关注和借鉴外，下述内容所谈到的国外国土资源规划具备的一定前提条件，以及比较好地处理了若干重大关系等，对我国国土资源规划的编制和实施也可资

借鉴。

国外国土资源规划具备的一定前提条件：①国家的经济社会发展到一定程度，中央有一定财政转移支付能力、公共投资能力，进行强有力的宏观调控和国民所得再分配；②有一套能够约束和保障的法律制度，确定中央与地方的财权和事权，保障国土资源开发利用和契约履行及政策实施的可持续性和有效性，并形成了一个循环体系；③有一套比较正确的数据统计和标准，科学正确地评价国土资源和空间容量；④有一套促进民间部门参与国土资源综合开发的政策金融制度和税制；⑤有一套对开发过度密集的地区或不合理的经济活动严格限制的政策和措施；⑥有一套为国民收集和公开国土资源信息的体系，使民众参与，强调学习过程和创新过程。这六项条件同时在国土资源开发和区域政策实施过程中不断地被完善。

国外国土资源规划着力且比较好地处理了以下重大关系：①市场与政府的关系。在市场经济中，国土资源规划作为政府进行宏观调控和有效干预市场的一个重要手段。②中央与地方的关系。站在全国整体立场上，协调中央与地方之间的利益关系，尊重地方发展权，最终达到全国效益最大化和区域均衡化。③市场竞争与非市场竞争的关系。政府通过国土资源规划扶持难以参与市场竞争的弱势地区、群体和部门。④效率与公平的关系。通过生产要素在空间上有效配置和利用，进行财富的再分配，实现公平，以效率补公平。⑤城乡关系。协调城市和农村的过密和过稀、发达与落后的关系，形成良好的集疏过程。⑥部门之间的关系。协调各部门在开发和利用国土资源中的各种利害关系，促进国家整体发展。⑦产业之间的关系。处理工农关系、新兴产业与夕阳产业的关系，注重产业结构调整和优化升级。⑧开发与预防、保护的关系。在促进国土资源开发和利用的同时，注意国土资源综合整治、灾害预防、生态保护和危机防范。⑨宏观与微观的关系。通过对国土资源的合理利用和公共基础设施的空间配置引导民间企业进行投资，优化区域资源配置，引导生产空间、生活空间和生态空间的结构和布局合理、有序。

二、我国现行的规划体系及发展趋势

（一）我国现行的规划体系

《国务院关于加强国民经济和社会发展规划编制工作的若干意见》（国发〔2005〕33号）指出我国建立三级三类规划管理体系，按照行政层级分为国家级规划、省（区、市）级规划、市县级规划；按对象和功能类别分为总体规划、专项规划、区域规划。

总体规划是国民经济和社会发展的战略性、纲领性、综合性规划，是编制本级和下级专项规划、区域规划及制定有关政策和年度计划的依据，其他规划要符合总体规划的要求。

专项规划是以国民经济和社会发展特定领域为对象编制的规划，是总体规划在特定领域的细化，也是政府指导该领域发展以及审批、核准重大项目，安排政府投资和财政支出预算，制定特定领域相关政策的依据。

区域规划是以跨行政区的特定区域国民经济和社会发展为对象编制的规划，是总体规划在特定区域的细化和落实。跨省（区、市）的区域规划是编制区域内省（区、市）级总体规划、专项规划的依据。

（二）我国规划体系发展趋势

我国目前正处于社会主义市场经济体制逐步完善时期，对于规划体系的完善提出了新的要求，规划体系的发展应适应市场化改革进程的要求，正确处理好市场和以规划为代表的宏观调控之间的关系；要体现以人为本的思想，保证可持续发展目标的实施；要以如何提高我国的国际竞争力为核心；要突出质量效益原则，把提高速度和提高效益结合起来。

规划体系的发展方向主要包括：①自上而下与自下而上相结合，规划体系由自上而下强制型转向双向互动、协商型；②适应市场经济的发展，由单方案刚性型转向多方案弹性型；③重视经济、社会和生态效益的整合，由单目标型转向多目标型；④从各自为政转向整齐划一，促进各类规划之间的协调和衔接；⑤注重理论与实际的结合，提高规划的可操作性。

我国规划体系的发展趋势主要体现在以下几个方面。

（1）充实总体规划

总体规划在规划体系中处于“龙头”地位。总体规划在突出战略性、宏观性和政策性的同时，需要进一步充实有关内容。一是充实促进空间均衡方面的内容，二是充实政府履行职责方面的任务，三是充实体制创新方面的内容，四是充实可检查和能评估的内容。

（2）强化专项规划

专项规划的编制要符合总体规划的要求，与其他相关规划相衔接。规划内容要集中于规划对象本身，领域或范围要窄、强化规划深度，资金配置要明确、操作性要强。强化具有较强针对性和操作性的专项规划的编制、衔接、审批、实施的监督检查和评估等工作，既符合发展市场经济的方向和原则，也有利于完善我国的宏观调控体系。

（3）统筹区域规划

区域规划的编制重点是要打破行政区界限，科学确定区域未来发展的定位，优化整合区域内资源配置，发挥各自优势，避免重复建设。规划内容上要突出跨行政区的、确需在区域内统筹规划的领域和重大问题，要合理划定各类功能区，优化资源利用结构，统筹城市布局、重大基础设施建设、国土和生态环境保护等。

综上所述，我国未来规划体系的发展趋势，或者直观地说，我国未来规划体系建设的方向应该是：健全和完善国家规划体系，以国民经济、社会发展规划和全国国土总体规划为基础和依据，以城市规划和土地利用总体规划等专项规划和跨省（区、市）的区域性规划为支撑，逐步建立定位清晰、功能互补、统一协调的统筹考虑经济社会发展时间序列和国土开发利用空间序列的国家规划体系。

第二节　国土资源规划体系

一、国土资源规划体系存在的主要问题

国土资源规划工作总体进展情况良好，但仍然存在某些不容忽视的问题，最为主要和突出的问题是规划的法律地位问题、规划的指导预测问题、规划的协调机制问题、规划的实施管理的制度机制问题。规划的法律地位有待进一步提高。我国国土资源规划相关法律法规正在不断完善，但目前尚缺乏这方面的相对完整的法律依据作为“尚方宝剑”，这就给国土资源规划的编制和实施带来了一定的困难，其权威性、严肃性难以真正树立起来。目前，正在抓紧进行的土地管理法、矿产资源法的修改工作，将就规划进行专门立法，期望能够抓住这一契机，将国土资源规划的法律地位真正确立起来。

规划的预测性和指导性有待进一步加强。从多年的国土资源规划编制及其实施情况来看，国土资源规划对一些基础问题、重大问题、战略问题等，前期研究和基础研究广度、深度还不够，使得规划的科学性和可操作性不强，导致在后续的实施中出现指标不够用或者有些难以如期实现的问题。一些规划预测目标（包括指标）与后来经济社会发展实际之间存在较大的差距，其除了经济社会发展本身以及形势变化等客观原因外，与当时的预测手段、规划方法、编制技术也不无关系，这种经验教训对今后编制规划也是有益的借鉴。必须做好规划的前期研究，改善预测手段，改进规划方法，提高编制技术，才能提高其预测的科学性，才能提高规划实施的可操作性。

规划之间的协调机制急需建立。国土资源规划具有很强的综合性，是一个复杂的系统工程，做好规划之间的协调是一个必不可少的环节。在规划编制和实施过程中，常不可避免地出现规划外部的某些交叉甚至矛盾与冲突的现象，需要做好与国民经济和社会发展规划、主体功能区规划、城市规划、环境保护规划等的衔接和协调；而同一种资源类型的上下级规划之间、不同类型的资源规划之间内部也会发生类似情况。如何建立一种协调机

制，很好地协调它们之间的关系，使规划能够顺利地实施，对各种规划进行有机的协调，从而保证规划各自发挥其效能，达到预期目的，是一个值得认真研究的课题。

规划的实施管理有待进一步加强和规范。长期以来，规划实施是规划工作未能很好解决的难题之一。在局部利益的驱动下，为了创造发展经济的政绩，有的地方回避甚至无视规划，对资源进行掠夺式开发、粗放式经营；不是没有规划，而是不切实贯彻规划，不严格执行规划。缺乏按规划办事的程序和办事制度，规划管理服务意识不强，有的审批行为没按法律法规和规划实行，审批责任制不到位，等等，这些工作缺乏“公开、公平、公正”的监督与查处。规划实施的制度和机制建设尚未形成合力，这些问题的发生，根本原因就是规划尚未形成制度化保障，即很大程度上缺乏一套完善的规划管理体制和健全的规划管理机制。

重编制过程，轻实施评估，泛调整修编的现象需要严格规正。这既是规划工作中形式主义的反映，也是规划的作用无法有效发挥的重要原因。与编制规划时的轰轰烈烈相比，编制完成后的工作相对薄弱，无视规划的权威性，有的地方任意调整或变相修改规划。没有建立健全规划实施、评估、调整修编的具体制度，而且由于规划实施缺乏必要的法律约束，造成一任领导一个样，影响规划发展目标、政策的连续性。目前，规划中存在的“重编制、轻实施、缺评估、泛调整”问题，使得规划的权威性和严肃性得不到根本保证，从而影响到规划目标的如期实现和任务的顺利完成。

二、国土资源规划体系的发展趋势

国土资源规划经过一段时期的实践后，不断完善了国土资源规划体系，改进了国土资源规划编制，规范了国土资源规划审批，严格了国土资源规划实施。但是，国土资源规划与新形势下国家对国土资源参与宏观调控的要求以及国土资源管理的要求还有一定的差距，完善国土资源规划体系，需要不断努力和实践。

（一）我国国土资源规划的发展趋势

根据我国国情和已有国土资源规划实践，借鉴国外规划的经验，总体而言，我国国土资源规划的发展趋势为：在体系类型上，一是综合性国土资源规划，主要是强化战略计划和工作统领；二是专项性国土资源规划，主要是强化重点领域和重要环节；三是其他相关性国土资源规划。在体系构成上，综合性国土资源规划以国土资源五年规划纲要等为主体；专项性国土资源规划以土地、矿产、海洋等资源规划为主体，又可根据实际情况，将每类资源性专项规划分为总体规划、专项规划和区域规划；其他相关性国土资源规划主要包括地质灾害防治规划等。在体系关系上，统筹考虑综合性国土资源规划与专项性国土资源规划；下级规划服从上级规划，专项规划、区域规划服从总体规划；规划体系内部各层级规划紧密衔接，规划体系外部应当与其他相关规划做好协调。

（二）国土资源规划发展的基本思路和方向

通过理顺上述类型、构成和关系，逐步建立和完善定位清晰、功能互补、统一协调的国土资源规划体系，并在实践中不断创新完善国土资源规划发展的基本思路和方向。

（1）编制市场与调控兼容、刚性与弹性并存型的国土资源规划

既要充分发挥市场配置资源的基础性作用，又要加强和改善政府宏观调控，增强规划目标指标的科学性、指导性和约束性。

（2）编制质量与效益兼顾、发展与保护双赢型的国土资源规划

既要有一定的发展速度和利用规模，又要有较好的效益；既要保护资源，又要保障发展。因此，需要加强资源开发利用规模和结构调整，建立优势互补、良性互动的区域资源优化配置格局，转变资源开发利用方式，加强资源保护和环境保护，不断提高资源的经济效益、社会效益和环境效益。

（3）编制政府与公众联动、上下与内外开放型的国土资源规划

既要坚持政府主导，体现国家战略意图，又要充分尊重地区“发展权”，规范市场主体行为，调动中央和地方的积极性，还要注重吸纳专家意见，扩大社会公众参与和监督，使之真正成为统一认识、集思广益的开放型、民主型规划。

（4）坚持编制与实施并重、评估与修编灵活型的国土资源规划

规划的生命力在于实施，规划工作的关键在于实施。科学编制、严格实施，是任何一个规划具有应用导向前景的核心所在。因此，在编制规划的同时，就要提前考虑规划的实施，并在实施过程中不断改进和完善。规划实施到中期或末期要进行评估，并根据实际情况所需，按照有关程序进行规划的调整或修编，让规划真正灵活起来，真正“滚动”起来。

三、国土资源规划体系框架

国土资源规划体系构建的基本原则如下：

（1）坚持与经济社会可持续发展紧密结合、要与社会主义市场经济体制相适应、要与国家对国土资源参与宏观调控的要求相适应的原则。

（2）坚持注重发挥国土资源规划整体功能的原则。充分发挥国土资源规划的目标导向、平衡协调、资源配置、政策选择、规范约束和激励维护的主要功能。

（3）坚持国土资源高效、集约、持续利用并保持良好的生态环境的原则。开发与保护并重，开源与节流并举，提高资源利用水平，改善生态环境。

（4）坚持因地制宜、切实可行、易于操作、便于协调的原则。

（5）坚持促进区域经济协调发展的原则。统筹安排国土资源调查评价、开发利用和保护，优化资源空间配置和区域布局。

（6）坚持综合考虑经济效益、资源效益、社会效益和环境效益的原则。

（7）坚持走法制化、制度化、程序化和规范化轨道的原则。

根据我国国情和已有实践，国土资源规划体系基本内容是综合性的国土资源规划、专项性的国土资源规划、其他相关性国土资源规划。

综合性国土资源规划是把国土资源开发利用与保护作为出发点和归宿，具有系统性、整体性、战略性、综合性、地域性的特点，它始终将国土资源作为一 个整体来对待，从全局着眼，照顾到整体利益。在某个局部，规划可能不是最优的，但对于整体、整个国家却是最优的。综合性国土资源规划从时间、空间的横纵面去研究国土资源。规划的内容大多具有宏观、长远以及带有战略性的特点，规划期较长。规划不仅要兼顾自然、经济、社会、科技各个领域，还要对国家、地区和社会利益以及制约国土资源的各种因素进行综合分析。各省地市县综合性国土资源规划是结合了当地的地理条件、区域特点，扬长避短、发挥资源优势的地域性规划。跨行政区国土资源规划是从促进区域经济协调发展、优化资源配置出发而进行的规划，是对行政区国土资源规划的综合与补充，是全国国土资源规划的战略体现。

专项性国土资源规划是综合性国土资源的细化和具体体现，是综合性国土资源规划战略在各类资源和重大专门、关键性问题上的体现。同时，专项性国土资源规划又是综合性国土资源规划的组成部分，专项性国土资源规划之间的关系需要通过综合性国土资源规划来统筹协调。专项性国土资源规划体系也有全国和区域之分，各省（市）、地（市）、县级专项性国土资源规划必须符合上级规划的战略与原则。

第三节　土地利用规划体系

一、土地利用规划的概念

土地利用规划是国家为实现土地资源优化配置和土地可持续利用，保障经济社会的可持续发展，在一定区域、一定时期内对土地利用所做的统筹安排和制定的调控措施。土地利用规划有时也称为土地规划。

土地利用规划是国民经济和社会发展规划的重要组成部分，其目标和任务服从和服务于经济社会发展的需要，但这种发展不能是眼前的、局部的，而应该是长远的、全面的，亦是可持续的。土地利用规划的根本目的是为经济社会可持续发展提供土地保障。要达到这一目的，前提是在国民经济各部门、各产业之间和各地区之间优化配置有限的土地资源，合理开发、利用土地，实现土地资源的可持续利用。

土地利用规划的范围在多数情况下是一个完整的行政区域，其优点是便于协调行动，在现有的政府架构下统一组织规划的编制和实施。但在某些情况下，土地利用规划的范围则是跨行政区的，是一个经济或自然区域（如流域）。其优点是：能够充分考虑区域内土地利用的经济或自然联系，系统组织土地利用。编制和实施规划一般需要新组建一个管理机构或跨行政区的协调机构。

土地利用规划既要解决当前和今后一个时期的土地利用问题，又要充分估计长远的发展影响。因此，规划期限必须是长期的，并要长短结合。现行法律、法规规定：土地利用总体规划的期限由国务院决定，一般为15年；在规划期限内，还要分阶段进行安排，重点做好近期（一般为5年）的土地利用安排。土地利用专项规划和规划设计的期限宜稍短或与总体规划一致。

土地利用规划的核心是对土地利用的安排。这种安排往往既要考虑土地需求，又要考虑土地供给；既要考虑某一部门、产业的用地需求，又要考虑其他部门、产业的用地需求；既要考虑如何利用土地，又要考虑如何开发、保护和整治土地；既要考虑本地的土地利用问题，又要考虑相邻地区的影响。因此，统筹兼顾、综合平衡是土地利用规划工作需要遵循的基本原则和方法。土地利用规划不仅要确定未来土地利用的目标，制订合理可行的规划方案，而且要确定实施规划的行动步骤，有针对性地提出实施规划的保障措施，确保规划目标的实现。

二、土地利用规划的性质

正确把握土地利用规划的性质，对搞好土地利用规划工作来说是非常重要的。

（一）土地利用规划是调控土地利用的国家措施

土地利用规划是土地用途管制的依据。《中华人民共和国土地管理法》第4条规定“国家实行土地用途管制制度”，并规定“国家编制土地利用总体规划，规划土地用途，将土地分为农用地、建设用地和未利用地。严格限制农用地转为建设用地，控制建设用地总量，对耕地实行特殊保护”。可见，土地利用规划不是一项普通的技术工程措施，也不是地方性措施，而是由法律规定的调控土地利用的国家措施。将土地利用规划上升为国家措施，是由我国人多地少、各业用地矛盾十分尖锐的国情决定的，是强化土地管理的客观需要。

土地利用规划是各级人民政府的重要工作，是政府行为。《中华人民共和国土地管理法》第17条规定：“各级人民政府应当依据国民经济和社会发展规划、国土整治和资源环境保护的要求、土地供给能力以及各项建设对土地的需求，组织编制土地利用总体规划。”在政府的行政机构中，土地行政主管部门是代表政府行使土地利用规划权力、主管土地利用规划工作的职能部门。

（二）土地利用规划是具有法定效力的管理手段

《中华人民共和国土地管理法》第21条明确规定：“土地利用总体规划一经批准，必须严格执行。”这些规定明确了土地利用规划所具有的法定效力。赋予土地利用规划以法律的强制力，是由土地利用规划的性质和作用决定的。土地利用规划是对城乡建设、土地开发等各项土地利用活动的统一安排和部署，各项工程一旦实施，其后果很难扭转。为此，土地利用规划中的各项规定、标准和政策应当有长期的稳定性，这就要求以法律的形式将其固定下来，以克服单纯行政手段可能出现的土地利用短期行为。土地利用规划作为土地用途管制的依据，涉及调整土地利用中个人与社会、部门与社会、地方与中央的关系，借助法律手段强化规划的权威性和严肃性，才能有效维护土地利用的整体利益和长远利益，同时保证个人、企业和社会团体的利益。依法制订和实施规划，是土地利用规划和管理工作者的最基本的活动。

（三）土地利用规划是量大面广的社会实践活动

土地是各业生产和各项建设的基本物质条件。土地利用规划关系各行各业，影响千家万户，涉及政治、经济、社会等广泛领域，具有很强的综合性和实践性。土地利用规划的每一个决策、每一项行动，既要符合国家的法律法规和政策规定，又要符合当地的实际。制订规划时，要做大量的调查分析工作，摸清土地利用条件、利用现状、利用潜力和用地需求情况，实事求是地拟定规划方案，并广泛征求意见，协调各业、各部门的用地需求和矛盾；规划批准后，要做大量的实施管理工作，依据法律和规划维护和监督城乡建设、土地开发等各项土地利用活动，采取各种措施保障规划的实施。土地利用规划是各级土地行政主管部门的一项业务性很强的经常性工作，在土地管理各项工作中居于“龙头”和基础地位。

（四）土地利用规划是一门综合性的科学

土地利用规划既是一项具体的社会实践活动，也是一门包括自然科学、社会科学等多学科知识在内的综合性科学。显然，它不仅仅要研究土地利用的自然现象和过程，更要研究土地利用的社会、经济现象和调控机理。在过去的几十年里，土地利用规划已经从传统的技术工程学科拓展到人文科学领域，从地理学、社会学、经济学、生态学、管理学、信息学等许多学科不断吸收相关知识，充实到规划的理论和实践中。从事土地利用规划工作，必须具备以上相关知识和综合协调能力。

三、土地利用规划体系

（一）土地利用规划的体系构成

国家实行五级、四类的土地利用规划体系。按行政层级，分为国家规划、省（自治区、直辖市）级规划、市（设区的市、自治州）级规划、县（县级市、自治县、市辖区）级规划、乡（镇）级规划。

按对象和功能，土地利用规划由总体规划、专项规划、区域规划和详细规划组成，专项规划、区域规划和详细规划以总体规划为依据。

土地利用总体规划是在某一特定行政区和规划期内，根据当地的自然和社会经济条件以及国民经济发展的需求，协调土地利用的总供给和总需求，制定土地利用目标、加强耕地和基本农田保护、促进节约和集约利用土地、优化用地结构和布局、统筹区域土地利用的一项宏观战略措施。

土地利用专项规划是为了解决某一特定的土地利用问题或以土地利用某一特定领域为对象进行的规划，是总体规划的延伸和细化，如基本农田保护区规划、土地开发整理规划等。

土地利用区域规划是指以跨行政区的特定经济区域或某一具有特定含义的区域内的土

地资源为对象编制的规划。区域规划一般包括国家区域规划和省、市级区域规划（某一具有特定含义的区域的土地利用规划可以隐含在国家区域规划或省、市级区域规划中）。国家区域规划是指以跨省（自治区、直辖市）级行政区的特定经济区域为对象编制的规划；省、市级区域规划是指以省域内跨县级以上行政区的特定区域为对象编制的规划。

土地利用详细规划是指在一定的区域和规划期限范围内，联系其他土地利用规划和国民经济发展规划，对某一特定类型用地进行全面客观分析，确定其用地的性质、规模、发展方向及其布局等。各级规划修编要严格执行下级规划服从上级规划、专项规划服从总体规划的规定，建立健全逐级控制、分工明确、重点突出、衔接统一的规划体系，防止和纠正用地指标与空间安排不衔接、下级规划变相扩大上级规划确定的建设用地规模，以及基本农田保护、整理复垦耕地不落实等问题。

（二）各级、各类土地利用规划的关系和衔接

从层次上看，国家规划指导省级规划，省级规划指导市县乡级规划。也就是市县乡级规划要服从省级规划，体现省级规划的意图和要求；省级规划要服从国家规划，体现国家规划的意图和要求。市县乡级规划要和省级规划相衔接，省级规划要和国家规划相衔接。

从功能上看，总体规划指导专项规划、区域规划和详细规划，专项规划是总体规划在某一特定领域的延伸和细化，区域规划是总体规划和专项规划在某一特定区域的落实，详细规划是总体规划、专项规划和区域规划对某一类型用地安排的具体体现和落实。因此，专项规划必须服从总体规划，必须与总体规划相衔接；区域规划必须服从总体规划和特定区域内的专项规划，必须与总体规划和相关专项规划相衔接；详细规划必须服从总体规划、专项规划和所在的区域规划，必须与总体规划、专项规划、区域规划和相关规划相衔接。

从实施上看，建立规划工作的“技术规则”体系，规则不能建立在阐释“原则”的标准上，应当上升到执行“规则”的水平上，才能保证规划实施的科学化、法制化。规划法制化，关键在于强化规划决策权的民主化和真正引入公众参与，同时健全规划技术与行政、编制和管理紧密结合的操作机制。

此外，各层级土地利用规划必须与相应的国民经济和社会发展规划相衔接，重要规划目标和规划指标要纳入相应的国民经济和社会发展规划之中，城市规划、生态环境保护规划等相关规划要与土地利用规划相衔接。

（三）各级、各类土地利用规划的功能

1.土地利用总体规划

土地利用总体规划是城乡建设、土地管理的纲领性文件，是加强宏观调控、发挥市场

配置土地资源基础性作用的重要前提，是实行土地用途管制、落实最严格的土地管理制度的基本手段。

全国规划纲要突出战略性、宏观性、指导性和政策性；要贯彻国家战略意图，做好战略定位，解决规划中的关键问题、长远问题、全局问题；要体现国家宏观调控的要求，提出规划期间全国土地利用的战略目标和方针，制定分省（区、市）主要用地控制指标，科学合理地确定各省（区、市）城镇建设用地总规模和报国务院审批规划的城市建设用地规模，确定土地资源保护、利用、整治、开发的重点区域和重大工程，提出实施规划的政策和措施。规划的主要目标纳入国民经济与社会发展规划中实施。

省级总体规划要突出宏观性、指导性和实施性；要体现国家、本省（区、市）宏观调控的要求，根据全国规划纲要和本省（区、市）实际，分解落实国家下达的控制性指标，在与相关规划协调的基础上确定基本农田保护、土地整理复垦、生态建设与环境保护、国土整治等重点地区和重点项目，特别要将本省（区、市）城镇建设用地规模控制指标分解落实，并确定每个城市的建设用地控制规模，协调安排区域重点基础设施建设项目用地，并制定实施规划的措施。规划的主要目标纳入省级国民经济与社会发展规划中实施。

市级总体规划要突出指导性、实施性和操作性，根据省级规划和本市（地、盟、州）实际，分解落实省（区、市）下达的控制性指标；在与相关规划协调的基础上，按照土地的主导功能划分各类土地利用区，并制定措施，加强对整个辖区土地利用的管制；确定中心城市（包括主城、组团、卫星城）建设用地规模和范围，并对城郊接合部进行土地用途分区；各类开发区（园区）用地纳入城镇建设用地进行统一规划；按照城镇建设用地增加与农村建设用地减少相挂钩的原则，提出农村建设用地整理规模；统筹安排区域基础设施、社会设施、环境治理等重点建设项目用地和土地整理复垦项目。规划的主要目标纳入市级国民经济与社会发展规划中实施。

县级总体规划要突出实施性和操作性。县级规划要根据市级规划和本县（市、区、旗）实际落实各项指标和重点项目用地，按照土地的基本用途划分土地用途区，并制定分区土地用途管制措施。

乡（镇）规划要结合本乡（镇）土地使用条件，将县级规划确定的各项指标和土地用途分区具体落实到地块。规划的主要目标纳入县级国民经济与社会发展规划中实施。

2.土地利用专项规划

土地利用专项规划具有实施性和操作性。专项规划主要包括基本农田保护区规划、土地开发整理规划等。

基本农田保护区规划的主要功能：基本农田保护区规划是土地利用总体规划的深化和完善，也是严格保护耕地和基本农田的重要依据。分析自然条件和社会经济概况，查清规划区内耕地资源的数量、质量及其分布情况，找出耕地生产和开发利用潜力及利用存在的主要问题，预测规划期内人口和耕地需求量，确定和分解基本农田保护区控制指标，划定基本农田保护区具体面积及空间分布，提出基本农田保护区管理与保护措施。同时，围绕增加有效耕地面积，提出完善耕地占补平衡、推进土地开发整理复垦的政策措施。

土地开发整理规划的主要功能：土地开发整理规划是土地利用总体规划的深化和细化，是组织开展土地开发整理复垦的重要前提，也是土地开发整理复垦项目库建设、项目立项、项目设计、项目实施和验收的法定规划依据。土地开发整理规划紧密围绕规划区内经济社会发展目标，按照搞好国土资源综合整治、提高粮食综合生产能力、保护生态环境的总体要求，明确土地开发整理目标、任务和基本方针，确定重点区域，安排重大工程，制定实施规划的保障措施。

土地利用专项规划的内容应当突出重点，有较强的针对性，目标明确具体，措施得力，注重实效。

3.土地利用区域规划

土地利用区域规划是一种在某一特定区域内将全国规划纲要或省级总体规划细化了的土地利用规划，是编制区域内其他各类土地利用规划的依据，具有指导性、约束性和可操作性。

以下一些区域应当编制土地利用区域规划：（1）国家重点区域，如西部地区、东北地区等老工业基地，环渤海、长江三角洲、珠江三角洲等重要经济区和流域；（2）国家或省（区、市）认为应当编制区域规划的其他区域。

区域规划应更注重特定经济区域内空间布局的规划，重点解决经济社会与资源开发、环境保护的协调发展。区域规划能从纵横双向协调总体规划和专项规划，是条块交织的关系。与专项规划相比，区域规划还具有综合性、战略性和地域性的特征。区域规划将国家或省级规划中的重点区域落实到具体的空间范围内，落实和细化有关目标任务和数据指标，通过区域土地利用发展战略、发展重点、发展布局及发展政策，提出区域土地利用的目标和任务。

4.土地利用详细规划

土地利用详细规划是一种将土地利用总体规划、专项规划和区域规划深化和细化了的、对规划区内各类各项用地进行详细、具体安排的微观的土地利用规划。其包括居民点用地规划、水利用地规划、农业用地规划等，是规划实施的末端依据。

第四节　矿产资源规划体系

一、矿产资源规划的概念

矿产资源规划是国家或地区在一定时期内为保障国民经济和社会发展对矿产资源的需求，以有效保护和合理利用矿产资源、保护生态环境为目标，根据全国或地区矿产资源的特点，对矿产资源调查评价、勘查、开发利用与保护、矿山地质环境保护等在时间和空间上做出的总体安排和部署。

矿产资源规划以矿产资源战略为指导，以保障国民经济和社会发展为需求，以矿产资源赋存条件和区位优势为基础，以市场需求形势为前提，通过制定矿产资源调查评价，矿产资源勘查、开发利用与保护，矿山地质环境治理等目标，合理部署在规划期内的具体任务和发展重点，对矿产资源勘查开发与保护进行合理布局，对矿产资源开发利用总量进行有效调控，对矿产资源开发规模结构和矿产品结构进行优化调整，对矿山地质环境进行保护和治理，并提出规划实施的具体保障措施。

二、矿产资源规划的特点

矿产资源规划具有以下特点：

（1）高度的战略性。矿产资源规划是落实国家矿产资源战略和重大部署的重要手段，从资源国情出发，着眼未来，充分体现国家的战略意图。

（2）突出的政策性。矿产资源规划是实施矿产资源政策的重要载体，不仅体现国家政策的各项要求，而且重点针对矿产资源领域的突出问题，明确完善政策的方向和原则。

（3）很强的可操作性。矿产资源规划是指导矿产资源勘查、开发、管理、保护与合理利用的重要依据，通过科学合理的规划目标和主要任务等，切实有效地指导矿产资源开发利用的各个环节。

三、矿产资源规划体系

（一）矿产资源规划体系建设构架

根据首轮矿产资源规划编制、审批和实施实践，为适应新形势的要求，矿产资源规划体系的构建应以贯彻和落实科学发展观为指导，从全国和区域统筹出发，建立统一协调、层次分明、功能清晰、相互配套的规划体系，明确各类规划的性质、作用、编制主体、审批主体、实施主体和手段，以及与相关规划的关系等，充分体现规划的权威性、连贯性和实施性。

矿产资源规划体系以矿产资源总体规划为主体和基础，按行政级层次划分为国家规划、省（自治区、直辖市）级规划、市（设区的市、自治州）级规划、县（县级市、自治县、市辖区）级规划。按对象和功能，分为总体规划、专项规划和区域规划，各级规划之间又存在相互衔接、相互配套的有机联系。

总体规划，即国家级、省级、市级、县级矿产资源总体规划，是矿产资源规划体系的核心，是矿产资源管理的纲领性文件，是加强宏观调控、发挥市场配置矿产资源基础性作用的重要前提，也是体现国家产业政策、落实矿业权管理制度的基本手段。国家级、省级矿产资源总体规划是根据《中华人民共和国矿产资源法》及其实施细则等法律法规和国家、地方有关方针政策，以全国和省（区、市）域内矿产资源开发利用与保护为对象编制的规划，是战略性、宏观性、指导性和政策性规划，是编制国家、省级专项规划、区域规划的依据。市、县级总体规划是依据省级总体规划，以市、县城内矿产资源开发利用与保护为对象编制的规划，是指导性、实施性和政策性规划，是编制市、县级专项规划，市、县级区域规划的依据，在规划体系中具有基础性作用。总体规划应当由同级人民代表大会或人民政府批准编制并发布实施，具有法律效力。

专项规划，即国土资源管理部门编制的各种专项规划、项目规划等统称为专项规划。国土资源矿政管理部门以一定区域内矿产资源开发利用与保护、矿产资源管理的某一特定领域为对象编制的规划，是矿产资源总体规划在某一领域的延伸、细化和具体体现，是实施性和操作性规划。专项规划由各级相应的国土资源规划管理部门组织编制。但是，省级国土资源矿政管理部门不要求市、县级部门编制市、县级专项规划。

区域规划，即以跨行政区的特定经济区域或某一具有特定含义的经济区域内的全部矿产资源为对象编制的规划。它是总体规划和相关专项规划在特定空间的落实，是区域内各行政区编制各类规划的依据，具有指导性、约束性和协调性，应由相应的国土资源规划管理部门组织编制。

（二）各层级矿产资源规划的关系和衔接

从层次上看，国家级规划指导省级规划，省级规划指导市县级规划。省级规划要服从国家级规划，体现国家级规划的意图和要求；市县级规划要服从省级规划，体现省级规划的意图和要求。市县级规划要和省级规划相衔接，省级规划要和国家级规划相衔接。

从功能上看，总体规划指导专项规划和区域规划，专项规划是总体规划在某一特定领域的延伸和细化，区域规划是总体规划和专项规划在某一特定区域的落实。因此，专项规划必须服从总体规划，必须与总体规划相衔接；区域规划必须服从总体规划和特定区域内的专项规划，必须与总体规划和相关专项规划相衔接。

从实施上看，要建立规划工作的“ 技术规则”体系。规则不能建立在阐释“原则”的标准上，应当提高到执行“规则”的水平上，才能保证规划实施的科学化和法制化。规划法制化，关键在于强化规划决策权的民主化和真正引入公众参与，同时健全规划技术与行政、编制和管理紧密结合的操作机制，促进规划体系走向规划制度。

此外，各层级矿产资源规划必须与同级国民经济和社会发展规划相衔接，重要规划目标和规划指标要纳入相应的国民经济和社会发展规划之中。此外，还应与土地利用总体规划、城市规划、生态环境保护规划等相衔接。

（三）各县级矿产资源规划的定位与主要任务

1.矿产资源总体规划

国家级矿产资源规划以国家宏观经济政策和规划为基础，贯彻国家战略意图，在全面分析矿产资源开发利用状况和面临的形势的基础上，做好战略定位，解决矿产资源规划中的关键问题、长远问题和全局问题。重点解决全国范围内矿产资源供需平衡问题，对开采规模结构、矿产品结构和进出口结构做出安排，对矿产资源勘查、开发利用在区域上的布局做出安排；运用政策工具，制定并管理好规划分区，科学设定矿产资源开采准入条件。规划的主要目标纳入全国国民经济与社会发展规划中实施。

省级矿产资源规划是以保障在规划期内全国和行政区国民经济和社会发展对矿产资源的需求为目标，对开采规模结构、矿产品结构和进出口结构做出安排，有效保护和合理利用矿产资源，保护矿山地质环境。根据本行政区矿产资源特点，对区域内矿产资源调查评价、勘查、保护和合理利用以及矿山地质环境保护等在时间和空间上进行安排，是省级人民政府及其国土资源行政主管部门依法对本行政区内矿产资源勘查、开发利用与保护进行宏观调控和监督管理的重要依据。其主要目标纳入省级国民经济与社会发展规划中实施。省级矿产资源规划服从全国矿产资源总体规划，贯彻落实全国矿产资源总体规划的目标和任务。

市级矿产资源总体规划具体落实上级矿产资源规划确定的目标和任务；对省（区、市）人大常委会制定的地方性法规规定由市级人民政府地质矿产主管部门审批并颁发采矿许可证的矿产资源的开发利用做出统筹安排；对所涉及的矿产资源保护及勘查、开发利用活动的调查、监测和监督做出统筹安排；对本行政区内矿山地质环境保护与恢复治理做出统筹安排；根据本区域内的资源特点、区位特点、基础设施条件、市场条件和经济社会发展的需要，科学合理地确定规划的目标、任务和实施措施。规划的主要目标纳入市级国民经济与社会发展规划中实施。

县级矿产资源总体规划在市级总体规划的基础上，对法律法规授权管理的矿产资源进行具体的规划，将各项规划任务在空间上、时间上、数量上和政策上加以最终落实；科学合理地划分各类规划区，进行矿业权设置方案的探索，将最低开采规模、“三率”指标和综合利用率指标等落实到具体的矿床、矿区或矿山。规划的主要目标纳入县级国民经济与社会发展规划中实施。

2.矿产资源区域规划的功能定位与主要任务

矿产资源区域规划是指以跨行政区的特定经济区域或某一具有特定含义的经济区域内的全部矿产资源为对象编制的规划，是国家级或省级总体规划在该区域内的进一步细化。区域规划一般包括国家级区域规划和省级区域规划（某一具有特定含义的经济区域的矿产资源规划可以隐含在国家级区域规划或省级区域规划中）。国家级区域规划是指以跨省（区、市）级行政区的特定经济区域为空间范围编制的规划；省级区域规划是指以省域内跨县级以上行政区的特定区域为空间范围编制的规划。

区域规划是矿产资源总体规划和专项规划在空间地域范围的展开，是在地域范围上进一步落实、更具操作性的规划，一般更注重空间布局，使经济社会与资源开发、环境保护协调发展。区域规划能从纵横双向协调总体规划和专项规划；与专项规划相比，区域规划还具有综合性、战略性和地域性的特征。

区域规划以区域总体规划、专项规划为基础，不仅将总体规划或上层区域规划的总体安排因地制宜地落实到具体区域，更通过区域矿业发展战略、发展重点、发展布局及发展政策，提出区域资源调控的目标和任务。

国家重点开发区域矿产资源规划主要解决以下问题：配合国家重点区域开发利用规划，如西部大开发规划、东北等老工业基地振兴规划等，制定区域国土资源开发利用总体思路、主要目标和重大任务，在时间和空间上落实上级规划目标和任务措施，提出配套重大工程和有关促进资源开发利用和保护的措施建议，为国家重点区域开发利用规划提供基础支撑。

四、完善矿产资源规划体系的措施

（一）实行矿产资源规划统一归口管理

各级、各类矿产资源规划的编制与实施是本级国土资源行政主管部门的职责，国土资源行政主管部门负责编制相关规划，其内设的矿产资源规划管理机构负责规划的综合协调、归口管理工作。各级矿产资源规划管理机构应当定期制订规划、编制计划，报上级国土资源行政主管部门同意后执行。

（二）不断充实、完善矿产资源规划内容

首轮矿产资源总体规划各层级编制、审批工作已经完成并付诸实施，已具有一定的经验，而矿产资源专项规划、区域规划还处于起步阶段。总体而言，建立统一协调的矿产资源规划体系还需要不断地实践。在做好第二轮矿产资源总体规划的基础上，做实专项规划和区域规划，做好总体规划的补充和落实工作。简化专项规划和区域规划，并逐步向统一的矿产资源总体规划靠拢，建立统一协调的矿产资源规划体系。当前，总体规划在突出战略性、宏观性和政策性的同时，需要进一步充实以下内容：一是充实促进空间均衡方面的内容；二是充实政府履行职责方面的内容；三是充实体制创新方面的内容；四是充实可检查和能评估的内容；等等。

（三）规范矿产资源规划的编制和审批

按照决策、执行和监督相协调的要求，加强对各级各类矿产资源规划编制和审批的统一管理，维护矿产资源规划的权威性和整体性。严格按照矿产资源规划有关管理办法，做好规划编制和审批工作。

总体规划应当由同级人民政府组织编制并发布实施，国土资源行政主管部门会同有关部门负责起草；各级国土资源行政主管部门可根据本地区资源特点和管理需要，按照《矿产资源规划管理暂行办法》的规定，有计划地组织编制相关专项规划和区域规划，不断完善规划体系。

规范矿产资源规划审批工作。省级矿产资源规划由国务院或国务院授权国土资源部会同有关部委负责审批；市、县级矿产资源规划由省级人民政府负责审批。国土资源行政主管部门内设的矿产资源规划管理机构承办审批的组织工作。

（四）强化矿产资源规划的实施、监督与评估

国土资源行政主管部门应当保障全国矿产资源规划在本行政区内贯彻实施，负责组织

实施同级矿产资源规划，并对下级矿产资源规划的实施进行监督管理。进一步加强对矿产资源规划执行情况的监督检查，及时纠正各种违反规划的行为。严格依照法律规定办事，以法的形式保障矿产资源规划的执行力度，维护规划的严肃性和权威性。编制矿产资源调查评价项目年度计划，必须以矿产资源规划为依据。探矿权、采矿权的设置、申请审批、招标、拍卖、挂牌出让和处置必须符合矿产资源规划，服从国家规划和产业政策的宏观指导和调控。建议矿产资源规划评估工作由各级人民政府的国土资源行政主管部门会同发展改革部门、环境保护部门联合开展完成，由国土资源行政主管部门内设的矿产资源规划管理机构具体负责组织实施工作。

（五）促进各级各类矿产资源规划之间的衔接

矿产资源规划是国家规划体系的重要组成部分。省、市、县级矿产资源总体规划以及专项规划、区域规划均是矿产资源规划体系的重要组成部分，是全国矿产资源规划得以全面实施的重要环节，也是所涉及行政区内矿产资源勘查、开发利用与矿山环境保护的重要依据。总体规划是专项规划和区域规划编制、实施的依据，专项规划和区域规划是对总体规划的延伸和细化。

要确立层次分明、功能清晰的矿产资源规划体系，建立各级、各类规划的衔接、协调机制，体现规划的系统性和协调性。下级矿产资源规划服从上级矿产资源规划，专项规划和区域规划服从总体规划；专项规划和区域规划作为一种详细规划或控制性规划，要体现总体规划的思路和要求，要在特定领域或特定区域对总体规划进行延伸和细化；矿产资源规划自上而下编制，下级矿产资源规划的编制必须以上级矿产资源规划为依据，并与上级相关规划相一致，与同级相关规划相衔接。相关行业规划要以矿产资源保障为重要基础，在发展方向和目标等方面要相互协调。

（六）加快矿产资源规划体系建设法制化进程

矿产资源规划是矿产资源勘查和开发利用的指导性文件，是依法审批矿产资源勘查、开采活动的重要依据，要严格按照规划的要求，强化实施措施，加强对矿产资源勘查和开发利用的监督管理。

要健全和完善适应社会主义市场经济要求的矿产资源法规体系，强化矿产资源规划的法律地位，进一步修改和完善矿产资源规划的部门规章和规范性文件。各级人民政府国土资源行政主管部门要加强矿产资源规划管理，认真履行职能，加强制度建设，健全规划实施机制，建立规划编制、审批和实施的领导责任制，规范各级各类规划的编制、审批、实施、监督程序。

（七）加强矿产资源规划基础工作

在编制规划过程中，要切实加强基础工作。强化矿产资源重大问题研究，超前深入调查研究矿产资源供需形势，开展矿产资源潜力评价，进行矿产资源规划分区等重大问题调查研究；做好首轮规划实施评估工作，总结经验，深刻剖析存在的问题，提出建议；充分利用国土资源调查评价等成果，严格核实资源储量、矿山企业开发利用、矿山生态环境保护与恢复治理等基础数据；加强各级规划信息系统建设，建立国家、省、市、县四级矿产资源规划数据库，提高管理水平，为社会公众提供信息服务；做好规划环境影响评价；推进实行规划编制资质管理制度，积极引导和促进社会公众参与，保证规划质量，提高规划管理人员的整体素质、政策水平和依法行政的能力，建设一支素质较高、相对稳定的规划编制和实施管理队伍，全面提高规划工作水平，促进各级矿产资源规划管理工作全面到位。

第五节　海洋资源规划体系

一、海洋功能区划

海洋功能区划是按各类海洋功能区的标准将某一海域划分为不同类型的海洋功能区单元的一项开发与管理的基础工作。海洋功能区是根据海域及相邻陆域的自然条件、环境状况和地理区位，并考虑到海洋开发利用现状和经济社会发展的需要而划定的具有特定主导功能，有利于资源的合理开发利用，能够发挥最佳效益的区域。

海洋功能区划的目的是根据区划区域的自然属性，结合社会需求，确定各功能区域的主导和功能顺序，为海洋管理部门对各海区的开发和保护进行管理和宏观指导提供依据，实现海洋资源的可持续开发和保护。

二、海洋经济发展规划

全国海洋经济发展规划涉及主要海洋产业有海洋渔业、海洋交通运输、海洋石油天然气、滨海旅游、海洋船舶、海盐及海洋化工、海水淡化及综合利用和海洋生物医药等；涉及的区域为我国的内水、领海、毗连区、专属经济区、大陆架以及我国管辖的其他海域

（未包括我国港、澳、台地区）和我国在国际海底区域的矿区。

三、海洋资源规划体系构想

重视海洋政策、海洋发展战略与规划已成为当前国际海洋综合管理的热点。综合考虑海洋事业发展的影响因素，科学构建海洋规划体系是提高海洋综合管理能力的关键，也是海洋经济快速健康发展的重要保障。鉴于我国缺失国家层次的海洋总体规划体系，以及现存的海洋规划体系尚不完善，本书借鉴相关研究，提出我国海洋资源规划的体系构想。

（一）海洋资源规划的体系

从规划内容来看，完善的海洋规划体系应该包括海洋资源的开发、利用与保护，海洋资源的总量调控和区域布局，海洋资源的节约与综合利用等内容，即涵盖了海洋经济发展、资源开发利用、生态环境保护的内容。从规划层次来看，海洋资源规划体系包括三级三类规划管理体系，按照行政层级分为国家级规划、省（区、市）级规划、市县级规划；按对象和功能类别分为总体规划、专项规划和区域规划。

国家级海洋资源总体规划是国家层次的海洋资源规划，是海洋资源开发利用与保护的战略性、纲领性和综合性规划，是编制本级和下级专项规划、区域规划及制定有关政策和年度计划的依据，其他规划要符合总体规划的要求。省（区、市）级、市县级海洋资源规划是沿海各级地方政府海洋资源开发利用与保护的规划。

专项规划是就海洋资源开发利用、海洋生态环境保护与监测、海岸带社会经济发展等领域内某一专题进行规划布局，以达到科学开展海洋开发、利用与保护工作的目的。

区域规划是以跨行政区的特定区域国民经济和社会发展为对象编制的规划，是总体规划在特定区域的细化和落实。跨省（区、市）的区域规划是编制区域内省（区、市）级总体规划、专项规划的依据。全国重点开展的是渤海、黄海、东海及南海几个大的海域，以及环渤海等一些海域的规划。

（二）各级、各类海洋资源规划的功能

1.海洋资源总体规划

海洋资源总体规划是海洋开发利用与保护的纲领性文件，是加强宏观调控、实施海洋资源有序开发和合理利用的前提，是实行“蓝色国土战略”、建设海洋强国的基本手段。

全国海洋资源规划要突出战略性、宏观性、指导性和政策性，要贯彻国家战略意图，做好战略定位，解决规划中的关键问题、长远问题和全局问题；要体现国家宏观调控的要求，提出规划期间全国海洋资源开发利用的战略目标和部署，提出海洋产业结构调整

和布局的方向，合理安排海洋区域开发布局，开展海洋资源的综合利用，进行海洋国土整治和环境保护，并提出实施规划的政策和措施。

省级海洋资源总体规划要体现国家、本省（区、市）宏观调控的要求，根据本省（区、市）海洋资源开发利用与保护的实际，提出本省（区、市）海洋资源相应的发展规划。省级海洋资源规划服从全国海洋资源总体规划，贯彻落实全国海洋资源总体规划的目标和任务。

市、县级海洋资源总体规划要突出指导性、实施性和操作性，根据省级海洋资源规划和本市、县实际，提出本市、县海洋资源相应的发展规划。市、县级海洋资源规划服从省级海洋资源总体规划，贯彻落实省级海洋资源总体规划的目标和任务。

2.海洋资源专项规划

海洋资源专项规划的内容应当突出重点，有较强的针对性，目标明确具体，措施得力，具有实施性和操作性。在专项规划中：资源开发利用类包括海域使用规划、海洋空间利用规划、海城资源开发与利用规划、海岛开发与建设总体规划等专题；海洋生态环境保护类专项规划包括海洋资源保护规划、海洋生态环境保护规划、海洋自然保护区建设规划、海洋防灾减灾总体规划、海洋监测体系建设规划等；海洋社会经济发展类专项规划包括海洋经济发展规划、海岸带建设总体规划、海洋工程建设与管理规划、海洋科技发展规划、海洋开发战略发展规划等。

3.海洋资源区域规划

海洋资源区域规划是海洋资源总体规划和专项规划在空间地域范围的展开，是在地域范围上进一步落实得更具操作性的规划，更注重空间布局，解决经济社会与资源开发、环境保护协调发展。国家重点开发区域海洋资源规划主要解决以下问题：制定区域海洋资源开发利用总体思路、主要目标和重大任务，在时间和空间上落实上级规划目标和任务措施，提出配套重大工程和有关促进海洋资源开发利用和保护的措施建议，为国家重点区域开发利用规划提供基础支撑，如环渤海区域海洋资源规划、北海区海洋开发规划等。海洋资源区域规划要遵循广义的生态可持续的海洋利用原则和其他的政策指导原则，以便使海洋规划可以更有效地规范管理海洋的使用和活动，解决用海的矛盾冲突及规划远期使用的关系。

（三）加快构建海洋规划体系的措施

积极开展全国海洋资源规划体系框架研究，研究开展各专项规划的必要性，确立海洋资源规划编制的原则和程序，拟定海洋规划编制办法，用以指导海洋资源规划的编制工作。

加强海洋资源规划的法律法规配套建设。尽快开展海洋资源规划法律法规制定的研究与制定，以减少因权属不明、政府交叉管理等问题造成的海洋资源破坏与浪费。

建立海洋资源规划的公众参与机制。海洋资源规划对象的广泛性和复杂性，是建立海洋规划公众参与机制的客观要求。应建立专门的海洋资源规划信息发布平台，向公众公开各级各类海洋资源规划在前期论证、编制、专家评审、规划落实等各个阶段的工作情况，接受社会各方面的意见、建议与监督。

明确海洋资源规划的实施监督检查机制，抓好落实。进一步明确海洋资源规划的实施监督机制，并定期对规划落实情况进行检查，根据实际情况及时出台相关措施，按期完成规划目标。进一步规范管理海洋资源规划。应由海洋行政主管部门牵头，成立专门的海洋资源规划管理机构，统一规范管理海洋资源规划的全部工作。

第八章　国土空间规划技术研究

第一节　国土空间规划技术路径试点分析

从市县“多规合一”到省级空间规划，我国经过了较长的空间规划探索阶段，各个阶段在当时背景下，针对面临的实际问题，均形成了一定的经验模式。本章重点分析2014年市县级“多规合一”试点和2016年底的省级空间规划试点的成果，总结试点地区经验教训与技术路径。

一、“多规合一”试点技术路径

2014年8月，国家发展改革委、国土部、环保部、住建部四部委联合下发《关于开展市县“多规合一”试点工作的通知》，明确了开展试点的主要任务及措施，并提出在全国28个市县开展“多规合一”试点。各试点市县重点通过试点工作，探索经济社会发展规划、城乡规划、土地利用规划、生态环境保护规划等规划“多规合一”的具体思路，研究提出可复制、可推广的试点方案，形成各市县“一本规划、一张蓝图”，同时探索完善市县空间规划体系，建立相关衔接机制。

（一）技术路径

1.理念思路

当时开展市县“多规合一”试点的理念认识和出发点更多的是侧重解决市县规划自成体系、内容冲突、缺乏衔接等突出问题，保证市县规划有效实施；强化政府空间管控能力，实现国土空间集约、高效、可持续利用；改革政府规划体制，建立统一衔接功能互补、相互协调的空间规划体系，最终实现“一张蓝图”干到底。

2.技术路线

经统计，因各地具体情况不同，主导“多规合一”的部门不同，工作思路不同，在同样的目标和理念下，28个“多规合一”市县试点技术路径各有差异。但总体上“多规合一”的技术路径可以概括为：

第一，梳理规划，摸清差异。全面分析现有城乡规划、土地利用总体规划、国民经济和社会发展规划、环境保护规划等各类规划之间差异，找出差异原因，同时会同各部门制定规划差异协调处理办法，进行矛盾处理。

第二，战略研究，明确目标。分析区域发展现状，研究全城发展定位、发展战略，明确发展目标。

第三，划定边界，形成蓝图。划定生态保护红线、永久基本农田、建设用地规模控制线基础设施廊道控制线、文物古迹保护线等，形成了全域覆盖的“一张蓝图”。

第四，搭建平台，智慧管理。搭建一个信息管理平台，进行规划管理、用地报批项目审批等，实现智慧管理。

3.具体路径

“多规合一”具体路径主要分为以下几个方面：

第一步：进行前期准备。明确工作思路确定工作目标和计划，制订编制方案，以国土、发改、住建、环保、林业等部门为重点，进行全面调研和资料收集，通过部门访谈、现场踏勘等方式，全面了解市县基本情况及部门管理情况。

第二步：统一数据标准。针对多规差异的主要特征，统一规划数据标准编制年限、目标指标基准参数等，形成各类控制线划定标准，制定差异准则，明确市县“多规合一”的技术要求和标准。

第三步：进行多规差异分析。全面分析对比各领域各类规划，找出经济社会发展、土地利用、城乡建设环境保护、林业发展等规制，在发展定位、规划目标用地规模、空间布局、空间管控等方面的差异，分析造成差异的原因，并制定差异协调处理办法。

第四步：开展专题研究。开展现行规划对比，分析生态保护红线，划定人口与建设用地规模、经济社会发展总体思路、产业发展布局、基础设施廊道建设、文化旅游、生态环境保护等专题研究。

第五步：进行控制线划定。落实生态用地布局，划定生态保护的红线；落实耕地和基本农田保护线，落实城市用地规模布局，划定城镇建设控制边界和开发边界；落实产地基本农田保护布局，划定产业开发边界；落实基础设施布局，形成统一的区域基础设施布局体系；落实文物遗迹，划定文物保护线等。

第六步：绘制一张蓝图。研究统一的用地分类标准，建立统一的规划用地分类体系，将城乡规划、土地利用规划、环境保护规划、林业规划、水利规划、电力规划等“多规”所涉及用地边界、性质等融合到统一的图上，结合城乡规划、土地利用规划等规划差异协调处理结果，最终确定市（县）城土地唯一的用地属性，形成一张蓝图。

第七步：编制一本规划。编制覆盖全域的国土空间发展战略规划，明确国土空间总体格局、经济社会发展策略，城镇化布局范围及边界、产业发展空间布局及基础设施布局等，并提出保障规划顺利实施的配套措施。

第八步：搭建信息管理平台。以“多规合一”数据库为基础，系统整合分层次各行业规划和基础地理信息、用地现状信息等，形成具备动态更新机制，共享共用的“多规合一”业务平台。

（二）“多规合一”成果

通过分析，各试点市县在“多规合一”探索过程中既有共识，又有差异化内容。

1.差异情况

由于缺乏国家统一的技术导则约束，各试点市县“多规合一”成果内容各不相同，但各试点市县以自身情况为依据，均形成了具有地方特色的成果内容。如开化县形成了“一套规划体系（1+3+X）、一张空间布局蓝图、一套基础数据、一套技术标准、一个规划信息管理平台、一套规划管理机制”的成果体系；榆林市形成了“一本规划、一张图纸、一个平台、一套机制”的成果体系；厦门市则形成“一张蓝图、一个信息平台、一张表格、一套运行机制”的“四个一”成果体系等。

2.共识方面

一是各试点市县依据自身情况形成了一套技术标准，在探索过程中，均比较重视对基础数据规划期限、坐标系、用地分类、工作流程和内容、控制线体系等技术方法的规范和衔接：二是均进行了城乡规划、土地利用规划等规划之间的“多规”差异分析，并提出了协调差异的处理办法，最终形成了“一张蓝图”；三是划定了生态保护红线、永久基本农田保护线及城镇开发边界；四是搭建了一个信息管理平台，实现智慧管理。

（三）经验与不足

1.经验

“多规合一”阶段，总体技术路径符合当时实际情况，工作全面分析了各类规划之间的问题，运用GIS现代地理信息技术，进行“多规”叠加，找出了各类规划之间的矛盾冲突问题，为“一张蓝图”形成奠定了基础，其思路框架技术体系趋于成熟，能有效并快速找到市县实际问题。

2.不足

“多规合一”技术路径更多基于各类规划现状，对于规划本身是否合理考虑不足，

“多规”内容涵盖国民经济和社会发展等发展类规划，规划体系较为杂乱；对国土空间本底条件关注不够，没有从全域角度分析国土空间适宜性，因此成果具有局限性。

就试点情况而言，试点有一定的成效，但也存在很多问题：

（1）试点经验难以推广。各部委均以各自负责的空间规划为主，进行“多规合一”的试点，导致规划的标准和流程无法统一。

（2）技术路径存在缺陷。由于对空间研究分析谋划不足，过于迁就现状，导致现状的不合理性延续。

（3）“一张蓝图”难以形成。从理论上能合一形成一张图，但由于技术标准差异、法律地位缺失等问题，难以形成真正的一张图，往往是组合一张图。

（4）协调难度大。很多矛盾冲突涉及历史问题和背后法制机制问题，导致工作陷入了僵局。

二、空间规划技术路径

2016年12月，中办、国办印发《省级空间规划试点方案》，要求各地区深化规划制度改革创新，建立健全统一衔接的空间规划体系，提升国家国土空间治理能力和效率。同时将吉林、浙江、福建、江西、河南、广西、贵州等省（区）纳入试点范围，至此，形成了省级空间规划试点。《省级空间规划试点方案》明确了，要贯彻落实党的十八届五中全会关于以主体功能区规划为基础，统筹各类空间性规划，推进“多规合一”的战略部署，实行规划体制改革创新，建立健全统一衔接的空间规划体系，提升国家国土空间网络治理能力和效率。

（一）技术路径

1.理念思路

根据《省级空间规划试点方案》要求，空间规划避免过度涉及技术细节，从宏观、全局的角度，严格按照中央关于“以主体功能区规划为基础，统筹各类空间性规划，推进‘多规合一’”的要求，科学设计了“先布棋盘，后落棋子”的技术路线。“先布棋盘”：以主体功能区规划为基础，开展基础评价，划定“三区三线”（生态空间、农业空间、城镇空间和生态保护红线、永久基本农田、城镇开发边界），构建一个区域的空间管控底图，形成空间管控基本格局。“后落棋子”：以空间规划“三区三线”底图为基础，系统叠加其他各类空间性规划核心内容，形成“一张蓝图”，实现国土空间内各种规划的衔接、协调和统一。

2.技术路线

空间规划总体技术路径可以总结为“四步走”：一是依据主体功能区规划要求，开展全覆盖的资源环境承载能力评价和国土空间开发适宜性评价，按照基础评价结果和开发强度控制要求，科学划定生态空间、“城镇空间”、农业空间，生态保护红线、永久基本农田和城镇开发边界，形成空间规划底图。二是在空间规划底图上叠加生态保护层、城镇建设层、产业发展层、乡村建设层、基础设施层等，形成空间布局总图。在空间布局总图基础上，系统整合各类空间性规划核心内容，编制空间规划。三是整合各部门现有空间管控信息管理平台，搭建基础数据目标指标、空间坐标技术规范统一衔接，共享的空间规划信息管理平台。四是通过研究提出规划管理体制机制改革创新和相关法律法规立改废的具体建议，推进空间规划在区域发挥更好的引领和管控作用。

3.具体路径

第一步：工作部署。针对市县实际情况，制订国土空间规划工作方案，明确工作目标、工作范围、总体思路、工作内容、职责分工进度安排、实施保障及实施步骤等内容，以规范并保障空间规划编制工作的顺利实施。

第二步：部门调研。以国土、发展和改革住建、环保、林业、农业、水利、交通、电力等部门为重点，进行全面调研，通过部门现场访谈方式，了解市县国土空间本底条件，并掌握市县国土空间规划开展情况及部门管理情况。

第三步：统一规划基础。统一规划期限，市县国土空间规划期限设定为2030年，统一基础数据，完成各类空间基础数据坐标转换、建立空间基础数据库；统一用地分类，系统整合《土地利用现状分类》《城市用地分类与规划建设用地标准》等，形成空间规划用地分类。统一目标指标，综合各类空间性规划核心管控要求，科学设计空间规划目标指标体系。

第四步：开展基础研究。基于市县实际，进行国土现状分析、经济社会发展研究、产业发展与布局研究、国土空间发展战略研究等基础分析；进行建设用地规模分析、开发建设强度分析、文物保护与旅游发展、基础设施廊道建设、环境保护等专项研究，为空间规划开展提供基础依据。

第五步：进行底图编制。依据《空间规划底图编制技术规范》，收集市县全城和相邻县区的国土调查成果、基础测绘成果，以及规划、各类保护区、经济、人口等资料；以国土调查成果和地理空间基础数据为基础，综合集成人口、经济、空间开发负面清单、行业数据等资料，进行数据预处理、数据分类与提取、外业核查、数据整合集成等，形成统一的空间规划数字工作底图。

第六步：开展基础评价。开展全城覆盖的资源环境承载能力评价和针对不同主体功能定位的差异化专项评价，划定资源环境承载力综合等级和专项评价结果等级，开展国土空间开发适宜性评价，确定全域空间建设开发适宜性评价结果等级。基础评价为国土空间规划开展奠定基础。

第七步：划定“三区三线”。以基础评价为依据，综合考虑市县经济社会发展、产业布局、人口聚集度，以及永久基本农田、各类自然保护区、重点生态功能区、生态环境敏感区和脆弱区保护等底线要求，科学测算城镇、农业、生态三类空间比例和国土空间开发强度指标，同时划定生态保护红线、永久基本农田及城镇开发边界。以“三区三线”为载体，合理整合协调各部门空间管控手段，绘制形成国土空间规划底图。

第八步：构建“一张蓝图”。以空间规划底图为基础，按照“先网络层，后应用层”的顺序，将重大基础设施、城镇建设、乡村发展、生态保护、产业发展、公共服务、文物古迹等专项空间规划要素落入底图，形成有机整合的空间规划布局总图。

在空间布局总图的基础上，系统整合城乡规划、林业规划、交通规划、水利规划等各类空间性规划核心内容，进行土地利用结构和布局调整，划定生态用地，耕地、基本农田、基础设施城乡建设农业生产等用地，最终确定各类土地规划属性，形成国土“一张蓝图”。

第九步：建设业务平台。

（1）构建数据库

以市县现有的地理信息数据为支撑，以现有编制成果为基础，整合发改、国土环保、林业等部门的空间数据，构建空间规划基础地理信息数据库、规划编制成果数据库相关业务审批数据库和其他相关资料数据库。数据库图层组织和格式应该以CGCS2000坐标系为准，采用ArcGIS shp的格式管理。

（2）建设业务平台

按照“以数据为核心、以集成为重点、以共享为前提、以应用为目标、以服务为宗旨”的设计思路，坚持标准化、便捷化、精准化和协同化原则，紧紧围绕国土空间规划技术路线，以“规划管理更直观、空间管控更精准、政务服务更高效”为总体要求，建设集“规划分析、智能评价、规划编制、规划管理、规划应用”等功能于一体的国土空间规划信息平台。

（二）空间规划成果

《省级空间规划试点方案》是在市县“多规合一”试点工作基础上提出的，省级空间规划工作以此为指导，其工作思路清晰试点目标明确，因此各省空间规划成果内容也基本一致。主要包含“2+5”的成果体系，“2”即双评价：资源环境承载能力评价和国土空间开发适宜性评价；“5”即“五个一”：一套研究报告、一本规划、一张蓝图、一个平台、一套机制。

（三）经验与不足

1.经验

空间规划总体技术路径吸纳了“多规合一”的优点，同时规避了缺点。空间规划认识到了“多规”矛盾的根源问题，从顶层设计出发，技术上首先统一了规划期限、坐标数据、基础数据、管控分区、技术标准等规划基础，为空间规划开展奠定了基础；其次，技术路径上避免过度涉及技术细节问题，从宏观、全局角度出发，以主体功能区规划为基础，摸清国土空间本底条件，开展资源环境承载能力评价和国土空间开发适宜性评价，划定“三区三线”，科学绘制了空间规划底图，为统筹各类空间性规划构建基础框架；最后，采用“先布棋盘、后落棋子”的技术路线推进“多规合一”，与直接从现有规划成果出发、叠加比对形成空间布局图的做法相比，更具有科学性和合理性。

2.不足

首先，空间规划过于注重宏观、注重战略和顶层设计，比较理想，对于实际差异问题考虑不足。从目前的情形来看，空间规划的试点工作难度很大。其次，空间技术上虽能够实现各类基础数据统一，但由于体制机制法律地位等问题，空间规划用地分类、目标指标管控分区等实际较难统一。最后，采用“先布棋盘、后落棋子”的技术路径站位较高，方法科学，但技术衔接上难度较大（如基础评价工作与“三区三线”划定的衔接），用途管制层面难以落地。

三、技术路径总结

“多规合一”试点阶段，28个试点市县均按照要求形成了“一个市县、一本规划、一张蓝图”，探索完善了市县空间规划体系、标准体系等，建立了相关规划的衔接协调机制，部分试点市县还建立了信息管理平台，实现了数字化管理。但由于受不同部委委托，未能形成完整的全域空间规划体系架构。

省级空间规划试点阶段，总结了“多规合一”的经验，从顶层设计、空间规划体系构建、信息化建设、规划管理体制机制改革创新等方面进行了全面探索，科学设计了“先布棋盘、后落棋子”的空间规划技术路径，为国土空间规划体系的建立奠定了坚实的基础，为下一步国土空间规划技术体系的建立指明了方向。

第二节　国土空间规划技术路径确立

从市县“多规合一”到省级空间规划，再到当前的国土空间规划，我国国土空间规划技术体系经过10余年的探索已经摸索出了较为成熟的路径。随着国家改革方案落地，以及国家相应政策文件的指导，国土空间规划国家标准体系也将形成，指导全国国土空间规划的开展。

一、国土空间规划新形势

（一）机构改革

2018年3月，中共中央印发的《深化党和国家机构改革方案》明确将国土部的职责、住建部城乡规划管理职责、国家发展和改革委组织编制主体功能区规划职责等整合，组建自然资源部，统一行使全民所有自然资源资产所有者职责，统一行使所有国土空间用途管制和生态保护修复职责，着力解决自然资源所有者不到位、空间规划重叠等问题。

至此，经历10余年的探索，4年多的正式试点，国家机构改革方案落地，自然资源部正式成立，空间规划体制改革，“多规合一”试点任务基本完成，为全面开展国土空间规划，构建国土空间规划体系，加强用途管制，建立健全国土空间开发保护制度探索了路径、积累了经验，奠定了坚实的基础。

自然资源部成立后，“多规合一”体制问题得以解决，在新的制度框架下，重构统一的国家空间规划治理体系成为当务之急。随之而来的国土空间规划技术路径也将随着新的空间规划体制改革而发生变化。

（二）政策文件

1.《关于统一规划体系更好发挥国家发展规划战略导向作用的意见》

为加快统一规划体系建设，构建发展规划与财政、金融等政策协调机制，更好发挥国家发展规划战略导向作用，2018年11月18日，中共中央、国务院发布《关于统一规划体系更好发挥国家发展规划战略导向作用的意见》（中发〔2018〕44号），要求牢固树立新发展理念，落实高质量发展要求，理顺规划关系，统一规划体系，完善规划管理，提高规划质量，强化政策协同，健全实施机制，加快建立制度健全、科学规范、运行有效的规划体制，更好发挥国家发展规划的战略导向作用。

具体内容为：一是立足新形势、新任务、新要求，明确各类规划功能定位，理顺国家发展规划和国家级专项规划、区域规划、空间规划的相互关系，避免交叉重复和矛盾冲突。二是坚持下位规划服从上位规划、下级规划服务上级规划等位规划相互协调，建立以国家发展规划为统领，以空间规划为基础，以专项规划区域规划为支撑，由国家、省、市县各级规划共同组成，定位准确、边界清晰、功能互补、统一衔接的国家规划体系。三是强化国家级空间规划在空间开发保护方面的基础和平台功能，为国家发展规划确定的重大战略任务落地实施提供空间保障，对其他规划提出的基础设施城镇建设、资源能源、生态环保等开发保护活动提供指导和约束。

《关于统一规划体系更好发挥国家发展规划战略导向作用的意见》的出台基本明确了我国规划体系的基本内容以及国土空间规划在国家规划体系中的地位，也为国土空间规划编制指明了方向，使得空间规划技术路径更加清晰。国土空间规划是基础性规划，要依据发展规划制订，既要加强与国家级专项规划、区域规划、空间规划的衔接，形成全国“一盘棋”，又要因地制宜，符合地方实际，突出特色。

2.《关于建立国土空间规划体系并监督实施的若干意见》

2019年5月9日，中共中央、国务院印发《关于建立国土空间规划体系并监督实施的若干意见》（中发〔2019〕18号，以下简称《若干意见》），明确到2020年，我国基本建立国土空间规划体系，逐步建立“多规合一”的规划编制审批体系、实施监督体系、法规政策体系和技术标准体系；基本完成市县以上各级国土空间总体规划编制，初步形成全国国土空间开发保护“一张蓝图”。到2025年，健全国土空间规划法规政策和技术标准体系；全面实施国土空间监测预警和绩效考核机制；形成以国土空间规划为基础，以统一用途管制为手段的国土空间开发保护制度。到2035年，全面提升国土空间治理体系和治理能力现代化水平，基本形成生产空间集约高效、生活空间宜居适度、生态空间山清水秀，安全和谐、富有竞争力和可持续发展的国土空间格局。

依据《若干意见》，我国将形成国家、省、市县级国土空间规划。全国国土空间规划是对全国国土空间做出的全局安排，是全国国土空间保护、开发、利用、修复的政策和总纲，侧重战略性。省级国土空间规划是对全国国土空间规划的落实，指导市县国土空间规划编制，侧重协调性。市县和乡镇国土空间规划是本级政府对上级国土空间规划要求的细化落实，是对本行政区域开发保护做出的具体安排，侧重实施性。

同时，《若干意见》还提出要高质量编制空间规划。一是体现战略性。自上而下编制各级国土空间规划，对空间发展做出战略性和系统性安排。落实国家安全战略、区域协调发展战略和主体功能区战略，明确空间发展目标，优化城镇化格局、农业生产格局、生态保护格局，确定空间发展策略转变国土空间开发保护方式，提升国土空间开发保护质量和效率。二是提高科学性。坚持生态优先绿色发展，尊重自然规律、经济规律、社会规律和城乡发展规律，因地制宜开展规划编制工作；坚持节约优先、保护优先、自然恢复为主的方针，在资源环境承载能力和国土空间开发适宜性评价的基础上，科学有序统筹布局生态、农业、城镇等功能空间，划定生态保护红线、永久基本农田、城镇开发边界等空间管控边界以及各类海域保护线，强化底线约束，为可持续发展预留空间。坚持山水林田湖草生命共同体理念，加强生态环境分区管治，量水而行，保护生态屏障，构建生态廊道和生态网络，推进生态系统保护和修复，依法开展环境影响评价。坚持陆海统筹、区域协调、城乡融合，优化国土空间结构和布局，统筹地上地下空间综合利用，着力完善交通、水利等基础设施和公共服务设施延续历史文脉，加强风貌管控，突出地域特色。坚持上下结合、社会协同，完善公众参与制度，发挥不同领域专家的作用。运用城市设计、乡村营造、大数据等手段，改进规划方法，提高规划编制水平。三是加强协调性。强化国家发展规划的统领作用，强化国土空间规划的基础作用。国土空间总体规划要统筹和综合平衡各相关专项领域的空间需求。详细规划要依据批准的国土空间总体规划进行编制和修改。相关专项规划要遵循国土空间总体规划，不得违背总体规划强制性内容，其主要内容要纳入详细规划。四是注重操作性。按照谁组织编制、谁负责实施的原则，明确各级各类国土空间规划编制和管理的要点。

《若干意见》关于国土空间规划体系建立作了详细的说明，并明确了开展国土空间规划的编制主要任务：要落实国家战略定位，明确空间发展目标；优化国土空间格局，开展资源环境承载能力评价和国土空间开发适宜性评价，划定生态保护红线、永久基本农田、城镇开发边界等空间管控边界。《若干意见》的发布，标志着国土空间规划体系顶层设计和“四梁八柱”基本形成。

二、国土空间规划技术体系构建

《若干意见》明确了我国将建立新的国土空间规划体系，国土空间规划体系分为四个子体系：规划编制审批体系、规划实施监督体系、法规政策体系、技术标准体系。国土空间规划的技术标准体系构建是规划从业者今后的重点工作，也是当前急需解决的重点任务之一。以下将重点研究国土空间规划技术体系的主要内容。

（一）总体考虑

国土空间规划技术体系是以生态文明为顶层设计，以《中共中央 国务院关于统一规划体系更好发挥国家发展规划战略导向作用的意见》（中发〔2018〕44号）、《中共中央 国务院关于建立国土空间规划体系并监督的实施意见》（中发〔2019〕18号）以及其他政策文件为指导，在总结了市县“多规合一”试点和省级空间规划试点经验，以及继承主体功能区规划城乡规划等原有规划编制技术路径的基础上提出来的。因此，国土空间规划技术体系是多方研究成果的集成，是各方智慧的融合。

（二）指导思想

以习近平新时代中国特色社会主义思想为指导，全面贯彻党的十九大和十九届三中全会精神。落实新发展理念，统筹推进“五位一体”，总体布局，协调推进“四个全面”战略布局，以绿色发展和高质量发展为主线，坚持以人民为中心、坚持可持续发展、坚持从实际出发、坚持依法行政，发挥国土空间规划在规划体系中的基础性作用，在国土开发保护领域的刚性控制作用，以及对专项规划和区域规划的指导约束作用，体现战略性、提高科学性、强化权威性、加强协调性、注重操作性，加强统筹协调性，兼顾开发与保护，注重规划的传导落实，为实现“两个一百年”奋斗目标营造高效、有序的空间秩序和山清水秀的美丽国土。

（三）总体思路

按照国土空间规划体系，遵循上位规划、落实上级规划，“能用、管用、好用”的规划要求，坚持“战略引领、空间优化，统一分类、分层传导、对应事权、分级管控”的理念，以“双评价”为基础，以国土空间总体规划为统领，以专项规划和详细规划为支撑，以国土空间用途管制为重点，以信息平台为保障，以主导功能定位划定规划分区，建立国土空间用途分区分类分级管制体系，落实重大空间布局，统筹各类资源要素配置，优化国土空间格局，整合形成“多规合一”的国土空间规划，促进区域可持续发展。

（四）主要任务

综上所述，国土空间主要任务可概括为战略定位、优化格局、要素配置、空间整治、实施策略五部分。

1.落实战略定位

衔接国家省级空间规划发展规划等上层次相关规划，科学研判当地经济社会发展趋势、国土空间开发保护现状问题和挑战，明确空间发展目标和发展愿景，确定各项指导性、约束性指标和管控要求。

2.优化空间格局

开展资源环境承载能力评价和国土空间开发适宜性评价，根据主体功能定位，确定全域国土空间规划分区及准入规则，划定永久基本农田、生态保护红线和城镇开发边界三条控制线，明确管控要求，优化全域空间结构、功能布局，完善城乡居民点体系，明确基础设施产业布局要求。

3.进行要素配置

按照国土空间总体布局，实行全域全要素规划管理，统筹耕地、林地、草地、海洋、矿产等各类要素布局；保护生态廊道，延续历史文脉加强风貌管理，统筹重大基础设施和公共服务设施配置，改善人居环境，提升空间品质。

4.实施空间整治

明确国土空间生态修复的目标任务和重点区域，安排国土综合整治和生态保护修复重点工程的规模、布局和时序，明确各类自然保护地范围边界，提出生态保护修复要求，提高生态空间完整性和网络化。

5.制定实施策略

分解落实国土空间规划主要目标任务，明确规划措施，健全实施传导机制。结合规划部署，制订近期建设规划及重大项目的实施计划，合理把握规划实施时序。

（五）技术路径

总体技术路径分为四步走：布底图、落用途、严管控和强保障。

1.布底图

（1）完成技术准备

针对实际情况，制订国土空间规划工作方案，明确工作目标、工作范围、工作内容、职责分工、进度安排、实施步骤等内容，以规范并保障空间规划编制工作的顺利实施。

以自然资源、发改、环保、林业、农业、水利、交通等部门为重点，进行全面调研，通过部门访谈、现场踏勘等方式，了解国土空间本底条件；收集测绘资料、各类规划资料、经济人口以及人文历史等其他方面的基础资料。

（2）开展专题研究

基于市县实际，开展国土现状分析、经济社会发展研究、产业发展与布局研究、国土空间发展战略研究等基础研究；开展资源保护、土地集约节约利用、基础设施廊道建设、国土综合整治与生态修复乡村振兴等专项研究，为国土空间规划开展提供支撑。

（3）绘制一张底图

收集全域和相邻县区第三次全国国土调查（以下简称“国土三调”）成果、基础测绘成果，以及规划、各类保护区、经济、人口等资料；以“国土三调”成果为基础，以地理国情普查数据为补充，综合集成人口、经济、空间开发负面清单、行业数据等资料，进行数据预处理、数据分类与提取、外业核查数据整合集成等，形成统一的国土空间规划底图底数。

（4）实施双评估

规划实施评估：全面评估现行城乡规划、土地利用规划及海洋功能区划的实施情况，总结成效分析问题明确本次规划的重点，提出国土空间开发保护格局优化的建议。

国土空间开发保护现状评估：科学评判国土安全、气候安全、生态环境安全、粮食安全、水安全、能源安全等对市县带来的潜在风险和隐患，提出规划应对措施。

（5）开展双评价

开展全域覆盖的资源环境承载能力评价和国土空间开发适宜性评价，通过评价识别资源环境承载能力和关键限制因素分析国土空间开发潜力，在“三条控制线”统筹划定国土开发保护格局，确定国土空间用途，管制国土整治与生态修复安排等方面，为规划方案提供技术与策略支撑。

2.落用途

（1）研究空间战略

分析国家、省发展政策，以国家省级空间规划、发展规划为引领，科学研判市县经济社会发展趋势、国土空间开发保护现状问题和挑战，提出市县国土空间发展战略，提出战略定位、战略目标，确定各项指导性、约束性指标和管控要求。

（2）优化空间格局

以规划评估、评价分析为基础，结合国土空间开发保护战略与目标，立足市县域自然资源本底，构建国土空间开发保护总体格局，提出宏观的开发保护总格局、区域协调格局、城乡空间结构产业发展、乡村振兴等重大格局。

（3）划定“三条控制线”

严格落实省级国土空间规划相关要求，划定生态保护红线、永久基本农田和城镇开发边界三条控制线，统筹优化“三条控制线”等空间管控边界，制定空间管控措施，合理控制整体开发强度。

（4）划定规划分区

以基础评价为依据，根据市县主体功能定位，划定生态保护、永久基本农田保护、城镇发展、农村农业发展、海洋发展等规划基本分区，明确各分区的管控目标政策导向和准入规则。

（5）进行要素配置

按照国土空间总体布局，实行全域全要素规划管理，统筹耕地、林地、草地、海洋、矿产等各类要素布局，科学确定水、土地、能源等各类自然资源保护的约束性指标；保护生态廊道，延续历史文脉，加强风貌管理，统筹重大基础设施和公共服务设施配置，改善人居环境，提升空间品质。

（6）落实用途管控

建立“全域片区—单元”三个层面管控体系，明确各层面管控要素、管控重点和管控要求；制定全域管控规则，确定约束性指标。

3.严管控

搭建业务平台：以自然资源调查监测数据为基础，采用国家统一的测绘基准和测绘系统，整合各类空间关联数据，建立国土空间基础信息平台，实现集规划分析、智能评价、规划编制、规划管理、规划应用等于一体，提高行政审批与管理效率。

4.强保障

建立一套机制：依托国土空间基础信息平台，建立健全国土空间规划动态监测评估预警和实施监管机制，健全资源环境承载能力监测预警长效机制，建立国土空间规划定期评估机制，结合国民经济社会发展实际和规划定期评估结果，对国土空间规划进行动态调整完善。

（六）国土空间规划成果内容

国土空间规划成果最终以《国土空间总体规划》展现，内容包含规划文本、图件、附件、数据库和信息平台，其中附件包括规划说明书、专题研究、其他材料等。

1.规划文本

（1）总则

阐述规划定位范围期限编制原则等。

（2）战略、目标与指标

明确国土空间规划指导思想基本原则，制定国土空间发展定位发展战略、发展目标及指标体系。

（3）国土空间格局

明确国土空间总体结构和格局，制定国土空间规划分区和用途管制规则。确定城乡居民点体系安排、农业发展布局、自然保护地体系规划、历史人文体系设想、能源矿产布局，以及公共服务设施、基础设施、减灾防灾设施配置要求。

（4）土地利用规划

明确土地利用结构、数量，山水林田湖草等在土地上的安排，存量建设用地再开发安排，中心城区土地利用控制等。

（5）城镇功能结构

布局城镇开发边界内部功能，明确公共服务设施建设标准和布局要求，构建社区生活圈，确定地下空间规划建设标准和布局要求。

（6）陆海统筹

统筹协调陆海空间，合理安排功能分区与用途分类。

（7）乡村振兴

合理配置公共资源，明确目标任务，分类引导乡村地区发展。

（8）国土空间生态修复

确定各类综合整治和生态修复的重点区域、目标与布局安排，重点工程。

（9）综合交通体系

明确全域交通体系建设目标和模式，合理布局综合交通网络和枢纽体系。明确中心城区综合交通枢纽的功能布局与用地规模，交通干线道路、场站规划布局和用地控制要求。

（10）城市历史文化与风貌保护

确定全域历史文化遗产保护整体框架、保护目标和保护重点，明确保护范围和要求。确定中心城区总体风貌定位，城市设计重点控制区等内容。

（11）城市安全与重大市政基础设施

提出全域重大市政基础设施的布局和管控要求。确定中心城区各类设施的建设规模、标准、重大设施布局，明确廊道控制要求、地下综合管廊建设要求。

（12）区域统筹

提出跨区域衔接策略，明确下位行政单元的主体功能定位。

（13）规划实施保障

分区管制规划传导，分期实施与行动计划，规划实施措施。

2.规划图件

（1）必备图件

现状必备图件一般包括土地利用现状图、生态资源现状分布图、综合交通体系现状图、双评价图（套图）、国土空间开发适宜性评价图等。规划必备图件一般包括国土空间规划总图、国土空间规划分区图、三线划定图、城镇体系规划图、国土综合整治和生态修复布局图、市政基础设施规划图、公共服务设施规划图、综合防灾减灾规划图等。

（2）其他图件

其他图件包括区位图、遥感影像图、矿产资源分布图、产业发展布局图、区域空间协同规划图等。

3.规划附件

规划附件包括规划说明书和专题研究报告两部分。

（1）规划说明书

国土空间规划说明主要阐述规划决策的编制基础、技术分析和编制内容，是规划实施中配合规划文本和图件使用的重要参考。

（2）专题研究报告

专题研究报告包括《规划实施评估报告》《国土空间开发保护现状评估报告》《双评价报告》《规划分区及控制线划定报告》《自然资源保护与利用》《国土空间开发保护战略研究报告》《产业发展布局专题报告》《人口与建设用地规模专题报告》《基础设施廊道建设专题报告》《国土综合整治与生态修复报告》等。

（3）其他材料

包括规划编制过程中形成的工作报告、规划大纲、基础资料、会议纪要、部门意见、专家论证意见、公众参与记录等。

4.规划数据库

数据库是国土空间规划实现信息化管理平台的重要支撑，是规划成果数据的电子形式。国土空间基础数据库成果包含成果数据标准及数据库成果两方面内容，数据库成果包括各类规划图件的栅格数据和矢量数据规划文档、规划表格、元数据等。规划数据库内容应与纸质的规划成果内容一致。

5.基础信息平台

国土空间基础信息平台，包含信息管理平台开发建设和平台技术方案两方面内容。信息平台主要是基于统一的标准与规范，以“一张蓝图”数据库为基础，完善空间规划体系，系统整合各层次、各行业规划和基础地理信息、项目审批信息、用地现状信息等，建立一个基础数据共享、监督管理同步、审批流程协同、统计评估分析、决策咨询服务，具备动态更新机制共享共用的空间规划业务管理平台。

第三节　国土空间规划技术体系内容

国土空间规划技术体系内容主要包括资源环境承载能力和国土空间开发适宜性评价方法、控制线划定技术方法，规划分区划定技术方法，空间管控，数据库建设与信息化平台建设等内容。

一、资源环境承载能力和国土空间开发适宜性评价

开展“双评价”工作一方面是基于党中央“生态优先”的战略要求，另一方面也是应国土空间规划编制的需求而生。“双评价”应当是国土空间规划的前提和基础，使国土空

间规划编制更加系统化和科学化。

（一）基本定义

1.资源环境承载能力

基于一定发展阶段经济技术水平和生产生活方式，一定地域范围内资源环境要素能够支撑的农业生产、城镇建设等人类活动的最大规模。

2.国土空间开发适宜性

在维系生态系统健康的前提下，综合考虑资源环境要素和区位条件，特定国土空间进行农业生产、城镇建设等人类活动的适宜程度。

（二）评价目标

分析区域资源环境原因条件、研判国土空间开发利用问题和风险，识别生态系统服务功能极重要和生态极敏感空间，明确农业生产、城镇建设的最大合理规模和适宜空间，为完善主体功能区布局，划定生态保护红线、永久基本农田、城镇开发边界，优化国土空间开发保护格局，科学编制国土空间规划，实施国土空间用途管制和生态保护修复提供技术支撑，倒逼形成以生态优先、绿色发展为导向的高质量发展新路子。

（三）评价原则

1.生态优先

以习近平生态文明思想为指导，突出生态保护功能，识别生态系统服务功能极重要、生态极敏感区域，确保生态系统完整性和连通性。在坚守生态安全底线的前提下，综合分析农业生产、城镇建设的合理规模和布局。

2.科学客观

体现尊重自然、顺应自然、保护自然的理念，充分考虑陆海全域国土空间土地、水、生态、环境、灾害等资源环境要素，加强与相关专项调查评价结果的统筹衔接，定量方法为主，定性方法为辅，客观全面地评价资源环境禀赋条件、开发利用现状及潜力。

3.因地制宜

在强化资源环境底线约束的同时，充分考虑区域和尺度差异。各地特别是市县开展评价时，可结合本地实际和地域特色，因地制宜适当补充评价功能、要素与指标，优化评价方法，细化分级阈值。

4.简便实用

在保证科学性的基础上，精选最有代表性的指标。紧密结合国土空间规划编制，强化目标导向、问题导向和操作导向，确保评价成果科学、权威、好用和适用。

（四）技术路线

“双评价”的总体技术流程为“数据准备—单项评价—集成评价—综合分析”，如果涉及海域，还将开展陆海统筹。对不同功能指向和评价尺度，需采用差异化的指标体系。

1.数据准备

（1）坐标基准和投影方式

评价统一采用2000国家大地坐标系（CGCS2000），高斯—克吕格投影，陆域部分采用1985国家高程基准，海域部分采用理论深度基准和高程基准。

（2）评价单元与计算精度

省级（区域）层面，单项评价根据要素特征确定区域、流域、栅格等评价单元。计算精度采用50m×50m栅格，山地丘陵或幅员较小的区域可提高到25m×25m或30m×30m。以县级行政区为评价单元计算可承载农业生产、城镇建设的最大规模。

市县层面，单项评价宜在省级评价基础上进一步细分评价单元。优先使用矢量数据，使用栅格数据的采用25m×25m或30m×30m计算精度。以乡（镇）为评价单元计算可承载农业生产、城镇建设的最大规模。

海域可根据数据获取情况，适当降低计算精度。

（3）数据收集

收集数据时，应保证数据的权威性、准确性和时效性。所需数据包括基础地理、土地资源、水资源、环境、生态、灾害、气候气象等。

2.单项评价

分别开展生态、土地资源、水资源、气候、环境、灾害、区位等单项评价。

市县层面，不再开展生态评价，直接使用省级生态评价结果，并根据更高精度数据和地方实际进行边界校核和局部修正，若缺乏优于省级精度数据的，可不进行相应要素的单项评价，可立足本地实际增加评价要素和指标，可补充海洋开发利用、文化保护利用、矿产资源开发利用等功能指向评价。当评价结果未充分体现区域内部差异时，可结合实际细分阈值区间，但不得改变阈值划分标准。

3.集成评价

基于单项评价结果开展集成评价，优先识别生态系统服务功能极重要和生态极敏感空间，基于一定经济技术水平和生产生活方式，确定农业生产适宜性和承载规模、城镇建设适宜性和承载规模。

（1）适宜性评价

通过集成评价，将生态保护重要性划分为高、较高、中等、较低、低5级，将农业生产、城镇建设适宜性划分为适宜、较适宜、一般适宜、较不适宜、不适宜5级。

生物多样性维护水源涵养、水土保持、防风固沙、海岸防护等生态系统服务功能越重要，或水土流失、石漠化、土地沙化、海岸侵蚀等生态敏感性越高，且生态斑块的规模和集中程度越高、生态廊道的连通性越好，生态保护重要性等级越高。

地势越平坦，水资源丰度越高，光热越充足，土壤环境容量越高，气象灾害风险越低，且地块规模和连片程度越高，农业生产适宜性等级越高。

地势越低平，水资源越丰富，水气环境容量越高，人居环境条件越好，自然灾害风险越低，且地块规模和集中程度越高，地理及交通区位条件越好，城镇建设适宜性等级越高。

对适宜性等级划分结果进行专家校验，综合判断评价结果与实际状况的相符性。对明显不符合实际的，应开展必要的现场核查校验与优化。

（2）承载规模评价

在水土资源不同的约束条件下，缺水地区重点以水平衡为约束，分别评价各评价单元可承载农业生产、城镇建设的最大规模。

有条件地区可结合环境质量目标及污染物排放标准和总量控制等因素，补充评价环境容量约束下可承载农业生产、城镇建设的最大规模。

按照短板原理，采用各约束条件下的最小值作为可承载的最大规模。

市县层面数据精度无法支撑以乡（镇）为评价单元的承载规模评价时，可直接采用省级评价结果。

4.综合分析

（1）资源环境禀赋分析

在单项评价基础上，分析土地、水、矿产、森林、草原、湿地、海洋等自然资源的数量质量结构、分布等特征及变化趋势，结合气候、生态、环境灾害等要素特点，选取国家、省域平均情况或其他地区作为参考，总结资源环境比较优势和限制因素。

（2）问题和风险识别

依据评价结果，综合分析资源环境开发利用现状的规模、结构、布局、质量、效率、效益及动态变化趋势，识别因生产生活利用方式不合理、资源过度开发粗放利用引起的水平衡破坏、水土流失、生物多样性下降湿地侵占、自然岸线萎缩、地下水超采、地面沉降、水污染、土壤污染、大气污染等资源环境问题，预判未来变化趋势和存在风险。

（3）潜力分析

根据农业生产适宜性评价结果，对农业生产适宜区、较适宜区、一般适宜区内且生态系统服务功能极重要和生态极敏感以外区域，分析土地利用现状结构，按照生态优先、绿色发展、经济可行的原则，结合可承载农业生产的最大规模，分析可开发为耕地的潜力规模和空间布局；根据城镇建设适宜性评价结果，对城镇建设适宜区、较适宜区、一般适宜区内且生态系统服务功能极重要和生态极敏感以外区域，分析土地利用现状结构，结合可承载城镇建设的最大规模，综合城镇发展阶段、定位性质、发展目标和相关管理要求，分析可用于城镇建设的潜力规模和空间布局。

（4）情景分析

分析气候变化、技术进步、生产生活方式等对国土空间开发利用的不同影响。模拟重大工程建设、交通基础设施变化等不同情景，分别给出并比对相应的评价结果，支撑国土空间规划多方案决策。

具体评价内容详见《资源环境承载能力和国土空间开发适宜性评价技术指南》。

二、控制线划定

（一）生态保护红线划定

1.划定内容

依据《生态保护红线划定技术指南（2017）》，按照定性与定量相结合的原则，通过科学评估，识别具有重要水源涵养、生物多样性、水土保持防风固沙等功能的生态功能重要区域，以及水土流失、土地沙化、盐渍化等生态环境敏感脆弱区域，根据地区保护要求合理划定土地沙化敏感区、生态保护红线、江河期库滨岸带敏感区生态保护红线、生物多样性维护功能区生态护红线、森林生态系统保护红线、禁止开发区生态系统保护红线等，最后按照功能不降低、面积不减少、性质不改变等要求，对生态保护红线进行严格管控。

2.划定依据

《中华人民共和国环境保护法》

《中华人民共和国国家安全法》

《中华人民共和国水土保持法》

《中共中央 国务院关于加快推进生态文明建设的意见》（中发〔2015〕12号）

《生态文明体制改革总体方案》（中发〔2015〕25号）

《关于划定并严守生态保护红线的若干意见》（厅字〔2017〕2号）

《关于印发全国土地利用总体规划纲要（2006—2020）调整方案的通知》（国土资发〔2016〕67号）

其他涉及生态环境保护法律法规及技术规范。

3.技术路线

第一步：现状资料搜集。收集各红线类型的相关规划/区划资料，基础地理信息数据和资料，以及与生态保护红线划定相关的主体功能区规划、环境功能区划、生态功能区划所在区域的城市总体规划林地保护利用规划、资源开发规划及旅游发展规划等资料，作为红线划定过程中的辅助参考文件。

第二步：开展科学评估。按照“双评价”技术方法，开展生态功能重要性评估和生态环境敏感性评估，确定水源涵养、生物多样性维护、水土保持、防风固沙等生态功能极重要区及极敏感区域，纳入生态保护红线。

第三步：校验划定范围。根据评估结果，将评估得到的生态功能极重要区与生态环境极敏感区叠加合并，并与国家级省级禁止开发区和其他各类生态保护地进行校验，确定红线空间叠加图。

第四步：确定红线边界。确定的生态保护红线叠加图，通过边界处理、现状与规划衔接跨区域协调、上下对接等步骤，最终确定生态保护红线边界。

第五步：划定生态保护红线。通过资料收集、明确划定范围、识别红线内容、确定红线边界等上述步骤，最终划定各条生态保护红线，形成生态保护红线划定成果。

4.管控措施

生态保护红线原则上按禁止开发区域的要求进行管理。严禁不符合主体功能定位的各类开发活动，严禁任意改变用途，确保生态功能不降低、面积不减少、性质不改变。

5.技术要求

（1）数学基础

坐标系统采用2000国家大地坐标系统。矢量数据采用地理坐标，即以“度”为单位；栅格数据采用高斯—克吕格投影3度分带。高程为1985国家高程基准。

（2）数据格式

数据格式为ArcGIS软件的shp.文件或空间数据库gdb.（或mdb.）文件。图件成果为jpg.格式，以及带数据文件及相对路径的ArcGIS的mxd.文件。

（3）精度要求及工作底图

采用地理国情普查数据作为生态保护红线划定的工作底图，以1：10000（0.5m分辨率）的数字正射影像DOM为主，红线采集精度能与其套合。行政区划图采用地理国情普查成果。红线区面积计算投影面积，单位为平方米，保留小数点2位。

6.生态保护红线成果

生态保护红线划定成果包括文本、图件、登记表、台账数据库、技术报告等。涉及的保密数据成果存储及使用应按照国家保密相关规定要求执行。

（二）永久基本农田划定

1.划定内容

永久基本农田划定主要是根据土地利用变更调查、耕地质量等级评定，耕地地力调查与质量评价等成果数据，以国家、省、市县永久基本农田划定的最终成果为基础，按照

《基本农田划定技术规程》，对规划期内需占用基本农田的重点项目进行梳理，按照“数量不减少、质量不降低”原则在区域范围内对基本农田进行调整，划定永久基本农田保护红线。

2.划定依据

国土三调成果、《基本农田保护条例》《基本农田数据库标准》（TD/T 1019-2009）、《土地利用数据库标准》（TD/T 1016-2007）、《基本农田划定技术规程》（TD/T 1032-2011）等。

3.划定流程

第一步：基础数据收集整理。收集土地利用总体规划资料、土地利用现状调查资料、已有基本农田保护资料、农用地分等级资料、其他土地管理相关资料，整理出划定的永久基本农田、最新的土地利用变更调查、耕地质量等别评定、耕地地力调查与质量评价等成果数据。

第二步：基本农田划出。根据国家各省重点建设项目占用需求和生态退耕要求等进行基本农田划出。依据土地利用变更调查、耕地质量等别评定、耕地地力调查与质量评价等成果数据，统计分析划出基本农田的数量和质量情况。

第三步：确定基本农田补划潜力。根据最新的土地利用变更调查数据，充分考虑水资源承载力约束因素，明确在已划定基本农田范围外、位于农业空间范围内的现状耕地，作为规划期永久基本农田保护红线的补划潜力空间。依据土地利用变更调查、耕地质量等别评定、耕地地力调查与质量评价等成果数据，明确补划潜力的数量和质量情况。

第四步：形成划定方案。校核划出永久基本农田和可补划耕地的数量和质量情况，按照数量不减少、质量不降低的要求，确定2030年永久基本农田方案。

（三）城镇开发边界划定

1.划定内容

依据资源环境承载能力评价、国土空间开发适宜性评价，以生态保护红线、永久基本农田作为限制性依据，明确不能开发建设的国土空间刚性边界，同时提出允许开发建设的国空间区块；此外，预测人口规模以及控制的城镇人均建设用地指标作为控制性依据，得出满足城镇发展所需的合理建设用地规模。城镇开发边界划定中，以限制性依据、控制性依据为基础，综合考虑城镇发展定位，最终确定城镇开发边界。

2.划定依据

《城市用地分类与规划建设用地标准》（GB 50137-2011）、《资源环境承载能力和国土空间开发适宜性评价技术指南》，以及现有城乡规划和土地利用总体规划等。

3.划定方法

第一步：资料收集。收集整理市县行政区划、地表覆盖分类（地理国情普查）、现状地表分区、行政区划单元道路、水域、地名、人口经济、城镇建成区坡度带高程带、地质灾害、永久基本农田、生态红线数据，以及土地利用总体规划、城乡规划、林业规划、产业园区规划等基础数据作为城镇开发边界划定的参考。

第二步：用地条件评价。通过资源环境承载能力评价确定不同区域对城镇开发及产业布局的承载极限；通过国土空间开发适宜性评价确定不同区域城镇及产业开发建设的适宜程度。以“双评价”结果指导城镇开发边界划定。

第三步：城镇规模确定。依据市县历年城镇人口变化情况、城镇化水平情况与经济发展趋势，科学预测规划期内城镇人口规模，以人定地，明确城镇用地规模；结合产业发展基础、重大项目安排经济增长水平，科学预测规划期内工业增加值规模。参考相关用地产出水平，以产定地，明确独立产业园区规模。以规划城镇用地和独立产业用地的总用地规模，作为城镇开发边界确定的数量基础。

第四步：城镇开发边界规模确定。依据不同区域的资源禀赋和开发适宜性条件，在城镇建设用地现状规模的基础上，按照一定的扩展系数确定规划期内城镇开发边界规模，最终形成开发边界总规模。

第五步：进行差异分析。在GIS平台上，对同一区域的城乡规划与土地利用总体规划建设用地进行对比。通过分析城规与土规建设用地差异，明确“两规”之间建设用地冲突情况，为划定城镇开发边界提供依据。

第六步：城镇开发边界划定。依据“双评价”和“两规”差异分析对比内容，综合考虑城镇建设用地的适宜性、现行城乡规划与土地利用规划、建设用地情况、城镇空间发展方向等，最终确定城镇开发边界。

三、规划分区划定

（一）主要内容

规划分区划定是依据资源环境承载能力评价和国土空间开发适宜性评价的结果，从土地资源、水资源、环境质量、生态条件等评价因子入手，同时围绕目标战略和开发保护格局，结合地域特征和经济社会发展水平等，识别生态功能适宜性区域、农业功能适宜性区域、城镇功能适宜性区域及其他功能适宜性区域，从而划定出生态保护与保留区、海洋特殊保护与渔业资源养护区永久基本农田集中保护区、古迹遗址保护区、城镇发展区、农业农村发展区、海洋利用与保留区、矿产与能源发展区等。

（二）技术路径

1.规划分区识别

依托市（县）城各类资料情况，开展资源环境承载能力评价和国土空间开发适宜性评价，以综合评价结果为依据，识别适宜农业生产生态保护和城镇建设等区域，形成生态、农业、城镇等功能适宜性评价结果。

2.规划分区划定

基于生态功能适宜性评价结果，结合区域生态保护重要性、敏感性和脆弱性评价，考虑水源涵养、水土保持、生物多样性维护、防风固沙等不同功能，依据主体功能区战略、生态功能区划、生态环境保护规划、林地保护利用规划等相关规划，按照最大限度保护生态安全要求，合理划定生态保护区。县及以下层面对生态保护区进行细化，形成核心生态保护区、生态保护修复区和自然保留区。

基于城镇功能适宜性评价结果，结合以城镇和工业建设为主体的城镇优化发展、城镇重点发展功能区区位比较优势、人口规模等级、产业基础等因素，按照促进城镇建设紧凑布局集约高效要求，划定城镇发展区。县及以下层面将城镇发展区进行细分形成城市集中建设区、城镇有条件建设区和特别用途区等区域。

基于农业功能适宜性评价结果结合永久基本农田、集中连片优质耕地，统筹林、园、牧、渔等各类农业用地，以及农业现代化、农村新产业和新业态、新农村建设要求，合理划定以农业生产和乡村建设为主体的农业发展区及永久基本农田保护区。

基于海洋开发与利用适宜性评价结果，结合实际情况，划定海洋特殊保护与渔业资源养护区和海洋利用与保留区。县级以下层面可将上述两个区域进行细化，形成海洋特殊保护区、海洋渔业资源养护区、海域利用区和无居民海岛利用区等。

其他如古迹遗址保护区、矿产资源开发区等区域通过现状资料、规划等情况进行直接识别，划定保护区范围。

3.分区结果校核

采用数字模型+遥感影像技术，对所划定的各类功能区进行外业校核，同时进行部分校查，最后结合区域主导功能区特点对各功能区进行人为调整，形成最终成果。

（三）分区划分

市级层面在大的分区下划分二级类别：划定生态保护与保留区、海洋特殊保护与渔业资源养护区、永久基本农田集中保护区、古迹遗址保护区、城镇发展区、农业农村发展区、海洋利用与保留区、矿产与能源发展区等。

县级及以下层面在市级分区下划分三级类别：核心生态保护区、生态保护修复区、自然保留区、海洋特殊保护区、海洋渔业资源养护区、基本农田集中保护区、古迹遗址保护区、城市集中建设区、城镇有条件建设区、特别用途区、农业农村发展区、海洋利用区、无居民海岛利用区、海洋保留区、矿产与能源发展区等。

四、空间管制

（一）管控体系

国土空间管控体系分全域（城市开发边界外）—片区（城市开发边界内的中心城区、乡镇）—单元（村庄、特殊保护区）三级体系，每个分区下按照用途进行分类。国土空间规划分区与国土空间规划用途分类共同构成国土空间规划管控支撑体系，分级承接传导、细化落实规划意图和管制要求。

（二）管控内容

1.分区管控

分区管控又分为三级：全域（城市开发边界外）—片区（城市开发边界内的中心城区、乡镇）—单元（村庄、特殊保护区）。

全域（城镇开发边界外），落实上位规划和主体功能区定位要求，在国土空间开发保护格局的基础上，划定国土空间规划基本分区，并分别明确各分区的核心管控目标、政策导向与管制规则。空间分区应做到全域覆盖但不相重叠，一经确定不得随意调整，需受到严格的制度管控，控制线的弹性调整必须在对应的分区空间内进行。城镇开发边界外不得进行城镇集中开发建设，不得设立各类开发区，严格控制边界外政府投资的城镇基础设施资金投入，仅允许交通等线性工程、军事等特殊建设项目，以及直接服务乡村振兴的建设项目等。

片区（城镇开发边界）内实行“详细规划+规划许可”的管制规则；在城镇开发边界内，建立完善与城市更新、功能转换、混合利用相关的许可制度。

自然保护地、重要海域和海岛、文物等遵循特殊保护制度。

2.用途管控

按照当前国土空间规划用途分类指南，国土空间用途分类采用三级分类体系，共设置28种一级类、102种二级类及24种三级类。国土空间规划分区对应相应的土地用途。

（1）生态保护与保留区

核心生态保护区对应的国土用途主要有林地、天然牧草地、沼泽草地、其他草地、陆地水域、保护海域海岛、盐碱地、沙地、裸土地、裸岩石砾地、冰川及永久积雪地等及现状村庄。生态保护修复区对应的国土用途主要有林地、天然牧草地、沼泽草地、其他草地、水域、保护海域海岛现状村庄及其他建设用地等。自然保留地对应的国土用途主要有陆地水城、盐碱地、沙地、裸土地、裸岩石砾地、其他草地、冰川及永久积雪地等。

（2）海洋特殊保护与渔业资源养护区

海洋特殊保护区和海洋渔业资源养护区对应的国土用途主要有海域海岛。

（3）永久基本农田集中保护区

永久基本农田集中保护区对应的国土用途主要有农用地及其配套农业生产服务设施、村庄等用地。

（4）古迹遗址保护区

古迹遗址保护区对应的国土用途主要有耕地、牧草地、园地、林地等。

（5）城镇发展区

城市集中建设区对应的国土用途主要有居住用地、公共管理与公共服务设施用地、商服用地、工业用地、仓储用地、道路与交通设施用地、公用设施用地、绿地与广场用地等各类城镇建设用地，以及村庄建设用地、水域、林地、耕地等用地。城镇有条件建设区对应的国土用途主要有村庄建设用地、区域基础设施用地、特殊用地等建设用地，以及水域、林地、草地等非建设用地。特别用途区对应的国土用途主要有水域、林地、园地、牧草地、文物古迹用地、其他建设用地（风景名胜区、森林公园、自然保护区等的管理及服务设施）等。

（6）农业农村发展区

农业农村发展区对应的国土用途主要有耕地、园地、林地、牧草地、村庄建设用地（农村住宅用地、村庄公共服务设施用地、村庄工业物流用地、村庄基础设施用地、村庄其他建设用地）、设施农用地等农业生产生活用地。

（7）海洋利用与保留区

海洋利用与保留区对应的国土用途主要有渔业用海、工业与矿产能源用海、交通运输用海、旅游娱乐用海、特殊用海等。

（8）矿产与能源发展区

矿产与能源发展区对应的国土用途主要有区域公用设施用地（区域性能源设施）、采矿盐田用地等。

五、数据库与信息化管理平台

（一）总体架构

国土空间基础信息平台建设应整合各部门空间性规划成果、全域数字现状等信息资源，实现横向部门协同、纵向信息联动。

横向部门协同：应依据政务信息化工程相关规划，与其他系统充分对接，确保信息共享和功能交互。

纵向信息联动：建立贯穿国家、省市、县级的国土空间基础信息平台的信息交换体系，利用多级数据交换中心实现信息传输存储和监控，形成上下互通的业务协同网络。

（二）设计思路

按照“以数据为核心、以集成为重点、以共享为前提、以应用为目标、以服务为宗旨”的设计思路，以国土空间规划总技术路径为主线，以国土空间规划各项成果为基础，坚持标准化、便捷化、精准化和协同化原则，把握以“规划管理更直观、空间管控更精准、政务服务更高效”的总体要求，建设集规划分析、智能评价、规划编制、规划管理、规划应用等功能于一体的国土空间基础信息平台。通过信息平台的统一衔接、管控作用，建立健全空间规划体系，有力支撑提升国土空间治理能力和效率，推进国家生态文明建设，提升城市治理能力现代化水平，最终实现智慧化管理。

（三）数据库建设

1.建设目的

数据库是信息平台的内容支撑，信息平台的使用要以数据库的调用为前提。因此，数据库的建设是搭建国土空间基础信息的一项基础性工作，也是核心工作，是连接国土空间规划成果与信息平台的纽带。

2.建库流程

（1）标准规范体系建设

标准规范是信息平台建设和应用的重要依据，国土空间基础信息平台建设涉及的内容众多，各专业所依据的编制标准互不一致，为了保证项目顺利实施及项目质量，满足业务管理的实际需求，依据国家、省市有关规章及行业标准规范，根据项目的特点和具体实施要求，制定适用的、开放的、先进的标准化体系，包括《国土空间规划编制成果数据建库规范》等数据建库规范，建立《国土空间规划共享交换管理规定》《国土空间基础信息数据服务接口规范》等数据共享服务规范，建立《国土空间基础信息平台运行管理办法》等运行管理机制和管理办法。

（2）数据库建设

国土空间基础信息数据库的建设包括资料收集、数据转换、数据编辑、数据质检、数据入库。

（3）数据库内容

国土空间基础信息数据主要包括四大方面内容：现状数据、规划数据、管理数据、社会经济数据。

（四）平台功能建设

结合国土空间规划对信息平台的功能需求分析，平台建设主要包括六大系统，即数据管理系统、智能评价系统、规划编制系统、规划管理系统、规划应用系统及监测监管系统。

1.数据管理系统

实现对以土地利用现状、矿产资源现状地理国情普查、基础地质等为主的空间现状数据；以国土空间规划、详细规划、专项规划为主的空间规划数据，以土地审批、土地供应等空间开发管理为主的空间管理数据，以人口、宏观经济等为主的社会经济数据的实时管理与更新。

2.智能评价系统

利用信息平台，实现智能生成“双评价”结果，展示各评价条件下的数据图形以及最终评价成果。同时，对国土空间规划的编制过程提供智能化辅助服务，提高规划编制的效率，增强规划的科学性。

3.规划编制系统

展示从工作底图的绘制到最终形成本规划和“一张蓝图”，各阶段国土空间规划编制成果图层。

4.规划管理系统

对规划实施到修订、评估各阶段进行在线管理，利用平台实现国土空间规划各阶段流程控制，保障规划的顺利实施。

5.规划应用系统

利用平台，实现项目合规检测、辅助选址、项目管理、并联审批等应用功能，提高政府服务效率，同时延伸到移动服务、数字城市，最终实现智慧城市的建设功能。

6.监测监管系统

重点是利用卫星遥感、无人机等技术手段对基础地理、土地、矿产、地质等国土空间资源进行实时监察、动态比对、目标跟踪和监测预警。

第九章　国土空间规划建设探究

第一节　国土空间规划实施监督体系建设

《中共中央 国务院关于建立国土空间规划体系并监督实施的若干意见》（以下简称《若干意见》）提出，逐步建立包括规划编制审批体系、实施监督体系、法规政策体系和技术标准体系在内的国土空间规划体系。实施监督体系是国土空间规划体系的重要内容，包括国土空间规划动态监测评估预警机制、实施监管机制和规划定期评估制度等。国土空间规划是融合原土地利用规划、城乡规划和主体功能区规划等形成的全新规划类型，其实施监督尚无具体依据和办法。如何借鉴原土地利用规划、城乡规划等实施监督机制，并结合国土空间规划的编制内容和实施手段，对国土空间规划的实施监督方式和监督措施展开系统思考，使规划实施监督工作有据可依、有章可循，意义重大。

一、实施监督体系建设总体方向

目前，国土空间规划体系正处于建立过程中，第一轮国土空间规划的编制尚未完成，其实施监督还缺乏完整的实践支撑。对国土空间规划实施监督的目标要求更多见于顶层设计文件中，主要包括《若干意见》《土地管理法》（2019 年修正案）、《土地管理法实施条例》（2021年修订案）、《自然资源部办公厅关于加强国土空间规划监督管理的通知》（以下简称《通知》）等。综合来看，顶层设计对国土空间规划实施监督的要求具有监督环节全周期、监督方式多样化、监督手段信息化三方面特征。

（一）监督环节全过程

即强调对国土空间规划进行“全周期管理”，建立涵盖编制、实施、评估、调整等各阶段的规划实施监督制度，并强化实施监督结果运用。《通知》提出了实行规划全周期管理的要求，并特别强调要建立规划编制、审批、修改和实施监督全程留痕制度，确保规划管理行为全过程可回溯、可查询。其中，已建成国土空间规划“一张图”实施监督信息系统的，要求在系统中设置自动强制留痕功能；尚未建成系统的，要求落实人工留痕制度。

（二）监督方式多样化

即强调通过多样化监督主体和监督形式进行规划实施监督，主要包括监督检查、督察、监测、评估、预警、人大监督、公众监督等。《若干意见》做出了系统安排，提出建立健全国土空间规划动态监测评估预警和实施监管机制、上级自然资源主管部门对下级国土空间规划进行监督检查、将国土空间规划执行情况纳入自然资源执法督察、健全资源环境承载能力监测预警长效机制、建立国土空间规划定期评估制度等一系列要求。《土地管理法实施条例》将“国土空间规划执行情况纳入自然资源执法督察内容”以法规形式固定，《通知》进一步明确按照“一年一体检、五年一评估”要求开展城市体检评估。

（三）监督手段信息化

即强调发挥国土空间基础信息平台作用，将构建国土空间规划“一张图”实施监督信息系统作为强化规划实施监督的依据和支撑。《若干意见》明确，建立健全国土空间规划动态监测评估预警和实施监管机制，要以国土空间基础信息平台为依托。《通知》进一步要求，将加快建立完善国土空间基础信息平台，形成国土空间规划“一张图”，作为统一国土空间用途管制、实施建设项目规划许可、强化规划实施监督的依据和支撑，并明确国土空间规划“一张图”平台中要建有专门的实施监督信息系统。

二、既有规划的沿用内容和监督机制

《土地管理法》首次将国土空间规划写入法律，并明确了国土空间规划与原土地利用规划、城乡规划的替代关系，即已经编制国土空间规划的，不再编制土地利用总体规划和城乡规划。因此，原土地利用规划、城乡规划等的规划实施手段和监督机制，对建立国土空间规划实施监督机制具有重要借鉴作用。

（一）既有规划实施手段

概括而言，原土地利用规划的实施机制主要包括分解落实约束性指标、编制下位规划、制订年度计划、土地用途管制、用地许可制度等。原城乡规划的实施机制主要包括编制下位规划、编制近期建设规划、空间用途管制、规划许可制度等。原主体功能区规划的实施机制主要为编制下位规划和空间开发管制。

结合“多规合一”国土空间规划的主要编制内容来看，可沿用于国土空间规划的既有实施机制主要包括以下六个方面。

一是规划传导。包括规划体系自上而下的纵向传导，以及国土空间规划对相关专项规划的横向传导。

二是用途管制。包括在市县规划层面明确用途分区、制定分区分类的用途管制办法。

三是保护区域。包括耕地保护、自然生态空间保护，以及对国家公园为主体的自然保护地、12海里范围内的海域和海岛、重要水源地、文物保护单位等的特殊保护。

四是用途转用许可。包括各类国土空间用途相互转用的管控和许可，如城镇开发、农业开发、退耕还林、退耕还湿、生态脆弱地区的生态建设等。

五是建设行为管控。包括通过详细规划明确地块用途、对建设行为进行规划许可等。

六是年度计划管理。主要根据国民经济和社会发展规划、国家产业政策、国土空间规划以及建设用地和土地利用的实际状况编制，对建设用地实行年度总量控制。

（二）现有实施监督机制

现有规划实施监督机制主要包括行政监督、人大监督、公众监督等方面，其中，行政监督体系最为详细，也是实施监督的重点。

行政监督体系的监督主体主要是县级以上人民政府及其规划管理部门；监督对象包括有关部门（同级监督）和下级人民政府（上下监督），以及单位、个人等；监督客体主要是规划的编制、审批、实施、修改情况。现有行政监督的主要手段包括以下四个方面。

一是监督检查。《土地管理法》《城乡规划法》对规划实施的监督检查制度进行了原则规定。

二是督察。包括自然资源督察制度、城乡规划督察员制度。

三是预警。按照资源环境承载能力监测预警机制，对水资源、土地资源、环境、生态等要素的承载能力进行监测预警。

四是处分。《违反土地管理规定行为处分办法》《城乡规划违法违纪行为处分办法》等规定了规划违法违纪行为的处分办法。

三、国土空间规划实施和监督的新要求

（一）国土空间规划可监督的重点内容

顶层设计文件和《省级国土空间规划编制指南（试行）》《市级国土空间总体规划编

制指南（试行）》等技术文件明确了国土空间规划的编制内容；《自然资源部关于全面开展国土空间规划工作的通知》按照“管什么就批什么”的原则，明确了国土空间规划的审查要点，可视作规划实施监督的重点内容。

综合来看，国土空间规划“三类”规划可监督的规划内容主要包括以下三点。

一是总体规划。主要是空间开发保护的约束性指标及其分解落实方案，空间开发保护的管控边界，空间结构优化、空间开发利用效率提升等指导要求，空间格局和空间布局，自然资源、历史文化、特殊区域的保护、修复、治理要求，以及相关政策措施等。

二是详细规划。涉及具体地块的使用性质和强度要求。

三是专项规划。分为两种情况，一种是交通、能源、水利等相关专项规划，可监督内容主要是专项领域的空间布局；另一种是跨行政区的专项规划，可监督内容类似于总体规划。

（二）规划实施机制的新特征

相关文件对国土空间规划实施机制的设计表现出以下三方面特征。

一是更强调自上而下的规划传导。包括上级国土空间规划对下级国土空间规划的传导、总体规划对详细规划的传导、总体规划对专项规划的指导约束等。同时，除约束性指标和主要控制线等规范性传导内容外，还将国土空间开发保护的质量效率要求和相关政策措施制定等指导性内容纳入上下传导范畴。

二是更强调对所有国土空间的用途管制。除原土地利用规划、城乡规划进行重点用途管制的城镇空间、农业空间外，国土空间规划还需对生态空间进行用途管制。《若干意见》对此特别提出，对以国家公园为主体的自然保护地、重要海域和海岛、重要水源地、文物等实行特殊保护制度。

三是按空间位置区分建设行为管控方式。即实行许可制与准入制相结合的管控制度，在城镇开发边界内的建设，实行“详细规划 + 规划许可”的管制方式；在城镇开发边界外的建设，按照主导用途分区，实行“详细规划 + 规划许可”和“约束指标 + 分区准入”的管制方式。

（三）规划监督机制的新要求

一是拓展实施监督的空间范围。即适应“统一行使所有国土空间用途管制职责”，将规划实施监督的空间范围从城镇空间、农业空间拓展到所有国土空间，重点加强对生态空间的规划实施管理和用途管制。

二是拓展实施监督的行为范畴。即配合空间范围的拓展，将规划实施监督针对的具体行为范畴，从以建设行为管控为重点拓展到管控所有国土空间开发保护行为，包括农业开发、退耕还林、退耕还湿、生态建设等。

三是拓展实施监督的目标内涵。即按照规范性传导与指导性传导相结合的规划编制要求，将规划实施监督的目标内涵从保证依法依规开发利用土地的具体管理要求，拓展为保障资源、环境、生态安全，以及提升空间开发利用效率等整体目标要求。

四、整合创新建设实施监督体系的思路和建议

（一）总体思路

建设国土空间规划实施监督体系，需在延续继承原有空间性规划实施监督机制的基础上进行整合创新。

一是总体目标方面。应定位于保障国土空间规划有效实施，提高国土空间规划实施监督效能，为实现国土空间开发保护更高质量、更有效率、更加公平、更可持续提供制度保障。

二是基本原则方面。应体现分级分类、依法依规、公开公正、陆海统筹、激励相容、广泛参与等原则。

三是监督方式方面。应综合采用监督检查、督察、监测、评估、预警、人大监督、公众监督等形式。

四是依据和支撑方面。应以经依法批准的各级国土空间规划和相关法律法规为依据，以国土空间规划“一张图”实施监督信息系统为支撑。

五是机制创新方面。应面向规划传导规范性与引导性相结合、行为管控许可制与准入制相结合、监督方式的事后纠正与事先预警相结合等规划实施监督新特征和新要求，重点对实施监督内容和方式进行创新。

（二）创新实施监督内容

国土空间规划实施监督内容创新，重点在于以下两个方面。

一是适应规划传导规范性与引导性相结合的要求，将规划实施监督的内容从规划实施的刚性要求层面拓展到实施效果层面，即在对空间底线、约束指标、依法行政、合法开发保护等进行监督的基础上，进一步对规划实施造成的资源、环境、生态安全影响，以及空间开发利用效率的变化进行监督。

二是适应行为管控许可制与准入制相结合的制度设计，按照规划、行政许可、开发保护行为三者之间的比较关系，对实施监督内容进行系统设计。相较于传统的“规划—许可—行为”的单一传递式管控，国土空间规划引入准入制后，开发保护行为与规划明确的分区准入条件之间可以越过行政许可直接产生联系。因此，除行政许可与规划、开发保护

行为与行政许可之间的合法依据关系需要监督外，开发保护行为与规划之间的关系也需要纳入监督内容。

（三）创新实施监督方式

在国土空间规划多样化的实施监督方式中，监督检查、督察、人大监督、公众监督等方式，在原土地利用规划、城乡规划等实施监督机制中都有据可循，而监测、评估、预警是国土空间规划顶层设计文件明确的监督方式创新重点所在，需要对这三者之间的重点内容予以适度区分，以便更好地形成实施监督合力。

1.监测

动态监测的目标是掌握国土空间变化情况，发现违规、违法事件并及时处置。动态监测的重点内容应包括开发保护边界管控情况，约束性指标执行情况，耕地、生态空间、特殊保护区域的保护修复情况，违反国土空间规划的行政许可行为、国土空间开发保护行为等。

2.评估

评估的重点内容应包括规划执行情况、保护成效、空间发展绩效等。评估周期包括年度体检、调整评估（5年）、终期评估（15年），以及规划修改评估等。评估结果应用方面，终期评估应作为编制下一轮规划时分解相关控制指标、编制国土空间开发年度计划、安排城乡建设用地增减挂钩项目、耕地占补平衡调入调出指标的重要依据；修改评估应作为申请规划修改的必备要件，以及原审批机关审批修改规划的重要依据。

3.预警

建立健全预警机制是实现国土空间规划监督方式的事后纠正与事先预警相结合的重要方面。预警步骤可包括开展预警评价、划分预警等级、采取配套措施等。其中，预警评价的重点内容应包括规划实施进度，约束性指标执行情况，资源、生态、环境安全等保障情况，国土空间开发利用效率，重大安全风险等。

预警配套措施应综合采用限制措施和激励措施。限制措施的对象主要是规划实施进度严重偏离预期，约束性指标临界突破，资源、生态、环境安全等保障功能明显退化，国土空间开发利用效率显著降低，国土空间开发保护重大安全风险显著提升的地区；具体措施可包括责令整改，查办相关责任人，采取区域限批、暂停审批年度计划，依法暂停办理相关行业领域新建、改建、扩建项目审批手续等。激励措施的对象主要是低预警等级地区，具体措施可包括在制订国土空间开发年度计划、安排城乡建设用地增减挂钩项目、耕地占补平衡调入调出指标等方面加大倾斜力度等。

第二节　国土空间基础信息平台建设

一、平台定位

自然资源空间数据和自然资源空间地理信息服务是政府数字化转型框架内“数据资源系统”和“应用支撑系统”中的两项重要内容。通过本项目建设，建立全省统一的自然资源空间地理数据库和自然资源空间地理信息服务，使得政府数字化转型框架组成内容实现落地。

二、总体架构设计

平台整体上包含“四横三纵”7大体系。“四横”是指业务应用体系、国土空间应用支撑体系、国土（自然资源）空间数据资源体系和基础设施体系；“三纵”是指国土（自然资源）空间基础信息共享规范体系、信息安全体系和组织保障体系。

三、数据架构

数据架构的设计主要体现在应用系统建设和数据管控体系构建，把数据变成系统可共享、有价值的资产。数据环境在统一的数据与技术要求下，由自然资源空间现状数据、规划数据、管理数据、社会经济数据及各自的元数据库等组成。空间数据来源于各相关部门，他们负责维护各自数据更新，数据汇集后通过统一标准形成数据资源体系。资源体系中的数据经过数据管理和处理工具进行数据资源管理，同时一部分数据经过数据抽取、加载和转换，进入自然资源空间综合数据仓，依托大数据分布运算架构进行大数据分析与挖掘，形成的分析结果以及自然资源空间基础信息数据库中的其他数据，实现共享开放的数据应用服务。

四、平台功能模块

围绕平台定位，重点建设国土空间规划管理、国土空间用途管制、自然资源空间数据共享、自然资源开发与利用、生态保护与修复服务、自然资源时空大数据分析、三维立体一张图、自然资源空间信息“掌上查”（公众版）与自然资源空间信息“掌上查”（政务版）9大核心业务模块。

（一）国土空间规划管理

全面统筹整合各类空间基础数据，并规划设计统一的数据标准，按照国家国土空间规划体系的规定，建设国土空间规划管理模块，实现空间规划编制、审查、实施监督、评估预警的数字化管控，推动空间规划管理数字化转型，全面提高自然资源空间综合治理能力。对接规划管理系统，实现规划管理业务协同。

（二）国土空间用途管制

协助空间准入和用途转用审查，牢牢树立底线意识，基于永久基本农田等规划管控线，为建设项目空间准入和用途转用许可提供数字化空间管控分析与自动化审查手段，促进国土空间用途管制全域覆盖。国土空间用途管制模块提供项目地块定位服务、永久基本农田占用审查服务接口、重复批地审查服务接口、批而未供审查服务接口和项目上图入库服务。实现项目“带图审批”与“图上管控”，以空间信息化手段提升国土空间用途管制能力。

（三）自然资源空间数据共享

平台整合统筹了原国土资源“一张图”核心数据库、地理信息数据资源库群和“一张蓝图”等信息化建设成果，按照“共建、共享、共用”原则，建立横向协同、纵向贯通的自然资源空间基础信息共享模块，联合自然资源、生态环境及住建等多个委办局共同发布各部门的空间数据及服务，同时也可以线上申请使用其他部门的服务。对接公共数据共享平台，实现空间信息互联互通，推动空间数据统一共享。

（四）自然资源开发与利用

平台可以为重大项目可利用土地、海域与海岛分析等决策工作提供基础数据支持，为自然资源合理、高效开发和利用提供决策依据。

（五）生态保护与修复服务

牢牢树立底线意识，根据永久基本农田等规划管控线，实现自然资源、生态环境的全方位、智慧化监管，通过“项目上图”“叠加分析”“全生命周期空间追溯”等空间信息应用服务，为全域土地综合整治、生态保护修复提供基础服务。

（六）自然资源时空大数据分析

对统筹整合的各类自然资源、农业农村、生态环境、发改、住建、交通、水利等空间基础数据进行统一管理、分析与可视化展示，为自然资源空间大数据分析应用提供技术支撑。通过自然资源大数据分析，为了解自然空间与人造空间现状、发现各类空间问题、探寻空间治理机制、预测国土空间开发保护需求、生成问题解决方案提供信息与技术支撑。

（七）三维立体一张图

建立三维立体一张图，为三维地籍管理、不动产登记、项目智能选址、三维设计方案审查提供三维底板支撑。按照部、省、市级各单位对三维时空的要求，建设形成一批善治理、通用化、高标准、可接入的三维地图应用工具，提供三维查询、浏览、管理等基础服务。

（八）自然资源空间信息“掌上查”（公众版）

平台可以对各类规划、地质灾害、地质环境和项目用地等自然资源空间信息进行脱敏处理，在移动互联网上为社会公众提供基于自然资源空间开放数据的地图浏览与查询服务。

（九）自然资源空间信息“掌上查”（政务版）

为政府部门提供自然资源空间基础信息掌上查询服务，在保留了公众版对自然资源空间基础信息的查询功能基础上，增加了空间数据查看、图上图层控制、项目检索、空间占压分析等功能。

第三节　我国空间规划法规体系建设

一、法规体系建设思路

（一）指导思想

以习近平新时代中国特色社会主义思想为指引，以宪法为根据，以推进依法治国进程、推动生态文明建设、促进国家治理体系和治理能力现代化为目标，制定国土空间开发保护法，加快国土空间规划相关法律法规建设，制定《国土空间规划法》。确立以国土空间规划为基础、以用途管制为主要手段的国土空间开发保护制度和“五级三类四体系”国土空间规划体系，并以此为统领推进空间性规划法律、行政法规和部门规章以及配套标准规范的立、改、废工作。到2025年，要健全国土空间规划的法规政策和技术标准体系。

（二）基本思路

基于国土空间规划的技术目标，在国家宪法的统领下，按照“先立后破、立新调整”的原则，确立国土空间规划法律地位，修改其他规划法规；围绕“法律法规、规范标准”两个方面建立完善法规体系，通过法规建立、调整完善及体系建立，明确空间规划编制、审批的主体，实施、评估、修改、衔接程序，监督及实施法律责任等，保障国土空间规划技术目标的实现，确保国土空间规划依法依规落地。

（三）基本要点

1.国土空间规划新立法规要点

（1）国土空间规划法立法要点。主要明确立法地位及适用范围，规划期限、技术路线、规划内容及成果体系、规划层次及分类、国土空间管控与其他空间性规划的关系，以及国土空间规划编制、审批的主体，实施、评估、修改、衔接程序，监督及实施法律责任等。

（2）国土空间规划配套规范标准建设。配套制定国土空间规划法实施条例，编制技术导则、用地分类办法、基础数据统一办法、国土空间管控办法、制图标准、数据库标准等。

2.其他规划法规调整要点

（1）法规调整。以《国土空间规划法》为统领，主要针对城乡规划法、土地管理法、环境保护法及涉及国土空间规划类内容进行修改和废除。

（2）规范标准调整。以《国土空间规划法》为统领，围绕国土空间规划新规范标准建立，主要针对城乡规划、土地利用、环境保护规划及涉及空间性规划的规范标准内容进行废、改、释。

二、《国土空间规划法》立法建议

（1）立法目的和宗旨。建立全国统一、责权清晰、科学高效的国土空间规划体系，使国土空间开发保护更高质量、更有效率、更加公平、更可持续，推进生态文明建设、建设美丽中国。

（2）法律地位和适用范围。发挥国土空间规划在国家规划体系中的基础性作用，落实国土空间规划体系在国土空间开发保护中的战略引领和刚性管控作用，是国土空间进行各类开发建设活动、实施国土空间用途管制、制订其他规划的基本依据。

（3）国土空间规划与其他空间性规划的关系。国土空间规划是其他空间性规划的上位规划，在各类空间规划中居总控性地位，其他空间性规划的制订、实施、修改必须依据国土空间规划进行。

（4）国土空间规划期限。国土空间规划期限一般为15年，其中，近期规划期限5年。可以对更长远的发展做出预测性安排。

（5）国土空间规划技术路线。编制国土空间规划应当科学研判经济社会发展趋势和面临问题挑战，实施规划评估，制定战略定位及目标；从优化国土空间格局角度出发，开展双评价，确定全域国土空间规划分区，划定永久基本农田、生态保护红线和城镇开发边界三条控制线；最后结合地方实际，对国土空间用途进行分区分类分级的统一管制和综合协调，科学合理确定国土空间保护和开发的要求，优化国土空间格局，促进区域可持续发展。国土空间规划技术路径总体可概括为战略定位—优化格局—要素配置—空间整治—实施保障。

（6）规划内容及成果体系。规划成果包括规划文本、规划图件、规划说明、信息平台及数据库、专题研究报告、其他材料等。

（7）技术标准要求。国土空间规划的制订过程中国家公布的统一的技术规范和技术标准，主要包括用地分类规范、图形规范等。

（8）国土空间分区管控。以国土空间规划为依据，对所有国土空间分区分类实施用途管制。因地制宜制定用途管制制度，为地方管理和创新活动留有空间。

（9）国土空间规划管理体制。国家、省、市县编制国土空间总体规划，各地结合实际编制乡镇国土空间规划。规划一经批复，任何部门和个人不得随意修改、违规变更，防止出现换一届党委和政府改一次规划。下级国土空间规划要服从上级国土空间规划，相关专项规划、详细规划要服从总体规划；坚持先规划、后实施，不得违反国土空间规划进行各类开发建设活动；坚持“多规合一”，不在国土空间规划体系之外另设其他空间规划。

（10）组织编制和评审、批准程序。规划编制主体为各级人民政府。各级自然资源行政主管部门应会同相关部门开展具体编制工作。国土空间规划编制应当委托具有相应资质等级的单位承担空间规划的具体编制工作。因国家重大战略调整、重大项目建设或行政区划调整等确需修改规划的，须先经规划审批机关同意后，方可按法定程序进行修改。对国土空间规划编制和实施过程中的违规违纪违法行为，要严肃追究责任。

第十章　国家森林城市建设规划探究

第一节　国家森林城市建设要求

一、森林城市与国家森林城市

对森林城市进行界定，就需要提到“城市森林”。自美国肯尼迪政府在户外娱乐资源调查报告提出了“城市森林”后，学界对于森林城市的概念的研究不断深入，但是由于不同的专家从不同的角度进行分析，也就形成了不同的认识。Miller的观点比较具有代表性，其认为森林城市就是人类密集居住区内及城区周围所有植被的总和，城市森林所包含的范围从市区直至外郊的所有植被，涉及城区及郊区的范围。我国对于城市森林的定义，《城市林业》一书中将城市森林定义为包括城市行政区域内所有树木和相关的植被和动物所共同形成的生态系统，主要包括城区森林和郊区森林（主要指连片森林）。结合学者对森林城市的定义以及森林城市建设的相关评价标准，论文比较倾向的理解是在市域范围内以改善城市生态环境，满足经济社会发展需求，促进人与自然和谐为目的复合生态系统，是城区及其周边所有森林、树木及其相关植被的总和[①]。

城市森林是建设森林城市的基础，因为城市发展更加追求经济集聚效益和规模效益，所以在很长一段时间里，城市被工商业场所密集覆盖，直到现在也有很多偏重工业化发展的城市。随着城市进程的发展，人们的环境意识逐渐增强，开始了关于生态城市建设的思考，生态城市的提出预示着城市发展迈出了重要一步，已经进入了更高的层面。生态城市建设涉及的内容涵盖了人与自然以及人与人之间的关系的多个方面。而森林城市就是

① 国家市场监督管理总局 中国国家标准化管理委员会，《国家森林城市评价指标》（GB-T 37342-2019），2019.

生态城市建设的一种具体践行，目前对于森林城市的定义还存在着一定的争议，学者之间也还存在着不同的看法。这主要是源于学者从生态学、森林美学、城市生态学不同的角度进行定义。按照《国家森林城市评价指标》中的定义，森林城市是指“在市域范围内形成以森林植被为主体，城乡一体、稳定健康的城市森林生态系统，服务于城市居民身心健康，且各项建设指标达到规定标准并经国家林业局批准授牌的城市”①。总体来看，森林城市建设是建立一个人工的生态系统，为居民提供一个空气清新、温度适宜、水土保持良好的生态居所。

二、国家森林城市发展概况

中国是世界上城市最多的国家，城市现代化发展必然带来诸多环境问题。作为一种新的城市建设理念，森林城市的概念被引入中国，成为解决城市环境问题的重要途径之一。通过理论与实践相结合，森林城市成为生态文明建设的重要载体和城市建设的重要形式。国家森林城市的发展按照数量分布大致可以分为以下几个阶段。

（一）起步阶段（2004—2008年）

此阶段先后召开了5届国家森林城市论坛会，批准国家森林城市10个。森林城市呈现点状分布，2008年国家森林城市数量仅为2019年国家森林城市总数的5.18%，各省（市、区）对森林城市有了初步认识，共有9个省级行政区拥有国家森林城市，其余各地区相继开启了国家森林城市的初步推进建设工作。

2004年，随着《关于开展关注森林活动的通知》的下发，第一届中国城市森林论坛正式召开。在发展初期，森林城市还处于试点探索阶段，2007年，国家森林城市评价指标框架已基本确定，但各项评价指标尚未完善，其理念还处于传播阶段。森林城市的建设成为适应国情和发展的创新模式，作为一项林业宣传活动，国家林业局鼓励各地积极参加森林城市的评选，以改善各省（市、区）城市生态环境，这一举措也对后期国家森林城市的发展产生巨大的影响。

（二）发展阶段（2009—2013年）

在此阶段，除每年召开1次国家森林城市论坛会外，还增加了1次中国-东盟城市森林论坛和1次中国城市森林建设座谈会，这意味着建设国家森林城市的重要性越发凸显；共授予国家森林城市49个，占2019年国家森林城市总数的25.39%，年均批准国家森林城市达到9.8个；拥有国家森林城市的省级行政区增至22个，占中国省级行政区（不包括港、

① 刘涟，戚智勇．国家森林城市创建存在的问题及对策分析 [J]. 中外建筑，2018（10）：47.

澳、台地区）的70.97%，国家森林城市的推进建设工作成效显著。

2012年，国家林业局再次修订并颁布《国家森林城市评价指标》（LY/T 2004-2012），森林城市的评选更加规范和完善。随着森林城市建设理念的广泛传播，国家森林城市建设引起各市的关注和重视，并相继加入建设队伍中，其数量呈现出由点到面的发展态势。2013年，国家林业局在《推进生态文明建设规划纲要（2013—2020）》中提出“加快森林城市创建活动，实现森林城市在中国的快速覆盖”的目标，森林城市的建设已成为国家林业局的重要工作之一。

（三）成熟阶段（2014年至今）

2015年5月，“国家森林城市”称号的批准正式被国务院列为政府内部审批事项，同时《国家中长期改革实施规划》等纲领性文件也把森林城市建设放到了重要位置。2016年1月，习近平总书记在主持召开中央财经领导小组第12次会议时强调，要着力开展森林城市建设，改善城乡生态面貌、增进人民生态福祉。2018年7月，发布《全国森林城市发展规划（2018—2025）》，指出到2025年将建成300个国家森林城市。2019年，国家标准《国家森林城市评价指标》（GB/T37342-2019）颁布。随着生态文明建设、美丽中国建设工作的深入开展，森林城市建设日益受到重视，建设热情不断高涨并呈现蓬勃发展的势头。

2022年至今，我国相关部门印发了一系列推进国家森林城市建设与发展的文件：

（1）国家林业和草原局印发《国家森林城市管理办法》，授予26个城市“国家森林城市”称号，全国国家森林城市数量达218个。

（2）住建部与国家发展改革委联合发布了《“十四五”全国城市基础设施建设规划》，推进城市结构性绿地建设。

（3）住房和城乡建设部修订印发《国家园林城市申报与评选管理办法》，全国100余个城市开展了国家园林城市建设。

（4）住房和城乡建设部办公厅印发《关于推动“口袋公园”建设的通知》，全国各地建设3520个“口袋公园”。

（5）国家林业和草原局、农业农村部、自然资源部、国家乡村振兴局联合印发《“十四五”乡村绿化美化行动方案》，推进生态宜居美丽乡村建设。开展村庄清洁行动，鼓励开展农村庭院和“四旁”绿化，持续改善农村人居环境。

（6）2023年，全国绿化委员会召开全体会议，强调要坚定不移走生态优先、绿色发展之路，久久为功做好国土绿化各项工作。印发《全国国土绿化规划纲要（2022—2030）》，为推进国土绿化事业高质量发展明确了时间表和路线图。

三、国家森林城市建设的具体要求

（一）符合“四个重要条件”

1.需编制“10年+”森林城市建设总体规划

此要求主要基于树木的长期培育特性，“十年树木，百年树人”，森林城市不是短时间能够建成的，需要十年甚至几十年才能建成。城市森林保护、培育、管理是一项长期的事业。“国家森林城市”称号批准作为一项具有中国特色的林业发展和生态传播实践活动，持续时间一般在5年左右，是一个短期的活动。如何把它与一项长期的事业有效连接起来，使获得“国家森林城市”称号真正成为建设森林城市的良好开端，编制一个期限10年以上的城市森林建设总体规划是重要的基础和前提，也是必然的选择。

2.需满足两个“2年”时间要求

森林城市建设是一个增加城市森林绿地、完善城市森林生态系统、提升城市生态功能的过程，也是一个宣传林业，弘扬生态文明理念，形成植绿、护绿、爱绿风尚的过程。要把这一过程走得扎实、取得成效，必然要经历一个时间过程。综合考虑各方面的因素，国家林业和草原局经认真研究，确定获得“国家森林城市”称号至少要满足两个“2年”的时间条件：市政府提出森林城市建设意愿，并在主管部门正式备案满2年以上；市政府正式批准实施森林城市建设总体规划满2年以上。只有这两个时间条件同时满足的城市，才有资格申请国家森林城市称号。

3.需达到“国家森林城市评价指标”规定

为了使国家森林城市建设更加规范有序，2019年国家标准委发布了《国家森林城市评价指标》（GB/T 37342–2019）。该标准主要涵盖森林网络、森林健康、生态福利、生态文化、组织管理五大体系，体系内包含36项具体指标（县级市为33项指标）。经过资料审阅、现场核验、专家评判等程序，只有36项（县级市为33项指标）指标全部达到标准的城市，才能最终被授予“国家森林城市”的称号。

4.获牌3年后需全面监测评估

国家林业和草原局对国家森林城市的授牌实行动态管理，各城市获得国家森林城市称号3年后，国家林业和草原局要组织专家对后续森林城市建设情况进行一次全面监测评估。评估合格的城市，保留称号；评估不合格的，限期整改，整改不合格或逾期未整改的，则撤销称号。

（二）处理好“五个重要关系”

1.处理好规划编制与规划实施的关系，解决好森林城市建设的前提问题

编制和实施建设规划十分重要，集中体现在“三个载体”和“三个依据”作用。“三个载体”：一是森林城市建设新理念和新要求的载体，二是森林城市建设目标和任务的载体，三是城市党委和政府对森林城市建设承诺的载体。“三个依据”：一是对森林城市建设进行指导和服务的依据，二是对森林城市建设检查核验的依据，三是授牌之后3年进行复检的依据。要真正将森林城市建设规划当作建设实施的蓝图、纲领来对待，严肃认真、不折不扣地落实到山头地块、河岸路边，真正把森林城市建设的过程变成规划落地的过程。

2.处理好大地植绿与心中播绿的关系，解决好森林城市建设的目标问题

国家森林城市建设是一个多任务、多目标的活动，增加森林绿地、提升生态意识是其中两个最基本的目标。森林城市建设过程中，既要做到“大地植绿”，加大造林绿化力度，打造与经济社会发展相适应的完备的森林生态系统；更要做到“心中播绿”，广泛地开展宣传教育活动，不断增强人们植绿、护绿、爱绿的意识，逐步树立起生态文明的理念。所以，在森林城市建设中，一定要正确处理好大地植绿与心中播绿的关系，要同等对待，不能有任何的偏废，切实做到两手都抓、两手都硬。通过森林城市建设，最终实现在大地上留下一片片有形的绿色财富，在民众心中树立起一个个无形的绿色理念。

3.处理好生态建设与区域发展的关系，解决好森林城市建设的定位问题

森林城市建设不是一个孤立的行动，是为城市经济社会发展服务的，是为城市居民追求美好生活服务的，不可能去“单枝冒进”。森林城市建设是现代城市建设的一个部分，必须将其放到城市经济社会发展大局中去谋划、去部署、去推进。需切实做到“两个相衔接”：一是要把森林城市建设作为城市生态建设的主体，与建设生态文明和美丽中国相衔接，避免出现“两张皮”，相互排斥，甚至相互“打架”；二是要把城市森林作为有生命的基础设施，与国土空间规划相衔接，避免相互脱节，要让两者相互融合，相得益彰。

4.处理好政府主导与群众参与的关系，解决好森林城市建设的动力问题

从本质上来说，森林城市建设是生产公共产品和提供公共服务的过程，这决定了它是政府施政的应有之义。一方面，各级政府必须承担起组织领导、规划编制、资金投入、指导监督、考核考评等责任，把森林城市建设真正纳入政府工作的重要议事日程。另一方面，森林城市建设又是一项改善民生、普惠百姓的公益事业，需要全社会的关心、支持和参与，要通过广泛发动和深入宣传，不断创新完善政策，激发社会力量参与森林城市建设的积极性和能动性，形成广大群众自觉投身建设的良好局面，真正形成建设过程让群众参与、建设成果让群众共享、建设成效让群众检验的格局。

5.处理好打攻坚战与打持久战的关系，解决好森林城市建设的态度问题

森林城市建设有近期目标和远期目标之分，近期目标就是在短时间内集中力量，完成相应的规划建设任务，对照国家森林城市36项指标，拾遗补阙、攻坚克难、达到标准、成功授牌。远期目标就是要打造出一个内涵外延都实至名归的森林城市。所以，各地要充分意识到，获得“国家森林城市”称号是森林城市建设的阶段性成果和新的起点，应当将完善、提升森林城市建设质量作为长远目标，树立久久为功的思想，这是森林城市建设的态度问题。

（三）坚持好“五个重要理念”

1.坚持好“以人为中心”的理念

在森林城市建设过程中，以人为中心不只是指导方针，更需要切实地体现，要改变过去林业建设中“见林不见人”的弊端，要有三个体现：森林城市的建设要体现以人为中心，森林城市的特色要体现以人为中心，森林城市的管理和使用要体现以人为中心。

改善生态、改善民生是林业发展的根本任务，也是森林城市建设的出发点和落脚点。改善生态，是要通过森林城市建设让山川更秀美、环境更适居；改善民生，是要通过森林城市建设为市民提供更多更好的生态产品，为农民增收致富开辟新的渠道。要把改善生态和改善民生统一于森林城市建设的生动实践中，贯穿于森林城市建设的规划编制、实施推进、经营管护、考核评估的全过程，使森林城市建设成为改善生态、改善民生的有力抓手和突出亮点。

2.坚持好“山水林田湖草系统治理”的理念

森林城市建设是对以森林为代表的自然生态系统的修复和完善。“山水林田湖草”是一个生命共同体，这既是习近平生态文明思想的重要内容，也是森林城市建设的基本方针。

既要把完善城市森林生态系统作为中心任务，放在首位，充分发挥森林对维护山水林田湖草生命共同体的特殊作用；又要把“山水林田湖草”作为重要的生态因子，纳入森林城市建设中统筹考虑，体现湿地保护、河流治理、防沙治沙和野生动植物保护等森林城市建设的重要内容，使各种自然生态系统通过森林城市建设实现有机统一，推进城市各种自然生态系统的协调发展。

3.坚持好“尊重自然规律”的理念

森林城市建设在造林绿化方面最大的特点，就是要通过人工方式打造近自然的森林。要改变过去简单的挖坑栽树的思想，避免造“横看成行、竖看成列”的人工纯林，要以当地天然森林为参照，结合绿地条件类型和树木的生理生态学特性，按适地适树适群落的原则，来选定造林树种、确定造林模式、绿地配置和后期管护措施，建设近自然的城市

森林，切实做到“三化”：一是造林树种选择本地化，要求乡土树的比重不得少于80%；二是森林绿地配置多样化，坚决反对造大面积纯林；三是管护措施近自然化，特别要避免追求整齐划一的过度修剪。

4.坚持好“城乡统筹”的理念

森林城市建设的空间范畴是全域性的，既包括城区，也包括郊区和乡村，要改变将城乡造林绿化分割开来的做法，将城区和乡村的造林绿化统筹起来一起考虑、一起推进，逐步实现“三个一体化”，即规划一体化、投资一体化、管理一体化，有效改善农村生态面貌和人居环境，为城乡居民提供平等的生态福利。

5.坚持好“相依相融”的理念

森林城市建设就是要科学合理地把树木、森林融入城市的各个组成单元，增加各单元的绿色总量，改善各单元的生态状况，做到林居相依、林村相依和林水相融、林路相融，真正实现“让森林走进城市，让城市拥抱森林”。

（四）建立好“三个推动机制”

1.建立好“高位推进”的组织领导机制

要把森林城市建设工作摆在党委政府工作的重要位置，真正做到主要领导亲自抓，分管领导全力抓，四套班子合力抓，条块结合共同抓。

2.建立好“部门互动”的组织领导机制

要在党委政府的统一领导下，把相关党政部门、社团组织有效地动员起来、统筹起来，根据各自的职能，承担相应的任务，做到各负其责，各司其职，形成合力，达到集成的效应。

3.建立好“市县联动”的组织领导机制

要把森林城市建设覆盖到市域每个地方，真正实现城区、乡镇、村屯的同一热度，同频共振，形成市、县、乡、村齐抓共管，百姓广泛参与的良好格局。

在这“三动”的组织领导机制中，最为关键的是各级党政一把手和林草部门。国家林业和草原局推动森林城市建设工作有两个基本的意图：一是为地方党委、政府重视林业、关心林业、发展林业提供一个“抓手”；二是为地方林业部门搭建一个动员领导、协调部门、凝聚公众的林业发展平台。

（五）提供好“两个基础支撑”

1.保障资金数量，确保“有钱办事”

森林城市建设涉及城乡生态建设的各个方面，需要大量的资金投入。要按照总体规划确定的资金数量，确保“有钱办事”，才能为森林城市建设提供保障。因此，需要做到以下几点：首先，政府大力资助，做好增量文章，加大公共财政资金的投入，保证每年对森林城市建设的投资有所增加，这是森林城市建设公益性质所决定的，同时又要做好存量文章，对生态建设领域的现有资金进行整合打捆，集中用于森林城市建设。其次，政府要勇于创新，通过创新机制和方式，吸引和接纳社会投资，在自愿的前提下采取捐资造林的办法，在森林城市建设的平台上实现多赢的局面。例如，可与中国绿化基金会等社会力量合作，吸纳社会捐赠，特别是大企业的捐赠，用于生态民生设施建设。最后，要争取国家优惠贷款，目前国家为支持林业生态建设的贷款是由国家开发银行和中国农业发展银行来执行，这个贷款近年的基本条件是贷款期28年，宽限期8年，贷款利息4.9个百分点，其中中央补贴3个百分点，省里补贴1个百分点，使用单位仅承担0.9个百分点。

2.保证充足苗木，确保“有苗造林”

造林绿化，种苗是基础。森林城市建设无论是实现绿量的增加，还是要体现地域的特色，都离不开种苗的保障。各地政府特别是林业部门，一定要提前谋划，提前准备，为森林城市建设提供品种多样、数量充足、质量上乘的苗木，保障造林绿化的需要，即“有苗造林”。国家森林城市评价标准中要求，本地乡土树种使用比重不低于80%，能否达到这个指标，都取决于苗木的供应。同时，还要建设有地域特色的森林城市，这个特色最直观的表象就是林相，而林相也取决于造林树种搭配的种类和数量。目前，在推进城镇化建设过程中，普遍存在“千城一面”的现象，森林城市建设要避免这一现象的出现，最关键的就是在造林树种选择上，要尽量使用本地树种、本地苗木，体现本地森林特色。

（六）着力推进“四项核心工作”

1.着力推进“森林进城”

森林城市规划建设时需将森林科学合理地融入城市空间，形成林在城中、城在林中的景象，使中心城区适宜绿化的地方都绿起来。一方面，要利用好街边空地和裸露地块，积极发展以林木为主、便民实用、精美精致的街心公园、小游园、小绿地，增加市民绿色休闲活动空间，实现老百姓“推窗见绿、出门进林”的愿望；另一方面，要开展森林单位、森林社区等不同形式的建设活动，推进森林进小区、进园区、进工厂、进学校、进军营，增加市民日常生活的森林绿地，实现老百姓“身边增绿”的目标。

2.着力推进“森林围城”

充分利用不适宜耕作的土地开展绿化造林。通过生态保护和生态建设，构建起环绕城市的森林生态屏障。一方面，要加强城市周边自然山体、水体的生态修复，并因地制宜建设森林公园、湿地公园、郊野公园和树木园、植物园，形成大斑块的环城森林绿地；另一方面，要加强城市周边公路、铁路两旁以及沿江、沿河两岸的群落式林带建设，形成林路相依、林水相依的生态景观林带。

3.着力推进“森林文化建设”

培育城乡居民的生态文明意识，一要建立健全生态文化设施，包括森林博物馆、标本馆、科普长廊、生态标识，以及树林园、植物园、野生动物园等，使老百姓在游憩中得到生态文明理念的熏陶；二要挖掘弘扬森林生态文化，包括竹文化、花文化、茶文化、古树名木文化等，并以此为基础，开展文学、音乐、书画、摄影等创作活动，丰富老百姓的精神文化生活；三要广泛开展市树市花评选，以及种植纪念林、树木认养等群众参与式、体验式活动，激发人们关注森林、保护森林、营造森林的自觉性责任感。

4.着力推进“森林惠民行动”

森林城市的建设成果均服务于百姓，要采取切实措施，让百姓能够自由进入森林、享受森林，提升百姓对森林城市建设的获得感。对于现有森林绿地，要撤除栅栏，使百姓进得去、用得着，特别是所有公共绿地和公园，应当免费向市民开放。对于新建森林绿地，要同步规划和建设好步道系统和指示标牌，方便百姓在森林绿地里面休闲游憩。对于整个森林绿地，要科学合理地规划建立起“绿道系统”，满足百姓在森林中闲游慢走、疾行跑步的需要。

第二节　国家森林城市建设的重点工作

一、建设前的重点工作

国家森林城市建设是一个城市推进生态建设的重大举措，涉及城市建设的多个方面和不同领域。在启动国家森林城市建设之前，需要城市党委政府特别是林草部门做好大量细致的前期准备工作。

（一）客观分析国家森林城市建设的可行性

《国家森林城市评价指标》从林木覆盖率、城区绿化覆盖率、城区人均公园绿地面积、水岸绿化、道路绿化、树种丰富度、公众对森林城市建设的支持率和满意度、组织领导、保障制度等方面，对城市获得“国家森林城市”称号做出了严格规定。这需要城市党委政府在启动国家森林城市建设前，对城市的生态资源、建设决心、支持力度、社会环境等进行客观全面、深入精准的分析评价，特别是对重要指标的完成潜力和实现路径有一个清楚的认识，避免盲目跟风，在不具备建设基础的情况下推进工作。

（二）准确把握国家森林城市建设的程序性要求

2015年国务院将“国家森林城市”称号批准正式列入政府部门审批事项，作为业务主管部门的国家林业局对称号批准程序做出了详细规定，为公正、高效地开展称号批准工作提供了制度保障，也为各城市有序推进森林城市建设明确了工作路径。

首先，各城市要通过所在地省级林业主管部门向国家林业和草原局有关业务部门提出备案申请。其次，城市得到备案答复后，根据以上“总体要求”，要编制规划期限10年以上（含10年）的国家森林城市建设总体规划，作为推进国家森林城市建设的基本遵循和落实《国家森林城市评价指标》各项标准的重要载体。城市的国家森林城市建设总体规划经专家评审通过并经城市党委政府通过一定的议事程序批准实施后，还应通过所在地省级林业主管部门报送国家林业和草原局有关业务部门备案。最后，城市在符合备案和规划实施时间条件后，要按照国家林业和草原局有关业务部门要求，经所在地省级林业主管部门提交“国家森林城市”称号批准申请材料。

（三）准确把握国家森林城市建设的技术性要求

国家森林城市建设是一项实践性很强的工作，需要一系列技术指标来规范约束。国家森林城市建设的技术性要求主要体现在三个方面。一是要准确理解《国家森林城市评价指标》各项标准的内涵，特别是对一些国家森林城市专门性的指标更要全面掌握其特定含义、测量步骤和计算方法，避免因理解错误导致事倍功半。二是要严格落实《国家森林城市评价指标》各项标准的要求，将指标细化为建设任务按时保质保量完成。三是要严格落实国家森林城市建设其他有关技术规范的要求。

二、建设中的重点工作

获得“国家森林城市”称号是国家森林城市建设重要的阶段性目标，为此，森林城市建设要紧密围绕获得“国家森林城市”称号的要求来谋划部署，开展好、落实好与森林城市建设各项指标等硬性要求关系密切的工作。

（一）加强组织领导

实践证明，有力有效的组织领导是确保城市如期获得“国家森林城市”称号的重要保障。全国已经获牌的国家森林城市，在建设过程中均成立了以市委书记或市长为组长或指挥长、城市各有关部门主要负责同志为成员的建设组织机构，形成了党委政府主导、林业部门牵头组织协调、各部门各司其职、社会公众广泛参与的国家森林城市建设工作格局，为高效有序推进森林城市建设发挥了极为重要的作用。加强对国家森林城市建设的组织领导，一方面，城市党委政府要督促建立健全建设组织领导机制，加强对森林城市建设的人力、物力、财力支持，抽调骨干力量组建专门机构，保障稳定的办公经费和条件，为工作配合提供便利。另一方面，城市党委政府要提高思想认识，站在贯彻落实习近平新时代中国特色社会主义思想、党和国家关于建设生态文明和美丽中国的重大决策部署、提升城市可持续发展能力和满足城乡居民对美好生活需要的高度，来认识和看待国家森林城市建设工作，摒弃将国家森林城市建设作为传统意义上林草工作的错误看法，摒弃将国家森林城市建设归结为仅是林草部门的工作事项的错误看法，将森林城市建设纳入城市经济社会发展战略之中，纳入城市党委政府的重要议事日程。

（二）抓好规划落实

规划是推进森林城市建设、完成建设目标的总抓手、总遵循，必须将规划确定的各项任务落到实处。一方面，要增强规划的权威性，对城市党委政府经过一定议事程序批准实施的规划，不得随意变更规划内容，除因行政区划调整、国家重大政策调整、发生重大自然灾害等事由外，不得删减规划工程项目，不得调减规划投资概算，不得减低规划建设指标。确需修改规划的，要广泛征求各方面特别是林草部门的意见，按照评审通过、批准实施规划的程序进行。另一方面，要增强规划的可操作性，要按照规划确定的进度安排和责任分工，做好任务分解，形成更加细化的规划实施方案，将工程项目分解落实到各部门、各街道乡镇，并建立考核验收和奖惩制度，实行日常督导和集中督导有机结合，做到一项目一考核一验收、一年度一考核一验收，对完成规划任务不力的部门和人员予以追责。

（三）抓好宣传发动

宣传发动既是国家森林城市建设的重要内容，也是凝心聚力推进建设工作的重要手段。在国家森林城市建设过程中，一方面，要定期召开多种形式的森林城市建设部署会、推进会、座谈会、研讨会，解决重大问题，谋划重点工作，持续推动党委政府和各相关部门持之以恒推进森林城市建设，同时把建设任务的部署落实过程变成对建设的宣传发动过程。另一方面，要广泛运用各种媒体，特别是微信、微博，既宣传森林城市建设的理念意义，也宣传森林城市建设的目标任务；既宣传森林、湿地的功能作用，也宣传生态资源的保护方式，吸引更多目光、凝聚更多力量参与森林城市建设。同时，不断提高社会公众对森林城市建设的知晓率、支持率和满意度，以满足《国家森林城市评价指标》的相应要求。

（四）做好资料收集

做好资料收集，既是日常留存档案的工作要求，更是城市申请“国家森林城市”称号时编制相关资料，制作工作展示画册和视频的实际需要。一方面，要注意整理汇总建设过程中印发的文件、制订的方案、出台的政策、刊发的稿件，并进行电子化处理，形成完整的建设档案资料库，为申请“国家森林城市”称号时编制相关材料提供依据、打好基础：另一方面，要注意拍摄积累建设影像资料，特别是能够真实反映建设成效的照片和视频，并按照年度、季节等标准归档入库，为生动展示森林城市建设成果储备素材、做好铺垫。

（五）做好信息交流

及时收集信息、上报信息、展示成效、反映困难、提出建议，是形成上下良好互动、促进森林城市建设健康发展的有效途径。做好信息交流，一方面，要按照相关要求，按时向有关业务部门上报建设工作总结，以及进展情况和动态信息，以便有关部门准确掌握本地森林城市建设进展情况，及时提供更有针对性和可操作性的指导和帮助；另一方面，要加强与省级林业主管部门的沟通联系，认真听取和落实相关业务处室的意见和建议，以便建设工作始终得到省级林业主管部门的关注和重视，争取在资金、项目等方面获得更多的支持。

三、建设后的重点工作

获得“国家森林城市”称号后，需根据国家森林城市建设总体规划确定的任务，继续推进森林城市建设，巩固和提升建设成果，并逐步真正实现森林城市的建设愿景。

（一）保持工作力度的持续性

很多城市在森林城市建设期间，为实现获得“国家森林城市”称号这一目标，在组织领导、资金投入、工程项目、政策扶持等各个方面给予倾斜，保证了建设工作高质量、高标准推进。但获得“国家森林城市”称号只是森林城市建设的一个阶段性任务，获得称号并不意味着成为真正意义上的森林城市，建成森林城市还需要长期不懈的努力和奋斗。因此，城市党委政府要对森林城市建设实行常态化管理，始终作为一项重要工作定期研究、定期部署、定期检查，并将森林城市建设纳入年度目标考核，让森林城市成为党委政府日常工作的重要组成部分。

（二）保持机构人员的稳定性

国家林业和草原局对国家森林城市实行动态管理，主要是在授牌后继续督促各城市按照既定标准提升森林城市建设水平。称号授予3年后，组织一次全面的监测评估。这就需要各城市在获得称号后，继续保留相应的机构和人员，开展相关工作，并不断创新完善工作机制，使森林城市建设在高起点上不断取得新的更大成效。

（三）保持总体规划的严肃性

无论是授予“国家森林城市”称号，还是保有“国家森林城市”称号，国家森林城市建设总体规划的执行情况都是重要的考核指标和依据。特别是获得国家森林城市称号后，规划成为督促城市党委政府推进森林城市建设的重要依据。为此，一方面，要坚定不移地维护国家森林城市建设总体规划的地位和效力，不得以其他生态建设规划替代，不得随意废止或变更；另一方面，要坚定不移地推进国家森林城市建设总体规划的实施和执行，让每项工程都能严格按照规划确定的时间表和路线图落实落细，城市党委政府要承担规划要求落实推进森林城市建设的责任，特别是资金投入、政策扶持方面的责任。

第三节　国家森林城市总体规划编制

一、总体规划的重要性和主要内容

（一）总体规划的重要性

国家森林城市建设总体规划，是国家森林城市建设中极其重要的工作内容之一，按照《国家森林城市评价指标》（GB/T 37342-2019）中的“规划编制”指标要求：每个城市开展森林城市建设都要编制规划期在10年以上的国家森林城市建设总体规划，并批准实施2年以上。

森林城市建设总体规划是城市党委政府落实森林城市建设各项指标的重要载体，是城市相关部门明确各自职责分工的重要遵循，是业务主管部门评价考核森林城市建设成效的重要依据。科学编制总体规划既是森林城市建设的硬性要求，也是有序推进森林城市建设的必然选择。

森林城市建设要严格按照依法通过的森林城市建设总体规划，明确目标任务、时间周期、工程项目等来推进和开展，将总体规划作为推进森林城市建设的总遵循和总方案，突出总体规划在森林城市建设中的关键作用，强化规划的权威性、稳定性和有效性，保证规划严格执行。

（二）总体规划的基本任务

1.客观分析国家森林城市建设的可行性

《国家森林城市评价指标》包含的指标要求，从林木覆盖率、城区人均公园绿地面积，到组织领导、保障制度等多个方面，对城市获得“国家森林城市”称号做出了严格规定。这需要《总体规划》对城市的各项指标进行客观分析，评估能否提供“有人做事”“有钱办事”和“有苗造林”等一系列的保障。最终明确建设森林城市的可行性，并提供切实可行的建设路径和渠道。

2.明确国家森林城市建设的目标和任务

编制森林城市建设总体规划的主要目标，就是要确保各项建设指标在规划中得到落实，通过规划建设后达到国家森林城市的指标要求，因此总体规划要明确提出森林城市建设的目标和任务，包括扩大城市绿色生态空间、增强社会公众生态文明意识、开展生态科普宣传教育、增加城乡居民生态服务等措施，并要明确城市党委政府在森林城市建设中的主要职责。

3.有效衔接国土空间等相关规划要求

森林城市建设总体规划是对城市已有森林、湿地等自然资源的保护和发展做出的再安排、再布局，必然受到城市现有资源条件和各种规划的制约，因此编制森林城市建设总体规划必须要与相关规划，特别是上位规划有效衔接和协调。森林城市建设总体规划要与城市的国土空间规划、经济社会发展规划和不同时期林业发展规划相衔接，同时要与森林、绿地、湿地等专项规划相衔接，确保森林城市建设总体规划贴近实际、利于落实。

4.具体体现生态文明建设的基本要求

国家森林城市建设，是根据生态文明建设的新理念、新要求，对城市自然生态系统进行保护、修复和综合治理。总体规划的编制将生态文明理念贯穿于整个森林城市的建设当中，使它区别于一般的造林绿化，或是传统的林业生态建设。突出人与自然和谐相处的理念，真正体现尊重自然、顺应自然、保护自然的要求。

（三）总体规划主要内容

根据《国家森林城市建设总体规划编制导则（草案）》的要求，结合多年的规划实践，国家森林城市总体规划的基本内容如下。

1.规划文本主要内容

（1）项目背景及意义包括项目建设背景与项目建设意义。

（2）基本情况概述。

（3）现状分析与评价包括资源本底分析评价、森林城市建设指标分析、发展潜力分析和存在问题与提升策略等。

（4）发展思路与规划布局包括国家森林城市建设的指导思想、基本原则、规划依据、规划期限与范围、发展愿景、建设目标和规划布局等。

（5）森林生态体系建设包括城区森林建设、乡镇村森林建设、生态廊道建设、重点生态工程建设、生态环境修复、自然保护地建设等。

（6）生态福利体系建设包括生态休闲场所建设、城乡绿道网建设、花卉苗木产业建设、特色经济林建设、森林康养基地建设、乡村生态旅游建设等。

（7）生态文化体系建设包括生态科普教育基础设施建设、古树名木保护、生态文化保护与传播、生态文明示范单位建设等。

（8）支撑保障体系建设包括森林防火能力提升工程、有害生物防治体系建设、林业科技支撑体系建设、林政资源管理体系建设、智慧林业体系建设等。

（9）投资估算和效益评价包括投资估算、效益分析等。

（10）规划实施保障措施包括组织保障、制度保障、资金保障和科技保障等。

2.规划图纸主要内容

（1）现状图包括区位分析图、卫星影像图、土地利用现状图、森林资源分布图、自然保护地分布图等。

（2）规划图包括森林城市建设布局图、森林城区建设工程规划图、乡镇村森林建设工程规划图、生态廊道建设工程规划图、重点生态工程建设规划图、受损山体生态修复工程规划图、森林质量精准提升工程规划图、生物多样性保护工程规划图、生态旅游建设工程规划图、绿道系统建设工程规划图、特色产业建设工程规划图、生态文化体系建设工程规划图、森林防火体系建设工程规划图和有害生物防治工程规划图等。

3.附件主要内容

（1）投资估算表：包括投资估算汇总表与投资估算明细表

（2）《国家森林城市建设总体规划》专家评审意见

（3）《国家林业和草原局关于某市人民政府申请创建国家森林城市的复函》

二、总体规划编制办法与基本思路

（一）总体规划基本原则

参考《全国森林城市发展规划（2018—2025）》和《国家森林城市评价指标》（GB/T37342-2019），结合多年实践经历，总体规划的基本原则如下。

1.坚持合理布局，突出重点

充分考虑城市自然地理特征、资源环境条件、森林植被分布，以及经济社会发展水平等因素，同时围绕城市的发展战略与城镇化发展布局，坚持问题为导向，解决实际困难。对森林城市进行科学区划布局，确定建设重点和发展区域。

2.坚持系统建设，统筹推进

按照“山水林田湖草”是一个有机生命共同体的战略思想，将发展森林作为森林城市建设的中心任务，同时统筹兼顾湿地保护、河流治理、受损弃置地恢复、防沙治沙和野生动物保护等方面，推动城市自然生态系统协调发展。

3.坚持城乡一体，协调发展

将城区绿化与乡村绿化统筹考虑，同步推进，改变城乡生态建设二元结构，消除城乡人居环境差距，为城乡居民提供平等的生态福利。

4.坚持惠民富民，强化服务

坚持以人民为中心的建设思想，围绕方便居民进入森林、使用森林，保障居民身心健康，促进农民增收致富等需求，把森林作为城市重要的基础设施，强化生态公共服务功能，确保森林城市建设成果惠及全民。

5.坚持循序渐进，科学推进

尊重自然规律和经济发展规律，将森林城市建设作为长期、系统工程，科学持续推进。分期制定规划任务与目标，保证建设成果的可操作性与科学性。

（二）总体规划编制流程

从全国各地开展国家森林城市总体规划的工作实践来看，大致分为五个阶段。

（1）准备阶段。起草编制工作方案、确定技术路线、收集基础资料和开展现场调查。

（2）编制阶段。整理分析基础资料，确定森林城市发展愿景、目标、建设总体布局、主要工程措施及投资等，完成总体规划征求意见稿的编制。

（3）公众参与阶段。广泛征求当地政府、主管部门、专家及公众等相关利益方的意见，修改完善总体规划，形成送审稿。

（4）送审阶段。由国家林业和草原局组织专家预审，并由城市人民政府组织评审，对总体规划提出审查修改意见。根据专家意见组织对总体规划进行修改和完善。

（5）报批阶段。总体规划最终稿报国家林业和草原局备案。

（三）总体规划期限目标

森林城市建设要有明确的目标和具体任务，10年期以上的森林城市建设总体规划，一般按照三个阶段来规划目标与任务。

1.第一阶段：达标期

从规划报批实施到获得“国家森林城市”称号的期间，属于达标期。

努力完成国家森林城市建设的基础性工作，按期分步实施森林城市建设重点工程。到达标期结束，各项指标均达到《国家森林城市评价指标》（GB/T 37342–2019）的要求。通过国家森林城市建设主管部门的验收，获得“国家森林城市”的荣誉称号。

2.第二阶段：提升期

从获得“国家森林城市”称号到监测评估的期间，属于提升期。

继续提升森林城市建设取得的各项成果，持续实施规划期内的既定任务。对前期实施的工程查漏补缺、巩固和完善城市森林生态系统建设，使各项指标均有所提高。

3.第三阶段：巩固期

监测评估后的若干年，属于巩固期。

城市森林结构与功能得到全面优化，森林城市建设质量获得全面提升，城市生态环境得到根本改善，森林城市建设的生态福利实现全民共享。

（四）总体规划布局要求

森林城市总体规划布局要求综合考虑城市的自然地理条件、建设空间布局、生态功能定位、森林资源现状以及当前森林城市建设需解决的问题，结合未来城市发展要求和生态建设方向，涵盖森林城市规划的建设工程来制定。主要布局要点如下。

1.中心城区、乡镇、村三级重要建设单元

森林城市建设坚持以人民为中心，围绕方便老百姓进入森林、享用森林、促进农民增收致富等需求，把森林作为城市重要的基础设施，强化生态公共服务功能，确保森林城市建设成果惠及全体人民。因此，首先要重点建设人们居住地的森林环境，包括中心城区、乡镇、村三级重要建设单元。

中心城区森林建设应考虑同城市总体规划等上位规划相衔接，把森林城市建设纳入城市总体发展规划中，留足森林城市建设的用地空间，形成协调发展、相互依存、相互支持、相互促进的有机整体，构建可持续发展的人居环境。乡镇村森林城市建设要充分利用原有的森林植被、林草植被、古老的林木和原生的地形地貌的自然生态价值，通过合理的设计使之成为城市森林的组成部分。农村的大面积片林和村镇、水体、农田、公路、铁路沿线的防护林网建设，要一直延伸至城市边缘，与城市内部的森林体系连成一体，从而加强城市森林内部各种组成成分之间的生态连接，提高城市森林生态系统的稳定性，并有效溶解城市边缘，实现城乡森林一体化。

2.道路绿化、水系廊道、农田林网、绿道网络四网建设单元

森林城市规划布局强调构建“点、线、面”相结合的完善的森林生态网络体系。规划要以道路、河流、农田林网等的绿化为“线”；形成道路绿化、水系廊道、农田林网、绿道网络四网建设的复合型森林生态网络，实现森林资源在空间布局上的合理、均衡配置。河流、道路沿线的绿化带作为城市贯通性主干森林廊道，在宽度、配置模式等方面强化生态功能，既可以发挥改善环境的生态功能，也可以起到连接各类森林斑块构成网络体系的作用。建设的同时加强绿道网络的贯通，多空间多层次地实现生态福利，较好地满足城乡居民对森林绿地的多种需要。

3.重要保护、修复、休闲建设单元

森林城市建设按照“山水林田湖草”是一个有机生命共同体的战略思想，充分发挥森林对维护“山水林田湖草”生命共同体的特殊作用。规划重点保护、修复、休闲的建设单元，主要包括自然保护地、受损弃置地和生态旅游场所，开展森林、湿地和野生动植物保护，进行矿山修复、河流治理、防沙治沙等生态修复工程，同时发挥自然资源的生态服务功能，推进城市自然生态系统协调发展。

重要保护、修复、休闲建设单元不能单纯从资源或类型的角度去理解，而是一种包含多种因素干扰的新型森林生态系统，强调保护原有的地带性天然植被。通过生态与人文结合的方式加以营造，科学修复，既可以反映城市的历史，也能体现自然的韵律，使它们的生态价值、文化价值、历史价值更充分、更完美地表达出来，使森林城市在整体上具有更深厚的历史和文化底蕴。

（五）总体规划编制常见问题汇总

结合多年的编制和评审经验，《总体规划》制作过程中，应注意避免以下问题。

1.“建设背景和意义”编写要点

（1）编制前言，叙述过程

规划要编制前言，对城市的基本情况进行简要概述，对《总体规划》主要内容及编制过程及阶段进行叙述，方便阅读者了解规划的基本情况。

（2）概念内涵，可以省略

规划中有关森林城市的概念内涵等内容可以省略，重点介绍森林城市建设的背景与必要性。

（3）注重逻辑，表述简洁

整个文本编制要注重逻辑，表述简洁。森林城市建设意义和规划背景是有关联度和统一性的。

2.“城市基本情况”编写要点

（1）土地数据不可少

总体规划要与国土空间规划相衔接，土地数据是重要的基础资料，不可或缺。

（2）旅游资源要单列

旅游资源对应着后续的生态福利体系内容，在现状中应重点表述。

（3）基准年要明确统一

所有的基础数据的统计基准年要保持一致，不可出现多个年份的现状情况。

3.“森林城市建设现状分析与评价”编写要点

（1）前后数据统一

总体规划涉及的数据非常多，包含现状数据，前、中、后期的规划数据，一定要保证整体数据的统一性和唯一性。

（2）指标对照翔实

森林城市评价指标要进行逐项、认真对照分析，有完整的数据和现状调查及计算过程，以此来判断达标与否，从而找出森林城市建设的薄弱点和方向。

（3）潜力分析全面

总体规划应该对林地资源、绿化用地、生态用水、建设资金等潜力进行全面分析，保证森林城市建设的可行性。

4.“总体规划”编写要点

（1）指导思想具有高度

指导思想要与国家政策法规相衔接，指导森林城市的具体建设。

（2）规划原则针对性强

规划原则要与城市特点相结合，不能使用放之四海而皆准的原则。

（3）规划依据及时更新

规划依据要使用国家和部门发布的最新法规、标准或者规划，不能出现过期的文件。

（4）规划布局结合工程

规划布局要反映森林城市建设的重点工程，而不是简单的城市生态空间结构。

5.“规划体系”编制要点

（1）撰写有逻辑

各单项工程要根据现状情况、规划目标、规划工程这个逻辑来进行编制，工程的设置目标主要是补齐森林城市建设的短板，达到国家森林城市标准。

（2）工程不交叉

各项工程设置不可交叉，统计过程中，工程量、投资额要注意区分，避免给后期核查工作带来麻烦。

（3）项目要落地

所有的工程设置要有明确的建设地点和时间，有利于后期的实施与核查。

第四节　国家森林城市规划建设

一、国家森林城市规划建设原则

（一）坚持绿色惠民，强化服务

坚持以人民为中心的建设理念，以提供更多优质生态产品满足人民日益增长的优美生态环境需要为出发点，把增进居民生态福祉的要求体现到森林城市建设的各方面，把森林作为城市重要的生态基础设施，强化生态公共服务功能，确保森林城市建设成果惠及全体人民，切实把森林城市建设办成顺民意、惠民生、得民心的德政工程。

（二）坚持系统建设，统筹推进

坚持山水林田湖草整体保护、系统修复、统筹兼顾、综合治理，按照生态系统的整体性、系统性及其内在规律，统筹考虑自然生态各要素，围绕解决城市生态系统保护与治理中的重点难点问题，实施重大生态系统保护和修复工程，提升生态系统生态功能；坚持近自然经营管理理念，按照森林生态系统演替规律，培育健康稳定的近自然城市森林，提高森林生态系统稳定性。

（三）坚持城乡一体，互融互通

坚持城乡一体化发展，统筹考虑城市绿化、城镇绿化、乡村绿化，同步推进，实现规划一体化、投资一体化、管理一体化；优化拓展城乡生态空间，增强生态系统的连通性，为城乡居民提供平等的生态福利，形成城乡一体、互融互通的森林生态网络。

（四）坚持循序渐进，科学节俭

尊重自然规律和经济发展规律，把森林城市建设作为一项长期性、系统性工程，以科学规划为引领，科学持续推进，反对违背自然规律的蛮干行为，尤其是运动式推进。坚持立足当前，务求实效，反对违背群众意愿的形象工程，推动城市生态建设由注重数量向注重质量转变，由外延式扩张向内涵式发展转变。坚持分期有序建设，既面向当前，又着眼长远，科学推进。坚持走科学、生态、节俭绿化之路，牢固树立科学绿化意识，科学务实建设国家森林城市。

（五）坚持政府主导，共建共享

充分发挥各级政府的主导作用，加强组织领导、建设保障和宣传工作，实行区域内生态共建、环境同治，推动省、市、县（市、区）、乡（镇）、村上下联动，各职能部门密切配合，引导公众积极参与，以共建促共享，提高城市生态服务水平，齐心协力推进森林城市建设。

二、国家森林城市规划建设重点

（一）努力增加森林资源总量

针对森林城市总体面临森林资源总量不足、林木绿化覆盖率偏低等问题，规划以提高国土绿化水平、增强森林生态功能、提升生态环境承载力为主线，健全完善国土绿化推进机制，深入实施大规模国土绿化工程、森林生态修复工程、农田防护林建设工程、森林生态廊道建设工程、矿山生态修复工程等重点林业生态工程，努力增加森林资源总量，不断提高林木覆盖率，扩大绿色生态空间，厚植绿色生态本底，保障区域生态安全。建设工程设置应与国土空间规划相融合，将造林地块落实到山头地块，坚决制止耕地“非农化”和防止耕地“非粮化”。充分利用边角地块、房前、屋后、宅旁、村旁开展植树造林，消灭荒山荒地，实施困难地造林；重点加强农田防护林建设，高标准建设农田防护林、道路林网和水系林网。

（二）着力提升森林资源质量

针对中幼林占比较大，树种单一，结构简单，林龄结构不合理，单位面积森林蓄积量不高，森林质量亟待提升等问题，规划应重点实施森林质量精准提升工程，着力提升森林质量。加大天然林保护力度，加强人工林抚育，采取近自然的森林抚育方式，促进林木健康生长；加快退化林修复，实施低质低效林改造工程，积极营造混交林，增加造林树种的多样性；深入实施林相改造工程，注重森林景观功能，发挥森林的多重效益。

（三）不断扩大绿色生活空间

针对城区绿量不足，公园绿地分布不均，公园绿地服务半径覆盖存在盲区，林荫道路、林荫停车缺乏等问题，规划坚持以人民为中心的发展理念，着力扩大绿色生活空间。充分利用边角地块、疏解腾退的空间留白增绿，见缝插绿，不断增加绿地面积；重点突出街头绿地、小游园、小微绿地建设，扩大公园绿地服务半径，加强公园绿地基础设施建设，健全公园绿地生态服务功能，满足市民对休闲绿地的需求；积极开展屋顶绿化和垂直绿化，坚持乔灌花草搭配，构建多层次、多树种的近自然城市森林，不断提升城市生态环境容量；加强林荫停车场和林荫道路建设，打造林荫景观路，稳步推进“森林单位”“森林社区”等创建活动，提升人民群众的幸福感；实施绿地精细化管理，不断提高森林树木养护水平，不断提升城市绿地品质。

（四）重点突出村镇绿化美化

针对村镇绿化薄弱，绿化水平参差不齐，乡镇建成区绿量不足，公园绿地缺乏，乡村公共休闲绿地缺乏等问题，规划结合乡村振兴战略，深入实施乡村绿化美化工程，突出重点，补齐短板。积极开展森林城镇、森林乡村创建工作，注重乡镇公园绿地、乡村公共休闲绿地建设及乡村道路、庭院绿化美化，建设景观优美、乡风浓郁的乡村森林，实现净化、绿化、美化、亮化，打造生态宜居、人与自然和谐共生的美丽家园；加强乡村历史文脉传承，加大风水林、景观林保护力度，保护好乡村的自然环境与人文风貌，让居民望得见山、看得见水、记得住乡愁。

（五）着力构建绿色生态廊道

针对城市各生境斑块破碎化、孤岛化等问题，规划依托自然山脉、河流水系、道路林网、农田林网构建绿色通道、生态廊道，连接孤岛状的山地森林、平原片林、湖泊湿地等生态空间，加强生态斑块、城市组团、农业空间之间的绿色连通，促进物种沟通、基因交流，实现森林生态系统、湿地生态系统、农田生态系统及城市生态系统之间的互联互通，着力解决自然景观破碎化、保护区域孤岛化、生态连通性降低等突出问题，促进物种迁徙和基因交流的生态廊道建设，维护生物多样性。国省干道通过改造提升、密度调控等措施，提高通道林网质量，建设成为横贯东西、沟通南北的绿色通道、景观通道、休闲通道。骨干河流水系通过水岸保护、补植补造、更新改造等措施，营造水源涵养林、水土保持林，建设足够宽度的贯通性生态廊道。农田林网选用“大网格、宽林带”或“窄林带、小网格”建设模式，完善农田防护林带，优化农田林网结构布局，加强农田生态系统与其他生态系统的物质循环、能量流动和信息传递。

（六）深入开展自然保护地建设

针对自然保护地定位模糊、多头管理、交叉重叠、边界不清、区划不合理、保护与发展矛盾突出等问题，规划深入贯彻落实中共中央办公厅国务院办公厅《关于建立以国家公园为主体的自然保护地体系的指导意见》（中办发〔2019〕42号），建立以国家公园为主体、自然保护区为基础、各类自然公园为补充的自然保护地体系。

重点开展自然保护地摸底调查，全面摸清自然保护地建设现状、存在问题；按照自然保护地整合优化预案，深入推进自然保护地勘界立标、综合科学考察、总体规划编制等工作；积极开展自然保护地监测，为自然保护地建设管理提供数据支撑；加强自然保护地管理，建立健全管理机构，加大资金投入，引进专业人才，提高管理水平，实现自然保护地保护自然、服务人民、永续发展的目标。

（七）千方百计增加生态福祉

针对森林生态场所难进入、难到达，公共生态产品供给不足等问题，森林城市建设是生产公共生态产品和提供公共生态服务的过程，规划应把让进入、能到达、有服务、受教育作为增加市民生态福祉的重要举措。“让进入”就是要做到允许进，建设单位不能画地为牢；做到免费进，森林场所应当取消门票；做到舒心进，林地环境应该成荫成景。“能到达”就是要建设多层级绿道、多类型绿道、多功能绿道，着力构建便捷通达的绿道网络，满足人民多样化需求。“有服务”就是要扩大生态产品有效供给，提高服务的有效性；科学配置各类功能绿道，提高服务的针对性；充分发挥森林康养服务功能，提高服务的落地性。“受教育”就是要构建丰富多样性的自然教育场所，建设完善的生态文化标识系统，设置入心入脑的科教形式。推动建立“全民享绿”机制，让市民切实感受到绿化建设带来的成效，让森林城市建设成果最大限度地惠及广大市民，从而提高全体市民的获得感和幸福感。

（八）做精做强绿色富民产业

针对林业产业处于初级阶段，一、二、三产业发展不协调，产业结构不够合理，集约化程度不高，精深加工水平低，特色产业不够突出，林业产业富民能力不强等问题，规划重点结合乡村振兴战略，充分利用好森林资源，发展森林康养、生态旅游、特色经济林、林下经济、竹产业、国家储备林等绿色富民产业，促进一、二、三产融合发展，实现森林资源变资产、资产变资本，实现绿水青山向金山银山的转变。一是加强特色经济林基地建设，积极发展油茶、核桃、栗、枣、柿、杏、花椒等特色经济林，高标准建设一批栽培技术先进、配套设施完善、区域特色鲜明的特色经济林示范基地，积极培育跨地区经营、产供销一体化的林产品生产、加工、贮藏、流通龙头企业，延长产业链；二是大力发展林下经济，充分发挥林地资源和森林环境等优势，积极引导扶持发展林菌、林药、林菜、林花、林粮、林禽、林畜、林蜂、林下采集等林下种植业、养殖业和采集业，培育林业新产业新业态；三是加强花卉苗木基地建设，加快建设乡土树种和珍贵树种苗木基地，采用组培育苗、容器育苗、轻基质育苗等新技术，提升苗木质量，提高苗木生产保障能力；四是鼓励竹资源丰富的区域发展竹产业，着力建设丰产竹林基地，扎实推进笋竹精深加工，做大做活竹文化产业；五是深入推进国家储备林建设，因地制宜培育大径级用材林和珍贵树种用材林，维护国家木材安全；六是全面构建以森林公园、湿地公园、地质公园等自然公园为主体，其他生态旅游场所等相结合的生态旅游发展体系，完善生态旅游设施建设；七是充分挖掘自然景观、森林环境、民俗风情、休闲养生、医疗保健等资源，因地制宜打造一批环境优美、设施完备、服务周到的森林康养基地，构建以“森林、健康、休闲、养生”为主的森林康养体系，促进康养旅游业态与观光、度假、体育、研学等旅游业态的产业联动发展，推动全域旅游高质量发展。

（九）大力繁荣发展生态文化

针对生态科普教育场所不足，生态文化宣传力度不够，生态标识系统建设尚不完善等问题，规划重点加强生态场馆建设，依托国家公园、自然保护区、自然公园等自然保护地建设参与式、体验式生态科普教育场所；创新义务植树形式，建设“互联网 + 全民义务植树”基地；广泛开展城市绿地认建、认养、认管等多种形式的社会参与绿化活动，建立党建林、巾帼林、幸福林等特色文化林基地；加强古树名木保护，开展古树名木后备资源调查；开展全民自然教育，建立自然教育学校、自然教育网点，开设自然教育课程；完善生态标识系统建设，深入挖掘地方特色文化，丰富生态文化内涵，加大生态文化宣传力度，积极开展科普宣传教育活动和文化节事活动，传播生态文化，弘扬生态文明，不断增强城市居民生态环境保护意识，提高国家森林城市建设知晓率、支持度和满意度。

（十）筑牢资源安全保障体系

针对资源管护工作压力大，森林防火、林业有害生物防治等生态安全保障基础薄弱等问题，规划全面推行林长制，进一步压实地方各级党委和政府保护发展森林资源的主体责任，加大森林防灭火、林业有害生物防治力度，加强林政资源管理，严守生态保护红线，全力构建强劲有力的森林资源和生态安全保障机制，筑牢资源安全保障体系。一是强化森林防火基础设施建设，提高装备技术水平，加强专业森林消防队伍建设，全面提升森林火灾综合防控能力。二是加强林业有害生物防控基础设施建设，全面提升防控能力，突出抓好重大林业有害生物灾害综合治理，建立健全林业有害生物防治监测预警体系、检疫预灾体系、防灾减灾体系、防控服务保障体系和检疫执法体系。三是加大全面保护森林资源的宣传力度，开展打击破坏森林、湿地、野生动物违法犯罪专项行动，切实加强森林资源保护，确保不发生重大案件。四是加强林业信息化建设，运用新一代信息技术，建立森林绿地资源数据库，高效管理森林绿地资源，实施精细化管理。

国家森林城市建设要深入贯彻习近平新时代中国特色社会主义思想，落实习近平总书记关于着力开展森林城市建设的重要指示精神，践行绿水青山就是金山银山的发展理念，坚持以人民为中心，以新型城镇化、乡村振兴战略建设为契机，以提高国土绿化水平、增强森林生态功能、提升生态环境承载力、促进林农就业增收为主线，以满足人民群众日益增长的良好生态环境需求为目标，深刻把握城市发展战略定位，统筹推进森林城市建设，努力增加森林资源总量，全面提高森林绿地质量，保障区域生态安全，营造城市宜居环境，弘扬生态文化，为人民群众提供更多优质生态产品，让人民群众共享生态文明建设成果，建成具有较强竞争力和影响力的高品质森林城市①。

作为国家森林城市建设的纲领性文件，建设总体规划应在准确把握自然资源本底、社会经济发展水平和人文历史积淀的基础上，运用 SWOT分析方法，深入分析“创森”基本条件，找准国家森林城市建设存在的主要问题，坚持以问题为导向，坚持以人民为中心的发展理念，紧密结合国土空间规划等上位规划②，提出国家森林城市的建设目标和建设布局，明确国家森林城市建设的重点和难点，合理设置国家森林城市建设工程，增强建设规划的针对性和可操作性，保持总体规划的严肃性，高位推动，科学节俭务实推进国家森林城市建设。

① 刘恩林，吴照柏，但新球，等．贯彻习近平生态文明思想创新国家森林城市监测评估工作思路和对策［J］．中南林业调查规划，2020，39（3）：5-8+41.

② 王道阳，乔永强，徐文彤，等．“十四五”规划与国土空间规划格局下森林城市建设思考［J］．林业资源管理，2021（6）：19-22.

第五节 基于绿色发展理念的国家森林城市规划和建设

人和自然之间和谐发展是绿色发展理念当中的重点内容，其目的是促进人与自然资源之间的协调发展，同时也能够有效促进我国特色社会主义进一步发展。国家森林城市规划和建设能够为我国社会提供文化、产业及生态等多种不同的服务功能，使绿色发展理念被人们认可和接受。

一、绿色发展理念下国家森林城市规划和建设的基本原则

（一）遵循自然发展规律

在绿色发展理念下国家森林城市规划和建设需要遵循自然发展规律，优先保护生态环境，在建设过程中主要应用自然恢复手段，同时还要科学地运用乡土进行植树造林，种植多种植物，加强对生态的保护和管理。采取自然森林经营理念，以保护河流等湿地生态系统，尽可能恢复山地温带阔叶林植被，以此来提高这一区域的生态环境和生态质量。

（二）遵循景观生态原则

在绿色发展理念下国家森林城市规划和建设需要遵循景观生态原则，以这一原则为理论依据，扩大我国绿化面积，推动我国生态发展，加强生态建设。除此之外，在国家森林城市规划和建设过程中，还要进行合理的设计和布局，在城市当中构建较为完善的生态结构，以促进我国生态平衡和经济发展。

（三）遵循开放融合原则

在绿色发展理念下国家森林城市规划和建设过程中，生态环境局、文化旅游局、自然资源局及农业农村局等各个相关部门和一些专业人士等都需要积极参加，以此来融合多方力量，使国家森林城市规划建设工作有序进行。

二、国家森林城市规划和建设的理念

近些年来，我国诸多地区持续推进绿化工作，在城市当中建设了大量的绿地和绿

道，有些城市当中的绿地建设面积高达百万平方米以上，使我国城市居民的生活环境得到有效提高。除此之外，我国诸多地区在平原和山区也建立了较为完善的生态保护系统。我国森林城市规划和建设的核心理念为“平原森网化、山区森林化、乡村林果化、庭院花园化、城市园林化”。通过对乡村、城镇的山水资源进行协调性和创新性的规划和建设，以当地的土地面积和生态环境为基础，真正实现“多规合一”。在加大我国土地空间监督和管理力度的过程中，还需要扩大绿色空间的面积，促进我国绿色化城市的建设，提高我国绿化规划和建设水平。通过建设绿色的生态保护圈和绿色生活圈，能够有效加强森林生态服务产品的功能和作用，从而促进我国绿色生活方式和绿色产业结构的迅速形成，促进我国生态平衡和经济发展。

三、绿色发展理念下国家森林城市规划和建设策略

（一）建设城市生态格局优化工程

在绿色发展理念下国家森林城市规划和建设过程中，应该针对城乡的生态格局进行合理优化和改革，在城区当中应该重点对城市内的湖泊和河流等进行治理，还可以建设公园和一些旅游景点，在街区和街角可以建设小型绿地和小游园。除此之外，还要对铁路两侧和公路两侧进行防护绿地建设，对城市交通绿化带进行完善，从而打造多条生态绿廊，在生态绿廊建设过程中要做到主次有序，而且单侧绿化的宽度要达到100米左右，从而做到以绿荫城，促进我国生态平衡，促进我国经济文明的发展。

（二）建设土地面积管理和治理工程

在绿色发展理念下国家森林城市规划和建设过程中，需要不断推动我国土地面积管理和治理政策的落实，还要加强我国生态环境的保护。对于城市周围的景区和自然生态地区，要严禁开发和建设，避免破坏当地的生态平衡。对于城市地区可以实施生态空间的修复和土壤、水体、大气的综合治理，也可以开展针对植被的恢复工作，修复程度周围一些受损的矿区和山体，以提高森林生态保护系统的功能。除此之外，还要提高对河流的治理，确保河流形态的完整性，同时恢复和保护湿地的生态系统，对于一些城区附近和城区内部的湖泊和河流，可以建设湿地公园，这样可以有效扩大湿地和森林等生态绿地的占地面积，以达到以林养水的目的。

（三）建设绿色产业集群构建工程

在绿色发展理念下国家森林城市规划和建设过程中，可以根据当地的实际情况来加强对森林资源和水资源的建设和管理。同时根据当地的情况进行合理的规划和布局，重点发

展森林产业集群，可以利用当地具有示范性的产业来带动周边产业的发展，以提高城市的整体建设水平和经济效益，还可以大力推广和宣传当地的特色和特产等，以此作为城市品牌来推动城市当中现代化服务行业的进一步发展。还可以同时运用多种政策，以提高城市当中的绿色生态和经济效益，形成当地特色绿色生产集群，从而推动当地产业发展。

（四）建设森林生态文化培育工程

在绿色发展理念下国家森林城市规划和建设过程中，应该将培育森林生态文化作为重点内容，以当地较大的企业为主导，大力发展企业文化，以此来覆盖整个城市，促进城市生态文明的发展和建设，也为城市增添浓厚地域气息，增加更多的解说标识和风格特点。除此之外，还可以根据城市特点来建立一批具有地域特色的主题公园和教育基地等，以此来大力开展宣教活动，提高城市居民的生态素养，提高当地的森林生态文化培育水平。

（五）生态文化普及

在绿色发展理念下国家森林城市规划和建设过程中，需要加强教育平台的建设。建设地区需要根据当地现有的风景区、森林公园、城市公园、湿地公园及自然保护区等建设生态文化教育示范基地，通过对教育基地的完善，来深入了解和挖掘更多的生态文化资源，提高宣教和科普教育功能，使当地的生态文化知识得到广泛的普及。同时还要丰富知识文化传播形式，可以根据方式的实际情况来创办《森林文化报》，还可以举办《森林画展》，举办当地森林文化歌曲竞赛，制作当地森林文化主题电影，出版当地森林主体的画册，通过这些方法能够使当地森林文化得到有效普及。而且当地的森林公园、林果资源及湿地公园等地区可以举报赏花节、采摘节和旅游节等活动，促进当地森林文化的宣传。

（六）资源安全保护

近些年来，我国发生多起森林火灾，造成不可计算的损失。所以，我国需要做好森林火灾的预防工作[①]。当地不仅要制定相关的管理体系和管理政策，还要制定完善的责任制度和预防火灾发生的政策。例如，可以在当地建设森林防火指挥中心，建设情报信息中心、通信基站和视频完善的监控系统。以此来减少森林火灾的发生，以确保人们的生命安全和财产安全。

总体而言，在绿色发展理念下，我国想要大力发展和建设国家森林城市，就需要做好以下几方面的准备。首先，需要注重城乡统筹发展，在发展区域当中要做到“以人为本”

① 王爱华．教育理念下城市森林保护区道路交通规划策略初探 [J]. 新教育时代电子杂志（教师版），2016（44）：182.

和“科学管理”，以此来提高森林的服务效益。建设绿色家庭、绿色社区、绿色单位，为城市当中的广大居民提供良好的居住环境和生态环境。在建设区域内，需要确定生态恢复和绿化造林的规模和占地面积，以便对建设地区进行更好的规划。还要在这一地区当中实施协同管理政策，以当地的问题为导向，进行统一的规划和设计，以促进这一地区的统筹发展和绿色发展。还要以河流、湖泊等作为支撑，打造换成森林带和生态绿廊，以促进城市发展，提高城市经济效益。其次，在森林城市建设过程中，要以科学技术为引领。对于树木组合配置、森林湿地修复等较为困难的工作，可以采用先进的科技和水平进行研究和探索，形成具有当地特色的技术体系，从而提高当地的经济效益，维护当地的生态平衡。最后，在森林城市建设过程中要建立较为完善的制度，以此来加强对自然资源的监督和管理，同时还要加强对生态保护的管理，提高绿色规划和绿色治理的水平，提高森林城市规划和建设的效率和水平，促进我国生态平衡，促进我国经济发展。

第十一章　城市绿地系统规划探究

第一节　绿地的概念与功能

一、绿地的概念

城市绿地是指城市专门用以改善生态，保护环境，为居民提供游憩场地和美化景观的绿化用地。绿地是城市绿地的简称，主要分为大类、中类、小类三个层次。

二、绿地的主要功能

（一）生态环保功能

绿地是风景园林设计与绿地系统规划的对象。绿地是城市绿色植被群落的主要栖息地，是城乡生态系统的主要组成部分。绿地的生态环保功能主要是通过绿色植被生态系统进行的，具体包括碳氧平衡、净化环境、改善气候、防风固沙、保护生物多样性等。

植被具有光合作用，能够吸收二氧化碳，释放氧气。据统计，1km²阔叶林每天吸收1t二氧化碳，释放0.73t氧（戴天兴，2005）。据陈自新等（1998）对北京绿地的生态效益进行的研究，每公顷绿地日平均吸收二氧化碳1.767t，释放氧气1.23t。只有绿色植被才能保持大气中的氧碳平衡，维护人类生存的基本环境。

植被具有净化环境的作用，包括杀菌、吸收有害气体、吸尘、降噪功能。植被体内能分泌杀菌素，具有杀菌、抑菌作用，植被的根系能吸收土壤中的有害物质，净化土壤环境。如香樟、松、柏都具有较强的杀菌作用，水葱、水生薄荷等能杀死水中细菌，芦苇具有较强的净化水体功能。松树、柳杉、臭椿、夹竹桃、龙柏、银杏、广玉兰等能大量吸收、同化转移二氧化硫，洋槐、蓝桉等能吸收氯气，橡树、洋槐能吸收光化学烟雾，女贞、洋槐能吸收氟化氢。茂密、叶片较大的植物林带有很好的降尘、吸尘能力，法桐林、刺槐林的减尘率分别为35%和29.7%。北京每公顷绿地年滞留粉尘量可达1.518t。植被是声音的不良导体，6m宽的高密度绿化带（前面灌木，后面乔木）即具有降噪效果，数十米宽的植被带具有明显的噪声衰减效果，因此能有效减轻噪声污染。

树木的树冠能够遮阳庇荫，树叶面积可达到树冠的20倍左右，叶面的蒸腾作用能调节湿度、降低气温，改善局部小气候，有效缓解城市热岛现象。大面积的森林能够提高地区降雨量，强大的根系能够保持土壤不流失、涵养地下水源。林带还能够有效降低风速，多行的林带可降低风速近一半左右。

绿地往往是多种动植物的栖息繁殖地。人为干扰较小的绿地，能够形成多种生境，为生物提供栖息、繁殖和移动的空间。城市内的动植物园，是人工营造的绿地，其目的是保存、研究、观赏动物与植被种，是维持生物多样性的重要手段。由于绿地可为植物、动物和微生物提供生存场所，绿地规划应尽可能地保护、恢复和创造生物和生物种群生存空间。绿地的面积和布局规划是生物多样性保护的关键之一。为了维持植物种群遗传因子的多样性，需要为该植物种群预留一定的绿地面积，尽量避免将其生存地划定为开发区。动物多样性保护也需要为该动物维持一定的栖息地面积。如一个400头的亚洲黑熊群的栖息地至少是面积2000km²的森林，才不会导致遗传因子种类减少。为了达到生物多样性保护目标，需要制订合理的地区规划与绿地系统规划。在绿地系统规划之前对生物状况进行详细调查，分散孤立的公园绿地不利于生物繁殖，通过河流、林道将生物生存空间连接成有机、开放的绿地网络，对维护生态系统有重要意义。

（二）休闲游憩功能

绿地是城市开放空间的主要组成部分。作为户外用地，绿地为人类提供休闲游憩功能。封建社会时期的古典园林，如意大利庄园、城堡园林、中国的皇家与私家园林，是供园林主人及其家族成员休闲游憩的。近代以来，随着公园的出现，绿地逐渐成为为社会各阶层人们提供生态化休闲游憩的场所。现代社会，生活与工作压力大，人们的休闲健身需求日益增加，对公园绿地的休闲游憩功能也日益重视，反映在现代城市规划和建设上，就是大量推进建设大、中、小型公园与绿道相互结合，能够满足各个社区、各个年龄层次的人们的休闲活动要求的绿地系统。

（三）防灾避险功能

城市灾害主要包括地震、火灾等。城市空地具有户外避难的功能，而绿地是城市空地的主要组成部分，因此也承担避难通道与避难点的功能。绿地中，大片空旷的土地能够容纳避难人群。由于远离密集的建筑群，不需要担心地震余震灾害。日本的一些城市避难公园，还建有避难设施仓库和独立的上下水道，能够提供消防和生存的必需品。绿道提供宽敞的线路，也可用于避难通道功能。

我国地震多发，地震灾害严重。由于城市化发展迅速，人口众多，大多数城市缺乏必要的防灾减灾能力。因此，应该充分重视公园绿地的防灾避难功能，结合绿地系统规划建设提升防灾避难能力。

第二节　绿地系统规划的方法与原则

一、绿地系统规划的概念与分类

根据空间尺度不同，绿地系统规划可以划分为区域绿地系统规划和城市绿地系统规划两个层次。

区域绿地系统规划的范围超过单个建制城市的行政界限，是对市域（包括市县范围）或者跨行政界限的绿地的统筹安排，其内容包括市域绿地系统规划、国家公园规划、区域绿道规划、都市圈绿地系统规划、省域（县域、郡域）绿地系统规划等。

城市绿地系统是城市中各种类型和规模的绿地组成的整体。各类绿地相互联系，形成统一的以植被为主的整体，与城市其他用地相比，绿地系统能够发挥生态环保、休闲游憩、防灾避难、风景美化的功能，成熟的绿地系统还能够优化城市形态，起到控制城镇用地无序发展和膨胀的作用。城市绿地系统规划是对各种城市绿地进行定性、定量的统筹安排，形成具有合理结构的绿地空间系统，以实现绿地所具有的功能。

对城市局部进行绿地系统规划可以称为街区绿地系统规划。具体包括城市公园路或者绿道规划、居住区绿地系统规划、中心街区绿地系统规划、城市滨水河岸绿地系统规划等。

二、绿地系统规划的方法

我国绿地系统规划长期运用“点、线、面”式的规划布局方法，即以公园、块状绿地为点，以林荫道等带状绿地为线，以基地区域为面，以线连点，形成绿地系统结构，提高整个区域的绿地建设水平。20世纪80年代以来，随着生态学、游憩学理论的发展，其分析方法不断应用在绿地研究与规划领域。当前绿地系统规划的方法主要有生态布局法、生态分析法、阶层布局法。

（一）生态布局法

生态布局法是基于生态保护目的而建立起来的绿地规划方法，其实质在于通过绿地的有机组合，形成适宜生物生存、繁殖，能够保持生态系统稳定，或者有利于促进生态系统恢复的环境。

拉尔鲁在1985年出版的《设计人类的生态系统》（*Design for Human Ecosystems*）一书中，提出了以生态保护为目的的绿地空间系统的4种配置类型：分散型、群落型、廊道型、群落廊道结合型。在分散型配置中，绿地分布在每个单元内，彼此之间缺少联系，是最低级的配置方式；群落型配置则将绿地集中于各个单元边缘或者跨单元边界配置，各个群落之间缺少生物通道；廊道型指沿着生物多样性高的河流、水路等自然廊道配置绿地；群落廊道结合型将各个绿地通过绿地廊道结合起来。

特纳（Tuener）在1987年提出了6种绿地配置形态，即集中型、均等型、混合型、边缘型、水系型和蛛网型。集中型配置可以容纳最多的休闲设施和户外活动。均等型配置是在各个街区均衡地配置绿地，这些绿地具有相同的服务半径，有利于居民最大限度地、公平地使用绿地。混合型配置方式注重于其他公共设施的空间结合，绿地的功能和规模有所分化。集中型、均等型和混合型是以居民休闲利用为主要考量的布局方式，绿地之间缺乏联络通道，不利于物种的迁徙交流。边缘型是沿街区或者建筑物边缘配置绿地，形成生物廊道。水系型沿着河流水系和山体布置绿地，形成保护水环境和生物廊道的绿地系统。蛛网型综合了水系型、边缘型、混合型、集中型的结构，以各类廊道贯通生态节点和休闲节点，是最高级别的生态布局模式。

（二）生态分析法

生态分析法主要是利用生态学、景观生态学的数量分析方法对绿地形状和结构进行分析，得出最优化结构，作为规划的依据。常用的分析指数包括缀块密度、聚集度指数、景观形状指数、正方像元指数等。

基于生物保护目的的绿地分析方法还有：

隔阂分析（Gap Analysis）：生物资源的分布与绿地、保护区的设置和管理之间必然存在一定的矛盾，通过基于生态学、生物学、地理学方面的分析，明确生物分布与保护之间的分离隔阂状态，确定应该设置绿地的场所，同时对原先的绿地规划进行纠正。

环境潜力评价（Environmental Potential Estimation）：有利于生物栖息繁殖、能够促进生态系统形成的环境潜在能力称为环境潜力，包括适宜的土壤、水分、植被、地形及人类活动等条件。环境潜力评价是绿地规划和生态系统恢复的基础性分析之一。

预测分析（Scenario Analysis）：通过模型预测开发活动、绿地变迁对生物栖息繁殖的影响，对不同方案进行评价，确定最终实施的规划方案。预测分析不仅应用于绿地规划中，还应用于不同的开发计划评估中。

（三）阶层布局法

阶层布局法根据规模和功能，将绿地划分为不同的阶层，每个阶层的绿地有不同的服务半径。单个绿地的规模、设施数、使用人数、服务半径与绿地的阶层成正比。阶层越高，则规模越大，设施越多，容纳的人数越多，服务的半径越大。绿地的个数与阶层成反比，阶层越低，则个数越多，分布越广。阶层布局法在日本应用得最广泛，是日本城市绿地规划最根本的方法之一，并且通过都市公园法体系形式被确定为绿地建设的根本依据。

三、绿地系统规划的原则

绿地的功能主要集中在提供休闲娱乐场所、保持生态稳定、保护动植物、水土保持、防灾减灾、景观美化等方面。绿地系统规划的目的在于通过统筹安排绿地的布局、数量、功能和规模，最大限度地发挥其功能，其基本原则可以概括为均衡性、系统性和生态性。

（一）均衡性

1.空间布局的均衡

均衡性意味着绿地的空间布局应该尽可能地均衡，而不是过度集中在某一区域。绿地系统中，每一块绿地都有其服务范围，范围的大小视该绿地的规模和功能而定。从使用、利用的角度来说，所有绿地的服务范围必须覆盖整个建成区，这样才能最大限度地保证所有人都能够便捷地到达绿地，公平地使用绿地。绿地系统中不同阶层的绿地在规模、设施和功能上都有所差异，每一阶层的绿地都应该尽可能地均衡布局。

2.功能的均衡

均衡性不仅表现在空间布局上，还体现在系统的功能上。除了极其特殊的绿地功能以外，一般来说，绿地系统规划应该兼顾绿地的不同功能，统筹安排不同功能的各类绿地，避免功能过于单一。

（二）系统性

系统性原则要求编制绿地系统规划必须遵从整体、有机、联系的观点。在均衡布局的基础上，绿地之间要通过有机的组合关系，形成统一的绿地系统，这样才能提高绿地系统的总体效能。系统性原则包括两个方面：一是空间系统化；二是功能系统化。

1.空间系统化

空间系统化要求块状绿地之间有连续的绿道，通过绿道连接各个绿地，最终形成统一、整体的绿地系统。在绿地系统中的任何一点，均可以沿着绿道顺畅地到达另一处绿地。空间系统化最重要的衡量标准是看绿道在绿地系统中所占的分量。当绿道发达，相互贯通形成网络后，即形成了比较成熟的绿地系统。

绿地空间系统化的形成过程有四个阶段：孤立阶段、均等阶段、触手阶段、网络阶段（衰茂寿太郎）。在孤立阶段，绿地数量少，分布不平衡，彼此无联系，绿地率不到10%；均等阶段，绿地数量增多，在空间布局上基本符合均衡性原则，但是没有绿道连接，因此不成系统，绿地率10%～15%；触手阶段，绿道正在形成，但是并没有贯通，形成了初步的系统化，绿地率15%～20%；到了网络阶段，绿地之间以绿道相互贯通，是绿地系统性最成熟的阶段，绿地率不低于25%。

2.功能系统化

功能系统化要求绿地规划要注意功能的分配。绿地系统的各类功能配置既要在系统总体上达到各类功能的均衡，又要注意各类功能之间的联系和搭配。比如，大型郊野公园不仅是城市居民远距离休闲的基地，也是城市外围的生态据点，在功能上应该有所侧重。居住区绿地往往以休闲娱乐为主要功能，其生态功能应该根据基地和周围情况分离到生态绿地中。沿河岸布置生态绿带，有利于形成生态廊道，但是也应该在人流节点处设置休闲设施以兼顾休闲体系的形成。防灾功能一般分布在居住区绿地中，城区内的大型综合公园也应当布置防灾据点，形成城市防灾体系。

（三）生态性

生态性是为了达到环保、生态保护的要求，必须遵守的原则。由于绿地具有氧碳平衡、除尘杀菌、防止水土流失、生物多样性保护等功能，这些功能能否发挥，主要取决于绿地的空间布局和规模总量。绿地的布局必须有利于生态系统的稳定，因此，对于河流、丘陵林地、生物迁徙通道和栖息地等，需要将其设置为对绿地进行有效的保护和管理。

编制绿地规划，在客观条件允许的前提下，必须尽可能地提高绿地建设的规模总量，才能更多地产生氧气、杀菌除尘。因此，在均衡性、系统性、布局合理的前提下，应该大力提高绿地率，扩大人均绿地面积。绿地率越高，人均绿地面积越大，生态效益就越高，反之则越低。

第三节　城市绿地系统规划

一、城市绿地系统规划的性质与内容

（一）城市绿地系统规划的性质

城市绿地系统规划是根据城市发展总目标，在对城镇现状和绿地现状深入调研的基础上，确定绿地系统建设目标和规划期限，安排各类绿地的空间布局、数量规模，确定各类绿地建设指标，从而达到城市发展目标和环境发展目标。

由于规划体制和规划法规不同，各国城市绿地系统规划的称谓与内容均有所不同。如国外多称为开放空间（Open Space）系统规划，或者公园系统规划（Park System Master Plan）。我国法规规定，城市绿地系统规划由城市规划行政主管部门与城市园林行政主管部门共同负责编制，其性质是总体规划的专业规划，是对总体规划的深化与细化。

（二）城市绿地系统规划的内容

各国城市绿地系统规划的内容均有所不同。我国颁布的《城市绿地系统规划编制纲要》规定：《城市绿地系统规划》成果应包括规划文本、规划说明书、规划图则和规划基础资料四个部分。其中，依法批准的规划文本与规划图则具有同等法律效力。

二、基于韧性理论的城市绿地系统规划思考

城市韧性是城市生态建设的重要内容之一，而城市作为最庞大的社会—生态复合系统，与韧性理论本身就有着很高的契合度。当前，城市环境问题日益凸显，极端天气频发，公共健康受到威胁……这些频繁、急剧而又充满了不稳定因素的冲击，让城市的健康运行面临着严峻的挑战，也相应地对城市绿地的系统规划提出了更高的要求。城市绿地系统作为一个复杂、多元、变化的系统，承载着供应水资源、调节小气候等功能，同时能有效地应对洪涝灾害和干旱等极端气候的出现，并涵盖了人类的经济、历史文化、休闲娱乐、社会发展等多范畴的内容。在维系公共健康的实践中，城市绿地体现出了不可忽视的社会韧性价值和属性特征。因此，基于韧性理念，本节提出推动城市绿地系统规划的更新

和优化，以期推动城市动态、健康发展。

（一）韧性理论概念及其发展概述

“韧性”这一概念最早在20世纪70年代的景观生态学中被提出。1973—2001年，霍林教授对“韧性”这一概念做了详细的解读和概述。从生态学的角度出发，根据霍林对相关理论的研究，韧性理论视角在过去的几十年中实现了从“工程韧性”到“生态系统韧性”再到“社会生态韧性”的转变：从单一、恒定的平衡，逐渐具备了更强的低档冲击、保持功能的能力；并且在此基础上实现多维度的重组、维持和发展，最终实现社会和生态相符合的适应性循环、综合系统反馈，以及跨尺度动态交互。

目前，韧性理论被越来越多地运用到不同学科之中，有着更深层次的隐喻意义。城市韧性更加强调系统应对灾害吸收干扰、不会崩溃的能力，以保持城市相对稳定的动态平衡。随着气候变化和我国城镇化的不断推进，自然生态系统、社会结构、生活模式等方面呈现出急剧的、不稳定的动态变化。因此，要实现城市的弹性发展，提高其应对环境变化的适应和调节能力，建设韧性城市势在必行。

1.绿地系统规划的任务和功能

城市绿地是一种特殊的城市用地，不同于城市其他类型的用地，城市绿地具有多种功能。城市绿地以植被为主要的存在形式，是城市主要的绿色空间，在城市中起着生境保护、游憩娱乐、防灾减灾、承载历史文化等作用，对于城市发展至关重要。

城市绿地系统规划由城市规划行政主管部门和城市园林行政主管部门共同负责编制，是城市总体规划下的一项专项规划，而城市绿地系统规划是对各种城市绿地进行定性、定位、定量的统筹安排，从而形成具有合理规划结构的绿地空间系统，以实现绿地所具有的生态保护、游憩休闲和提供社会文化活动场所的功能。城市绿地系统规划具有法律效力，并指导着相关绿地规划设计的实施。合理的城市绿地系统规划能与城市的总体规划紧密结合，使各类绿地产生最大的生态效益，并解决城市相关问题，促进城市的可持续发展，为居民创造更加优质健康的生活。

2.绿地系统规划现状及问题

在越来越强调生态文明的今天，城市发展也有了更多的需求，这同时也给环境留下了更多的隐患。城市绿地建设能够提升居民生活品质，改善生态环境，并兼具生态、文化、经济等效益。城市绿地系统规划同样面临着社会生活生产方式急剧变化带来的挑战，城市不断扩张带来的一系列变化，令其迫切地需要适宜的绿地系统规划来应对洪水、干旱、暴风雨等极端气候变化。城市绿地系统规划作为城市总体规划下的一项专业规划，在《城市绿地分类标准》（CJJ/T 85-2017）颁布后，其制定更加趋于规范统一，在绿地分类、规划内容、发展目标等方面有了更明确的要求，面对不同的问题制定了对应的规划条令和法则，更加强调绿地规划的生态属性。

（二）基于韧性理论的城市绿地系统规划理念更新

城市发展有了新的需求，人们对于环境的开发和利用程度不断加深。在建设生态文明、韧性城市的背景下，城市绿地系统规划也迎来了全新的发展契机。城市绿地系统规划随时代更新，能增强韧性城市系统的完整性、整体性、多样性和稳定性等，同时有利于城市破碎蓝绿系统的重新整合，优化空间形态，促进城市规划结构性策略的实施。基于韧性思维，城市绿地系统规划应该立足于对现有成果和发展趋势的理解，不断提高多学科合作、多要素共存的韧性标准，促进城市稳定健康发展。

1.从多空间层次出发

城市绿地系统规划往往从市域角度出发，忽视城市与乡村的联系。在我国快速建设城镇化和发展城乡一体化的背景下，城市绿地系统规划应该冲破“城市本位”规划概念的约束，统筹全市范围内的绿地规划，建设更为广阔的绿地空间，在城市内外构筑相互关联的绿网，增强环境承载力，从全域空间范围促进韧性城市的构建。

同时，绿地系统规划涉及较广阔的范围，面积多数能达到数千平方千米以上。如此广域的空间，在进行规划时，就必须严格依照城市总规条例和法令，厘清空间层次，梳理不同空间的关联性、多样性、多功能性和连通性等，并依据这些分析做出绿地规划的最佳选择。例如，可以将城市绿地系统规划分为在市域尺度、市区尺度和城区尺度层次上的研究，探索不同空间层级上的绿地规划策略。这种基于不同空间层次的城市绿地系统规划方法用“策略—反馈”这一机制反过来指导城市设计的优化，为相关规范和政策的制定提供可靠依据。

2.变“被动规划”为“主动规划”

环境变化引起的灾难具有不确定性，当今城市绿地规划多为“填补空白”式的被动规划，往往要等到灾难发生和问题凸显时才发现不足，采取弥补措施。其根源在于对风险的评估不足，规划时墨守成规，不能充分利用原有绿地空间格局，发挥绿地系统的功能和效用。因此，应该深入发掘绿地能效，发挥城市绿地的综合功能，主动融入城市空间，以解决现代城市发展的多种问题，主动推进韧性城市的建设。

3.保护生态基底，统筹多方规划

过度的人工干预是城市化进程中自然生态遭到破坏的重要原因：大部分自然河流被截弯取直，冰冷的垂直混凝土驳岸取代了原本的自然生态驳岸；广阔的耕地和林地被机械工具铲平，用于住区和厂房建设；林立的高楼、山间的高压线、立体交通里的高架桥成为候鸟迁徙的阻碍……城市中的绿地空间是城市绿地规划最重要的生态基底，对区域气候调节、水分涵养、生态系统构建都有十分重大的意义，城市绿地的生态规划设计都必须基于城市的生态基底而展开。随着城市硬质空间占比越来越大，我们应该摒弃传统“见缝插绿”的思想，而应该以生态基底为基础，将城市发展所需的硬质空间作为“空白填补项”，以此控制城市的急剧蔓延和扩张。

高速动态变化的城市空间亟须找到与之契合的空间转型视角。韧性城市建设背景下，城市绿地系统规划可以结合多部门、多机构，促进城乡结合以及两者之间多种转型过程的良性发展，在一系列复杂的“社会—生态”系统之间寻求发展平衡点，寻求不同产业的平衡。所以，整合空间转型中的水文安全、生态格局、灾害管理等要素也很有必要。由此可以促进土地的合理利用，促进机制、机构间协调合作，推进可持续、全纳型韧性城市的构建。

（三）基于韧性理论的城市绿地系统规划优化策略

1.构建弹性绿地网络

城市绿地系统规划的主体是绿地规划，绿地作为城市最重要的生态基底，串联城市的不同区域和功能地块。绿地空间在不同区域内与市域、乡镇的整合和串联及其提供的生态服务功能结合，才能实现绿地的生态价值和功能。除了摒弃以往“见缝插绿”的思维，还应该发挥绿地本身就有的综合效能，主动融入城市刚性设施的构建之中，将绿地的动态过程体现在城市的发展进程之中，构建有弹性、抗干扰、自适应能力强的弹性绿地网络。

2.发挥生态基础设施效用

若要建设韧性城市，除了城市现代化所必需的刚性设施外，基于城市绿地系统构建的生态基础设施也必不可少。城市的生态基础设施多由自然环境及人工建造的水岸、绿地等构成，这些生态基础设施在城市中创造自然环境，并将城市内外联系成一个整体，把城市变为自然生态系统的一部分。

所以，要推进城市绿地系统规划更新，就必须推进城市生态基础设施的构建，提高其弹性和完整性。“绿水青山就是金山银山”，从国家生态安全的战略角度凸显了自然生境的重要性。城市的规划需要更加尊重自然，从湖泊疏浚到退耕还林再到今天的留白增绿，这些措施无不体现着对城市弹性的重视。同时，通过城市绿地规划将这些空间连接起来，顺应当地条件，使其自化为有地域特色、文化特征的生态景观。

3.建立韧性协同机制

城市绿地系统的韧性规划与其他规划并不互相对立，但也不完全一致。其他规划多强调同一时间或者同一事件维度上的规划，而韧性规划强调人与人、人与自然、人与环境的和谐，以此来提高空间韧性。而空间韧性在时间、空间、功能上均有交叠，呈现不稳定的动态变化的特点。在不同的发展地区、环境条件下，景观空间的动态化过程各不相同，因此就要寻求多方面、多维度的协同机制，促进绿地空间协同发展。

4.多尺度的绿地系统规划实践

城市绿地系统可以视为众多子系统的合集，不同的子系统对应不同的尺度，大到市区范围，小至社区尺度。在特定尺度和范围内，城市绿地系统规划要有针对性地做出策略应对；厘清不同尺度空间的联系，合理分类，在现有基础上，探索新的规划目标。从多尺度的视角出发，绿地系统将更有针对性，也便于在不同尺度的绿地规划上建立适应性和普遍性。

5.多部门多学科制衡

从20世纪60年代起新加坡就着手“花园城市”的建设，50余年来已经取得了瞩目的成就，由“花园城市”转变为“花园中的亲生态城市”。新加坡并没有广阔的国土，土地使用受限，建筑群高耸密集，在这样的情况下却依然能够拥有丰富的物种多样性，雨洪管理机制稳定运行，人居环境进一步改善，城市生态系统日益稳定。

新加坡政府从“花园城市”建设初期便制定了严格的卫生法令，使居民的行为受到了强有力的约束；同时绿地规划部门加强了城市生境的保护和更新，结合水利部门，推进海绵城市建设，构建一体联动的蓝绿系统；建筑设计与环境有机结合，多数构筑物采用了“垂直绿化”的形式；各地方、区域管理部门各司其职，强化城市生态空间的管理和维护，生态环境质量明显提高，同时居民也形成了良好的自治习惯，从民众的角度，监督城市绿地规划推进。从上到下，从下到上，新加坡“花园城市”的建设经验体现着不同学科和部门的联动合作。在大力推行“公园城市”建设的今天，这一经验对于指导韧性城市建设、绿地系统规划实践仍有重大意义。

6.增强绿地系统规划预判性

城市的变化具有强烈的未知性，因此未知性也是城市韧性中的一个关键要素。基于韧性城市的绿地系统规划要具备超前性和预判性，要提前预见城市未来的发展趋势。城市发展过程中的变化条件和历史因素都是评判城市发展趋势的因素，在现有的空间绿地结构上，从空间格局安全性、生态敏感性、系统风险等方面进行评估，制定有效应对各类干扰和变化的最佳对策。

总之，要提升城市绿地系统的韧性，就必须从根本上解决现有规划存在的问题，在此基础上进行规划理念更新，并通过构建弹性绿地网络，发挥生态基础设施效用，建立韧性协同机制，多尺度规划实践，多部门多学科合作，以及增强绿地系统规划预判性等措施来推动绿地系统规划设计的更新发展。当今社会、经济、生态系统呈现出急剧变化和不稳定的趋势，韧性思维让规划实践者用一种弹性的思维去解决城市中的多种问题，在这样的思路下，城市设计也有了新的运作能力。要从韧性视角出发，将城市绿地系统规划作为新的课题和使命，并且结合多学科的发展成果，以实现更加可持续的环境管理愿景。

三、城市绿地系统规划中的绿道建设

城市绿道为城市绿地系统规划的重要组成部分，是以自然景点或人造景观为载体而构成的线性绿色走廊。绿道是景观设计中的关键细分项目，作用在于打破城市各绿地节点相互独立的局面，从而构成具有延性的绿色景观带，再融合为完整的城市绿地系统，以供居民休闲、娱乐。

（一）绿道的内涵

绿道是一种以自然形态为主要特征的通道，能够有效结合各项景观要素，高度强调了自然条件的重要性。学界对于绿道的概念并未形成统一的认知，但始终离不开“自然与绿色”这一核心。慢性交通指的是以自行车和步行为主要途径所衍生出的交通形式，显著特征在于速度≤15km/h。在慢性交通体系中，绿道极具代表性，也是慢性交通系统中效果极佳的出行方式。

（二）城市绿道建设的意义

城市绿道建设是有效推进绿地系统规划进程的重要方式，通过绿道扩展居民的生活空间，从中实现体育锻炼及休闲，是人与自然交互的重要载体。绿道的分布具有线性特点，以各景点为基础，通过绿道连接后再创建完整的城市绿地系统，即实现“点—线—面”的层次性发展。城市绿地生态系统的组成中，绿道为核心脉络，除了缓解交通拥堵外，还具备休闲的功能，是营造生态安全环境的重要途径，也顺应了“低碳、绿色、环保”的发展趋势。

（三）绿道建设规划要点

1.海绵城市技术在城市绿道建设的应用

目前，海绵城市技术应用于城市道路两侧绿色道路景观设计的案例并不多，也没有得到推广。究其原因在于人们对“海绵城市”认识不足，同时与技术手段不成熟、地方交通差异化、绿道宣传有直接关系。过去大多数城市的道路布局仍以双向 X 车道为主，而两侧主要是汽车路，尚未纳入绿道体系。而深圳、上海、广州等沿海先进城市的绿道建设及推广已有较丰富的经验，保证机动车高速通行的同时满足市民出行的需求，先进的绿道理念充分诠释了“绿色出行、安全出行”的人文关怀，也为市民出行提供了便捷、安全的场所。在此基础上融合海绵城市技术，形成海绵型的生态绿道，将会成为保护生态的“利器”。

另外，道路两侧的生态植物区运用了“灰色 + 绿色”的综合模式，可以使雨水自然渗入。结合市政排水形成双保险模式，确保地表水及时排放，减少城市内涝忧患。

将该模式与两侧道路绿线内的景观结合起来统一设计，可以充分收集和利用地表雨水，进而发挥良好的生态效应。

2.文化特色景观在城市绿道建设的应用

城市的形成并非一蹴而就，需要经过漫长的周期，在历史的长河中不断积淀与发展，即每座城市都伴有极为浓郁的地域文化特征。城市绿道建设工作中也应当融入城市历史文化元素，要将绿道作为彰显城市文化底蕴的途径。应深度发掘绿道的自然元素，结合所处区域所蕴含的各类文化元素打造景观小品，丰富绿道的人文内涵，使其成为城市文化的缩影，塑造出一张灿烂的城市新名片。

3.新技术、新材料在城市绿道建设的应用

在注重生态和景观功能的同时，为满足用户的休息需求，开发了大量人性化设施和智能照明系统，以及在绿道建设中运用新材料、新材料。例如，厦门莲花南路绿道的慢行系统，“荧光水性涂料”取代了传统的塑胶步道等材料，并在沥青混凝土中加入明亮透明、浅蓝色的荧光树脂颗粒，该材料在白天充分“吸收”阳光，到了夜间就会发出一种柔和的蓝光，并且发光时间长达 8h，极大增强了绿道的“高大上气质”，同时可充当“导航系统”作用，提高了晚上在绿道行走的安全性。此外，在横沥港绿道中设置了环境监测设施，通过该设施能够在屏幕上实时显示绿道周边 PM 2.5指标、负氧离子含量、噪声指数等数据，让市民直观感受到绿道带来的效益，从而增强保护环境的意识。

四、国土空间规划背景下城市绿地系统规划的相关策略

目前，我国高度重视生态环境的建设与开发，在《关于建立国土空间规划体系并监督实施的若干意见》（以下简称《意见》）之中对国土规划建设进行了明确规定，要求在城市规划过程中，要在突出主体功能的基础之上，加强“生态文明”建设，要落实林地保护、海洋功能区域保护等不同的空间区域规划，以构建多样化生态空间体系，在满足人民丰富生活需求之余，要加强生态平衡建设，为进一步推动建设美丽中国、生态文明的国家战略部署的实现奠定坚实的基础。城市绿地系统规划是新时代背景下国土空间总体格局优化战略中的重要专业项目，其工作内容主要是实现现代化城市规划体系，建构具有现代化生态平衡的全新建设体系，是以绿色发展为导向，对现有空间进行主题规划，并以多样化功能区域为集中表现，重点满足人民日常生活需求与生态需求，有的放矢的地编制规划，使之在国土空间规划体系中更好地体现现代绿色生态发展基本战略，促进城市现代化生态治理能力，深入满足现代呈现人居环境与美好生活需要的双重提升。

（一）国土空间规划背景下城市绿地系统规划的新定位

国土空间规划体系高品质、高质量、高水平的构建和生态文明的优先建设推动了我国人居生态环境规划结构整体优化和城乡绿色空间的全面整合。而城市绿地系统在整个规划体系中肩负着为广大居民创造高品质绿色生活的重要责任，是构建“一优三高”国土空间规划体系的关键环节。在此背景下，对于城市绿地系统的科学规划、完善的功能体系构建、高品质空间营造等提出了更高要求。

城市绿地系统规划不仅是国土空间规划下的一个支撑工具，其将承载起我国人居环境生态建设的重要责任，是城乡人居绿色空间的核心治理平台、城乡生态系统修复保育的支撑平台，同时也是我国践行生态文明理念的空间平台。

（二）国土空间规划背景下城市绿地系统规划原则分析

1.全域统筹原则

在国土空间规划背景下城市绿地系统规划过程中，要充分考虑到当地的空间基础，综合分析当地城市全域范围内绿地系统发展现状及建设情况，切实将域内所有生态系统纳入城市自然资源规划体系之中，切实保证整个生态系统的完整性，以统筹、协调全域生产生活与生态平衡为基础，构建多层次、系统性的各类资源有机结合的城市绿地系统体系，以进一步推动城市可持续发展。

2.生态效益优先原则

在进行城市绿色系统规划的时候，要坚持以“生态文明”基本理念为指导，充分开发并运用生态环境学、统计学相关知识，不断完善整个自然资源与社会资源，全面控制城市开发边界，充分保证整个城市绿色系统规划在满足人民日常需求的同时，也能提高生态环境保护能力，有效缓解城市生态压力，切实为城市生态发展提供相应的保障。

3.绿地功能丰富原则

在进行城市绿色系统规划的时候，要充分考虑到整个城市的后续发展，要依据国土空间规划总体布局要求，全面结合城市建设趋势以及当地居民实际生活需求，科学设计城市各类绿地系统规划。尽可能在丰富城市绿地功能的基础之上，也能满足人民日常生活休憩、聚会、娱乐、健身等主观需求。

4.实事求是原则

立足当地城市发展实际情况，深入整合城市实际资源，并依据各区域不同功能对当地绿地系统规划进行详细划分，充分保证绿地位置与规模的合理化，使城市绿地得到最大的效益。

5.公众参与原则

为了全面满足居民的个性化需求，更好地提升人民生活品质，让城市建设为人民提供更优质的服务，进行城市绿地系统规划的时候，要充分了解人民群众的实际诉求，要广泛征集人民的意见，并依据大众需求合理规划国土空间，划分不同功能区域，建设让人民满意的城市绿色生态系统。

（三）国土空间规划背景下城市绿地系统规划策略

1.改革工作模式，实现多元融合

在国土空间规划背景下，城市绿色系统规划要依据《意见》相关要求，依据上述原则，充分考虑当地的实际环境，结合未来城市发展趋势及环境边界，制订详细的施工方案，并分级分类进行精细化管理。而这些项目需要多个部门合作协调才能完成，因此，在实际的规划过程中，要充分动员水务、自然资源管理部门、城建、环卫、国土局等相关部门合作参与，以城市未来为发展趋势为基础，对规划方案进行协商研讨。

通过各部门的相互合作，使城市绿地系统规划不仅可以符合当地城市规划发展，更能有效提升绿地系统建设的科学性和系统性。此外，在方案确定阶段也要加大其公开透明度，使公众也能参与到绿地系统规划设计过程之中，充分实现居民日常生活与绿色空间的协调发展，有效提高空间分布格局的丰富性，深入多元融合保证绿地系统规划的专业性与合理性。

2.科学识别，创造核心生态空间

在国土空间规划背景下，实现市域内容的创新，就必须有效调和城市发展与环境保护之间的矛盾，切实依据《意见》相关要求，实现绿地系统“双评价”，多角度审视自然资源与人类活动之间的联系与影响。因此，要想实现城市绿地系统区域科学规划就必须要科学有效地识别核心生态空间，依据市域实际情况，确定需要保护的空间环境因素，并以此为核心，进行多重功能互粉，实现生态生产与绿色生活的有效发展。

3.控制生态，合理划分空间分布

市域内容的创新就是实现市域空间的绿色生态发展与人类活动需求的空间合理分布，这就需要在科学识别的基础之上，依据生态空间内城镇边界、基本农田、重点环境保护等要素进行分级管理与分类管控，并以此为核心制订绿色系统规划，切实提高该区域生态服务功能，切实维护城市生态安全发展。控制生态就需要依据《意见》中对生态保护的相关制定，衔接国土空间规划中的重点环境保护对象，以划分“红线”为手段，构建以“生态文明”为起点的生态控制范围，以合理划分空间分布，更好地实现城市绿色发展。

4.统筹生态网络，构建功能性市域空间

在国土空间规划背景下，城市绿色系统规划就必须以生态安全防护为基础，形成生态保育、生活娱乐相互协调的功能体系区域。首先，应当以当地自然环境、地理特征为基础，构建以“基质—绿地—廊道”为框架的生态网络，实现科学保护与休憩健身为需求的绿地公园体系；其次，要深刻认识到在绿地系统规划之中的组成要素，即在广场、公园、林地、水源等多重因素的结合下才能有效构建出符合国土空间规划的基本需求。最后，要统筹城镇边界规划，以廊道与区域设施作为绿地系统防护，建立城乡一体化的绿地防护网络，构建以生态促进生态成长的重叠空间，注重现实与规划的连通性，全面统筹生态网络，以构建具有多功能性的市域空间。

5.塑造以需求为基础的区域性绿地

国土空间规划之中强调了要以当地实际环境为基础，合理规划城市绿地系统建设。因此，在实际的规划过程之中，要注重区域空间内的各项自然资源与人类活动的协调关系。首先，要尊重历史文化、城市风貌及城市生产生活为基础的结构性绿地建设，可以以“环”“网”“楔”等形态网络为基础，合理将之划分为不同的区域，并以城市发展需求为基础，建设绿色生态空间保护区域、城市个性化展示区域、城乡融合区域及绿地防护区域等；其次，要加强各区域功能性，即要在充分了解民众需求的基础之上，规划具有风景休憩功能的区域性绿地、具有健身功能的天然氧吧等；最后，要以城市规划、城乡一体化建设为基础，提供具有远足休憩、天然教育的生态场所。

6.提高城市绿地分级配置的个性化

城市绿地系统规划是城市公共设施建设的重要组成部分，也是展现城市个性化名片，宣传与弘扬城市文化的重要空间载体，应当依据环境需求、人口规模等设置不同规模的个性化服务边界，实现区域分析管理与特色配置。首先，对应的半径大于10公里的生态圈，可以以发展城市文化为目标来规划；对于社区生活圈建设的居住公园区域，要以健身、休憩为功能的特色公园配置；对于小型公园的设计，其应当与周边环境相融，并依据人均指标设置相关的基础设施。由上可知，城市绿地系统规划是以服务半径、人均指标等相关条件来进行分级设置的，并依据区域不能功能需求制定个性化设计，这样才能充分满足城市发展需求，才能形成多样化生态保护机制。

在国土空间规划的背景下，本节深入探究了城市绿地系统规划原则，提出相应的措施，希望能进一步优化城市绿色系统规划，充分发挥区域功能，切实促进城市生态建设与经济发展的双重提升，走出适应国家全新治理体系要求的创新之路。

（四）国土空间规划视角下城市绿地系统规划评价优化思路

1.从“工具”到“平台”

传统城市绿地系统评价是服务城市绿地系统规划的一个工具，是一个系统性工作，评价结果往往也只是在城市绿地规划中作为规划过程的补充。但城市绿地系统评价的内容却在宏观层面上对于生态保护、农业生产、城乡人居绿色空间的有效构建都有着重要参考意义。从绿地的现状承载力到规划实施产生的生态服务效益，其评价内容都是最能体现生态环境保护效益和居民绿色生活水平的关键信息之一，所以必须重视其引领作用，促进其从评价工具向对合理布局人居绿色空间，提高城市经济社会环境综合效益和优化国土空间开发格局上都有支撑作用的治理平台转变。

2.从“静态”到“动态”

传统城市绿地系统规划评价一直属于静态蓝图式评估，在整体城市绿地系统规划中处于被动上位的尴尬地位，往往是由于城市绿地系统规划修编程序需要而做出评价，导致无法深入分析绿地规划内容和落实情况。另外则是其结合现有城市绿地规划问题而做出的检视，充满了偶然性，使得整个城市绿地规划的时效性和动态性较弱。城市绿地系统规划在新时代必须具有较强的灵活性和动态调控功能，构建从前期现状承载力评价到末期规划实施评价的全流程评价体系。在协同国土空间体系建立中主动构建动态的城市绿地动态评价系统，最大化发挥城市绿地系统的整体生态系统服务价值。

3.从“数量”到“质量”

现阶段我国城市绿地系统的规划目标多为“数量”和“规 模”，而忽视绿地本身的“质量”和“效应”。传统绿地的人均绿地面积和绿化覆盖率等评价指标难以体现绿地的多重价值和实际效益。

在国土空间规划框架下，城市绿地作为居民生态福祉的空间保障，其建设不应单一地追求绿量，更应充分考虑城市绿地的生态功能、景观效益和对居民的绿色服务价值等。实现城市绿地建设“多元化”价值诉求，最终推动绿地建设由“量”向“质”转变。

4.从“定性”到“定量”

目前，我国城市绿地系统规划主要以定性研究为主流，缺乏定量研究支撑。随着景观生态学、地理学等学科理论方法开始运用到城市绿地规划编制当中，并结合一些先进技术如 3S 等进行辅助编制。但由于没有一个统一的基础信息平台提供研究支撑，缺少基础数据，各类资料标准精度不一，难以进行绿地规划领域较为完善的定量化研究和科学分析。随着国土空间基础信息平台的建立，城市绿地系统规划可以实现专项规划与总体规划的底图和资源统一，加强多学科多技术和前沿理论的融合应用，增强城市绿地系统规划的合理性和科学性。

5.从“单向”到“多元”

现代的城市绿地系统规划已经从简单的绿地规划扩大为具有更强社会属性的公共政策规划，必须考虑当地所面对的社会问题和环境问题，而不仅是城市绿地规划的一个维度。因此，城市绿地规划更应践行“以人为本”的发展规划理念，从单一的政府主导转向多元共建的城市绿地系统规划评价体系建设，公众参与规划评价，政府、社会民众、规划单位、实施单位共同协作，实现政府及各类组织信息的交互，促使绿地评估走向人本化。

五、面向国土空间规划的绿地系统规划评价体系优化

基于国内已建立的城市绿地评价数字化体系和国土空间规划新的发展要求，首先，搭建统一的城市绿地规划评价的基础信息平台，平台的建立有助于绿地的长远发展，为更宏观的城乡人居绿色空间有效发挥生态服务效应奠定平台基础。其次，根据城市绿地系统生态、景观和社会游憩等核心价值对于现有的绿地评价的内容进行深化和补充，使绿地评价能够全面具体地反映城市绿地现状和规划的成果。建立和国土空间规划相适应的城市绿地评价指标体系，同时丰富评价主体，构建多方评价途径，为城市绿地规划和其他空间规划接轨提供条件。最终构建一个从内容到方法、从规划前期到后期、从资源识别到管控指引的较为全面的城市绿地评价体系。

（一）支撑全周期的评价体系构建

城市绿地系统规划与城市绿色空间能否可持续发展有着直接关系，但生态空间是复杂多变的，所以本节提出建立从规划阶段到实施阶段的全周期城市绿地系统评价体系来保证绿地生态系统的健康稳定发展，有助于实时掌握规划实施情况，及时发现规划问题以便做出调整。除正常的规划前期针对资源本底的现状基础评价外，在规划实施中加入甄别评价，在城市绿地系统规划实施一段时间后，城市绿地建设会不可避免地出现一些与规划不同的绿地建设成果，通过甄别性评价来剖析这些与规划不符的绿地建设成果出现的原因，并且评价绿地规划成果的合理性及同实际使用效果的一致性，判断绿地规划结果是否对于城乡人居环境的良性发展起到了促进作用，从而支撑后续城市绿地系统规划的实施、改进和完善。同时在规划实施后进行结构性评价，将城市绿地系统规划的空间结构方案与城市绿地实际建设的空间结构进行对比，梳理城市绿地系统规划年限内各项绿地规划建设成果之间的关系。其中结构性评价核心是判断绿地空间与城市各要素协同程度，然后通过各要素的组织安排来进行城市整体绿地结构的优化，从而实现整个城乡人居绿色环境建设的统筹兼顾和有序发展。

通过全周期评价体系的构建来保障城市绿地系统规划的有效落地，并发挥平台支撑作用，为更宏观层面的生态空间的保护和优化提供动态评价结果，从而为整个国土绿色空间的构建提供专项评价支撑。

（二）衡量综合效益的评价内容完善

城市绿地系统规划关乎着城市生态系统的稳定和民众绿色生活品质的提高，而规划评价的内容直接影响城市绿地系统规划。为避免评价内容的片面性和假大空，本节首先强

化对于绿地系统生态效益的评价，包括绿地的城市小气候调节能力，固碳效应、吸收污染物、涵养水土、降温增湿、生物多样性保护等生态评价内容。同时加强城市绿地在社会效益方面的评价，即绿地服务市民的能力的评价，这些评价内容直接关系着人民群众的日常生活稳定和身心健康发展，如绿地使用的便捷程度、绿地共享水平、绿地服务水平及绿地本身景观和整体景观格局优劣等，“以人民为中心”的绿地建设是城市绿地作为居民游憩活动绿色载体的基本职能，应积极促使绿地评价内容从“城市本位”向“人本位”转变。

（三）数字化的评价基础平台搭建

借助国土空间规划基础信息平台的建立，打造更加匹配于城市绿地规划的基础信息平台。加强与不同规划部门的合作交流，做到资源数据共享，实时监测信息共用，实现各类用地在空间布局上的信息协同。各类资源信息必须与国土空间规划要求一致，统一采用2000国家大地坐标系和高斯-克吕格投影，陆域采用1985国家高程基准，使用矢量数据或以 20m × 20m~30m × 30m以上精度的栅格为基本单元进行评价。统一规划底图为绿地基础信息平台搭建奠定坚实基础，同时充分利用国土空间双评价系统已有资源，如国土空间开发适宜性板块中的生态斑块集中度评价和生态廊道重要性评价，资源承载力评价板块的生态系统服务功能重要性和生态敏感性的相关数据等，与国土空间基础信息平台进行信息交互，可以极大节约城市绿地基础信息平台构建的成本，有利于城市绿地规划与其他专项规划接轨。在此基础上融入城市绿地系统规划的特色评价内容，从而建立起一个为城市绿地系统规划持续提供信息支撑的专业基础信息平台，为国土空间体系构建提供城市绿地系统层面的科学参考，也为实现城市绿地的高质量建设提供实施路径。

（四）科学客观的评价指标设定

面对当前城市绿地系统规划评价指标存在的不足和问题，本节基于新时代绿地系统规划的新需求，结合国土空间双评价中与城市绿地相关内容，融入绿地特色扩展指标形成一个与国土空间规划接轨，涵盖传统、生态、景观社会等绿地绩效综合评价的指标体系。国土空间双评价体中资源环境承载力评价下涵盖水源涵养、生物多样性保护、水土保持、防风固沙的生态系统服务功能重要性指标和涵盖水土流失、石漠化、沙漠化的生态敏感性评价指标，以及国土空间开发适宜性评价中的生态斑块集中度评价指标和生态廊道重要性评价指标。将这些指标列入城市绿地系统规划评价体系中，能够有效促进城市绿地系统营建对于整体城市生态系统稳定的支撑。同时加入与城市生态系统景观格局相关的连接度指标、破碎度指标、景观聚集度，与居民游憩相关的人均区域游憩绿地面积、人均绿道长度、地点可达性指数，绿视率、绿地服务重叠度，最后与传统绿地评价指标相结合形成较为科学完善的评价指标体系。

（五）定量化的评价技术创新

评价方法的选择和使用直接影响着整个评价系统的科学性和使用效率，在前期基础信息收集阶段，大量运用无人机测绘、遥感信息技术、卫星影像等高效准确的先进技术，在信息采集阶段保证第一手资料的准确性，为下一阶段的评价和进一步研究奠定科学基础。同时运用地理信息系统、GIS技术、GeoSOS 系统的空间模拟等科学技术平台建立城市绿地数字模型，模拟城市绿地发展趋势进行城市绿地系统的景观、生态经济等方面的现状分析，明晰城市绿地各项指标特征，清晰认识城市绿地不同优劣势，加深认知整个城市绿地网络体系和结构布局等。最后运用层次分析法、模糊综合评价等多种综合评价方法对绿地多项评价指标进行综合，以此来反映城市绿地系统的整体情况，同时进行横向和纵向比较，保证评价结果准确合理。

（六）多方参与下的评价途径更新

城市绿地系统规划作为引领民众绿色高品质生活的核心一环，听取多方民意是城市绿地系统规划评价的必要步骤，且随着国土空间规划对多部门之间工作沟通和协调的加强，亟待构建一个多方参与的评价途径来适应新的发展要求。大数据为城市绿地系统规划评价带来了新的技术手段，通过网络及媒体为多方搭建交流平台，让民众和各部门充分参与其中，生成合作式城市绿地系统评价途径，积极接受公众和相关部门评价意见反馈，提高规划水平并提升市民对人居环境的满意度和幸福感。利用公众参与的基础生成参与式地理信息系统（PPGIS）的方式，使多方评价途径能持续地为城市绿地规划的完善和绿色空间的建设长期发力。使其评价信息能够实现动态化更新和常态化发展，同时为城乡其他空间建设和规划提供一定信息支撑。借助多方评价途径的搭建，实现主体部门与各类组织信息的交互，构建多元主体主动参与的绿地评价体系。

在以生态文明建设为核心的新时代国土空间规划引领下，我国的城市绿地系统规划面临着新的变革和新的机遇。传统的城市绿地评价系统已难以满足城市绿地空间规划要求，亟待进行优化适应。相比于传统的城市绿地现状评价系统，本节以面向国土空间规划新要求为核心，以协调国土空间规划评价新方法为依托，建立全周期的绿地评价体系和多方参与的评价途径，并融合近年来绿地系统规划评价研究成果，利用先进的科学技术方法，从城市绿地基础信息平台搭建和评价指标体系的完善，到评价内容的补充和评价方法的更新，对城市绿地系统规划评价系统进行了梳理和优化。希冀能够为当前国土空间指引下“多规合一”的空间体系优化提供城市绿地系统规划层面的专项支撑，更能够为当前我国城市绿地系统规划优化提供一定的科学参考，同时为整个城乡生态空间的保护和发展提供支撑平台，逐步推动城市绿地系统建设朝向适应新时代城市发展规律和人民绿色需求的更高品质和高质量目标发展。

第十二章　乡村景观规划探究

第一节　乡村景观的定义与功能

一、乡村景观的定义

乡村是指区别于城市和城镇（指城市、城镇的实际建设区域，不是指直辖市、建制市和建制镇等行政区划概念的市域范围）的地方，即城市（镇）建成区以外的人类聚居地区，但不包括没有人类活动或人类活动较少的荒野和无人区。城市和乡村的地域范围是动态变化的，随着城市化水平的不断提高，城市占地范围不断扩大，而乡村范围呈现缩小的趋势。在人口、社会和经济属性上，乡村是人口密度低、以农业生产为主、与工业化的城市进行物质交换的地区。

在环境特性和功能上，乡村是在当地自然条件、生产生活方式和历史文化背景等因素的交互作用下，所形成的具有自然风光与农业活动的生产、生活和生态空间。在聚落形态上，乡村聚居相对分散，大部分土地用于农耕、畜牧水产养殖或放牧等用途，土地利用多样，具有明显的田园特征。因此，乡村景观所涉及的对象是在乡村地域范围内与人类聚居活动有关的景观空间，包含了乡村的生活、生产、生态和文化各个层面，即乡村聚落景观、生产性景观、自然生态景观及与乡村的社会、经济、文化、习俗、精神和审美密不可分的文化景观。

综上所述，乡村景观的定义可以表述为：乡村景观是指乡村地域范围内乡村聚落、农田、林草、水域、畜牧、交通廊道等各种景观要素镶嵌在地理环境背景之上的一种自然与文化复合景观，以农业为主体，是人类在自然景观的基础上经过长期的土地利用和改造而形成的自然—经济—社会—文化综合体，它既受自然环境条件的刚性制约，又受人类经营活动和经营策略的持久影响。具体可以从以下几方面来理解乡村景观的内涵：①从地域范围来看，乡村景观是泛指城市景观以外的，以乡村聚落及其相关行为特征（农、林、牧、渔等）为主题的景观空间；②从其形成渊源来看，乡村景观是在人类社会发展进程中不同文化时期人类对自然环境的干扰结果和历史印迹；③从其构成类型来看，乡村景观是由自然景观、聚落景观、农业景观和文化景观构成的景观综合体；④从其景观特征来看，乡村景观是自然景观与人文景观的复合体，聚落规模小，人类干扰强度较低，自然属性较强，自然环境占据景观系统的主体地位，土地利用相对粗放，具有显著的自然生态属性。总之，乡村景观与其他景观的核心差异在于以农业为主题的生产景观和土地利用景观，以及乡村特有的田园文化和田园生活；乡村景观不仅有生产、经济和生态价值，也具有娱乐、休闲和文化等多重价值。

二、乡村景观的功能特征

乡村景观功能是指乡村景观提供景观服务的能力，一般以人类从乡村景观获得的惠益（景观服务）来描述与衡量。乡村景观应具有以农业为主的第一性生产、保护和维持生态环境福祉，以及作为一种特殊的文化观光资源三方面的功能特征，即农业生产、生态维系和文化传承三大功能。

由于不同国家和地区经济发展水平、人口生存状况的差异，乡村景观的服务功能也有所侧重。欧美一些发达国家的城市化程度高，农业和农村经济条件优越，促使人们更加关注乡村景观的生态保护及美学价值，如农业景观多样性与土地覆被空间异质性、农田树篱结构与生物多样性，以及动物迁徙廊道、小型林地斑块与本土物种栖息地等。为了满足人们“重返乡村和走近自然”的欲望，乡村景观中增加了一些富有特色的新型农业模式，如生态农业、观光农业、自然农业、精细农业等。但在一些发展中国家，尤其是那些人多地少的东南亚国家，由于城市化率低，大量人口生活在农村地区，因而乡村景观中的自然斑块所剩无几。这些欠发达地区所面临的首要任务是保证粮食安全和经济发展，在此基础上才能进一步考虑乡村景观的生态保护和美学价值。生态保护必须结合区域一定历史阶段的经济社会发展需要，不宜过度草率地提倡“设计结合自然”的唯自然主义理念。

乡村景观随着人类群居而出现，是形成最早、分布最广的一种文化景观形态。但是，随着农耕文明的远去，工业文明和后工业文明的发展，这一历史悠久、具有文化遗产价值的乡村景观日益受到城市化的冲击，其文化价值正在逐渐消失。因此，在进入生态文明时代的大背景下，重新认识和系统研究乡村景观的价值，进而提出科学保护、利用、规划和管理的新对策，是当前世界的一种潮流和责任。

第二节　乡村景观规划的内涵与特征

一、乡村景观规划的内涵

“规划”是运用科学、技术以及其他系统性的知识，为决策者提供待选方案，同时它也是一个对众多选择进行考虑并达成一致意见的过程。正如约翰·费雷德曼简洁明了地指出的那样，规划是连接知识与实践的纽带。

乡村景观规划是应用景观生态学的原理，对乡村土地利用过程中的各种景观要素和利用方式进行整体规划和设计，使乡村景观格局与自然环境中的各种生态过程和谐统一、协调发展的一种综合规划方法。乡村景观规划的核心任务就是要解决如何合理地安排乡村土地及土地上的物质和空间来为人们创造高效、安全、健康、舒适、优美的人居环境的，从而为社会营造一个可持续发展的整体乡村社会—生态系统。乡村景观规划是围绕着人与自然共生发展的理念展开的，人类对自然的各种改造活动不能违背生态规律。因此，优化和整合乡村地域的自然生态环境、农业生产活动和生活聚居建筑三大系统，协调各系统之间的关系是景观规划设计的核心目标。通过乡村景观规划，使景观结构、景观格局与各种生态过程以及人类生活、生产活动和谐共生、协调发展。

乡村景观规划更加注重对环境与生态的研究和探索。针对环境，重点考虑土壤、地形、气候、建筑风貌、氛围等问题；而生态融入了有生命的主体，如动植物、生物多样性、生态网络等。当然，在乡村景观规划过程中，既要遵循自然景观的适宜性、功能性和生态特性，又要考虑经济景观的合理性和可行性，更要考虑社会景观的文化性和继承性，以景观资源的合理利用为出发点，以景观保护为前提，科学规划和设计乡村区域内的各种行为体系，在景观利用与保护之间构建可持续的发展模式。因此，通过乡村景观规划，应为当地居民创造一个宜人的、可持续的乡村人居环境，而乡村人居环境的重要特征是以农业景观为主题背景，以乡村聚落为景观核心，是一种半自然的人文生态景观综合体。

总之，乡村景观规划是在城乡一体化发展过程中，通过对乡村资源的合理利用和乡村建设的合理规划，协调城乡发展的二元体系，实现乡村景观美化、相容、互补、稳定、可达和宜居的人居环境特征，并将乡村聚落建设成为包括城市居民在内的所有人所向往的、能够充分体验人与自然和谐共生的景观空间。

二、乡村景观规划的特点

通常来说，规划可分为项目规划与综合规划两大类。项目规划是对某个特定的物质对象进行设计，如水坝、公路、海港，或者是单个建筑或建筑群。综合规划则包括与某个地区所有功能相关的多种选择方案，常常需要彼此妥协才能解决冲突，而这正是综合规划的内在目标。此外，我们还会经常谈到环境规划或生态规划。环境规划则是在维持人类活动的能力前提下，以物质、生态及社会进程的最小分配，倡导并实现对资源获取、运输、分配及处理过程的管理，而生态规划实际上是指对生态系统的“管理”。管理是为实现某一预期结果而明智地采取措施。所以，许多人认为管理与规划之间的区别更多只是字面上的，例如土地利用管理，正是规划过程的目标和手段的总称。那么，生态规划或生态系统管理就是理解与组织整个地区的生态要素、生态过程和生态格局的方法，其目标是保持该地区的可持续性和整体性。

乡村景观规划作为一种空间规划，既具有一般综合规划的基本特征，又有别于土地利用规划、环境规划或生态系统管理。它具有以下几个主要特点。

（一）乡村景观规划是一种综合规划

由于景观的属性涉及自然、生态、经济、社会、文化、美学等多个层面，景观规划必然是一种高度综合的管理和规划方式。特纳认为，景观规划包含了自然发展规划（对宏观环境的过程与系统的考虑）、景观视觉规划及社会发展规划（人类生活与游憩）的内涵。它不仅关注景观的核心问题——“土地利用”、景观的“生产力”及人类的短期需求，还强调景观作为整体生态系统的生态价值、景观可供观赏的美学价值及其带给人类社会的长期效益和文化遗产。因此，乡村景观规划需要综合应用多学科的专业知识，包括土地利用、景观生态学、景观建筑学、地理学、社会学、农学、土壤学等，全面分析乡村景观的内在结构、生态过程、社会经济条件、价值需求及人类活动与环境之间的相互关系，充分发挥当地景观资源与社会经济的潜力与优势，构建一个人与自然和谐共生的总体人类生态系统。

（二）乡村景观规划的关键是让自然景观与文化景观和谐共存

景观并不只是像画一般的风景，它是人眼所见各部分的总和，是形成场所的时间与文化的叠加与融合，是自然（景观的实质环境）与文化（景观受到人类改造后的结果）不断雕琢的产物。正如弗雷德里克·斯坦纳在其《生命的景观——景观规划的生态学途径》一书中阐述的那样：景观规划这一术语的使用是为了强调这种规划应该包括对自然及社会的考虑；景观规划不仅仅是土地利用规划，因为它强调对土地利用的各种要素（自然、社会、文化、政策等）的叠加与综合，乡村景观属于一种半自然的文化景观。因此，在其规划目标和规划方法方面都要特别关注在当地生产条件、生活方式和历史文化背景等因素作用下的人与自然互动的结果，应遵循以乡村文化景观保护作为出发点的规划理念，避免以改善或创造新的乡村景观为目标，确保所提出的规划方案符合经济可行、生态安全、文化相宜、美学独特的基本原则，体现人与自然的和谐共生关系。

学者贺勇认为应十分强调“景观作为系统”这一理念，并针对规划实践中如何认识和理解乡村景观的文化特征提出7条基本定理，具有重要的指导价值。具体包括：

（1）景观作为理解文化的线索。各地区的差异并不仅仅是自然的，也是文化的。物质层面的趋同，往往也意味着文化的趋同。景观中的普通事物可以帮助我们认识自己是怎样的人。普通的乡村景观相比那些伟大的“景点”告诉我们更多普通人的生活状态和真实的文化。文化演变的差异也是源于对各自喜好的执着或偏见。

（2）文化统一与景观平等。人类景观中的所有事物都传达着信息，都具有意义，而且其中绝大部分都有着等量的信息。所以民居和宫殿同样重要，前者传达了普通人的思想，后者则反映了设计者和极少数使用者的意愿。

（3）景观与普通事物。关于景观的专门研究很多，但是绝不能忽视关于景观中对普通事物的描绘和关注，而这些对于景观规划设计往往具有特别重要的意义，因为它们往往确定了我们思考的框架与标准。

（4）历史的视角。任何景观都应置于历史的视野之下，景观从来都不是抽象孤立地存在的，而是各种条件共同作用的结果。

（5）场所与环境的视角。为了理解文化景观中元素的意义，我们需要把它放到其所依托的地理、场所环境与文脉之中。如果仍然像以往一样，以一种强有力的方式规划介入环境与场所，以一种不妥协的姿态试图给乡村景观以新的诠释与意义，其结果可能会导致景观与周围环境的关系跟当初设想的完全不同，包括人们的欣赏与理解也不大一样。

（6）地理与生态的视角。文化景观总是与其实体环境紧密相关，所以研究自然系统对于准确理解文化景观具有重要意义。提倡以一种当地的视角，系统而综合地分析景观形成的各种内在动力，因地制宜地选择规划和设计地方特色。

（7）乡村景观的多义与模糊。不同的人对同一种景观会产生不同的理解，规划人员必须对这种模糊多义的特性相当敏感，而且应该注意到人们更喜欢开放式结局的乡村景观，以便让人们自己去补充完成，从而形成特有的理解。合理的规划方式就是以一种开方式的结局与设计，让生活者介入其中，从而产生多义、模糊、多元的意义。

（三）乡村景观规划的核心是协调土地利用竞争

规划的两个基本理由就是使人们得以平等共享和确保未来的发展能力。但人类社会的空间组织是一个很抽象的概念，它通过土地利用清晰地表达各种利益相关方的位置。可以说，人类的所有活动都以某种方式与土地联系在一起，这种联系就是土地利用。因此，景观包括各种土地利用的方式——农业、居住、交通、娱乐及自然地带（如森林、荒漠、水域等），并由这些土地利用类型组合而成。但是，随着人口的不断增长、城市化的快速发展，城市与乡村、自然与人文之间的边界正日渐混同，导致土地利用、环境及社会的退化等方面充斥着各种矛盾和冲突。例如，人们希望享受到更多的开放空间和游憩设施，促使城市生活空间逐渐向郊区或乡村地区拓展，势必会破坏野生动物栖息地和环境敏感地区；有时新的土地利用布局位于对自然灾害十分敏感的区域，面临着地震、森林火灾、洪水等的安全风险。那么，如何协调因各种利益驱动下的土地利用冲突需要有宏观的视野，以空间、功能及动态观点来理解景观就成了关键。

正如前所述，土地利用方式是乡村景观中的主体，因此土地利用规划是乡村景观规划的基础框架。在此基础上，乡村景观规划还要考虑各种生物的生存环境，即生物多样性的问题。例如，在乡村景观规划中需要考虑一些动物的迁徙走廊，在农田格网中设置一些树篱或林带；或者建立一些小型斑块的动物避难所，甚至生态保护区等。也就是说，要充分考虑土地利用活动对乡村景观中的各种生态过程（物流、能流、信息流）的影响，不能因为土地利用而损害了生态系统平衡或其他生物种类的生存环境。除了上述两方面外，乡村景观规划还要考虑景观的文化和美学价值，将土地利用作为一种自然和人文相统一的文化景观，为人们提供安全、舒适和优美的人居环境。因此，土地利用规划既协调了自然、文化和社会经济之间的各种矛盾冲突，又强调生物环境的多样性，以丰富多彩的空间格局为各种生命形式提供可持续的多样性的生息条件，充分实现乡村景观所应具有的生产服务功能、生态环境功能和社会文化功能。

（四）乡村景观规划的灵魂是生态伦理

“生态”一词源于希腊语中的“Oikos”，是“家”的意思。“生态”的本质含义是所有有机体相互之间以及它们与其生物及物理环境之间的关系。显然，人类也是生态体系的一部分。所以，著名的景观规划师伊恩·麦克哈格（Ian McHarg）将人类生态学的理念引入景观规划中，大力倡导生态原则在景观规划中的引领地位，他认为生态学研究包括人类自身在内的所有生物体与其生物、物理环境之间的关系。因而，生态规划可以定义为运用生物学及社会文化信息，就景观利用的决策提出可能的机遇及约束。

麦克哈格对生态规划的逻辑框架做了如下概括：“所有的系统都渴望生存与成功。这一论断可以被描述为‘优化—适应—健康’；其对立面是‘恶化—不适应—病态’。要实现上述目标，系统需要找到最适宜的环境，并改造环境及自身。环境对系统的适宜性可以定义为只需要付出最小的努力和适应。适宜与相符是健康的标志，而适宜的过程即是健康的馈赠。寻求适宜归根结底是调整适应。要成功地调整适应，维护并提高人类的健康与幸福，在人类能运用的所有手段中，文化调整尤其是规划可能是最为直接而有效的。”阿瑟·约翰逊（Arthur Johnson）进一步阐述了这一理论的核心原则：“对于任何生物，人工、自然与社会系统，最适宜的环境即是能够提供维持其健康与福祉的必要的环境。这一原则不受尺度的限制，它既适用于在花园中确定植物栽种的位置，也可以指导一个国家的发展。”因此，生态规划方法首先是研究某一场所生物物理及社会文化系统的方法，以揭示特定土地利用类型的生态适宜性。对于某种潜在的土地利用方式，找出拥有全部或众多有利因素而没有或仅有较少不利因素的最佳地点，满足这一标准的地点即被视为适于此种土地利用类型。

第三节　乡村景观规划的目标、内容与环节

一、乡村景观规划的目标

（一）建立高效的农业生产景观

高效农业是指以农业市场需求为导向，以提高农业综合效益为目标，遵循社会经济规律和农业自然规律，运用现代农业科学技术，采取集约化的生产方式，科学利用各种自然资源和社会资源，优化各种生产要素之间的配置，不断提高资源利用率和劳动生产率，生产满足国内外需求的多品种、多系列、高质量的各种农产品，注重经济效益、社会效益和生态效益的协调发展，自身发展能力较强的现代化产业，是现代农业的重要组成部分。高效农业所追求的不只是利润高、经济效益好的农业，更是经济、社会与生态效益共同提高、共同发展、综合效益最佳的农业。虽然经济效益起着基础性的作用，但是同样不能忽视社会效益和生态效益。就社会效益而言，只有生产数量充足的农产品，满足人们正常生活的需要，才有可能实现社会的安定有序；农产品数量和质量不断提高，才能够满足人口的增长和人们对物质生活更高的要求；农业生产的增加、农业产业的壮大，还可以为社会提供更多的就业机会。高效农业涵盖的内容比较广泛，主要就高效农业空间协调、时间利用、物质能量循环和要素功能拓展等方面进行阐述。

1.空间协调上的高效

空间协调上的高效主要是指在一定的空间范围内，依据各地自然条件和社会环境的不同，在平面空间或立体空间对农、林、牧和渔业等进行科学搭配，使土地资源和水资源在平面空间和立体空间得到最大化利用，充分发挥光能、大气和生物种群等的作用，不断增加农业生产的载体，优化农业生产的环境。具体表现为空间种植、空间养殖和空间种养三种方式。空间种植是指利用农作物之间互利共生的特点，建立一个时间上多序列、空间上多层次的农业生产结构，如农作物的套种、间种和轮种等。空间养殖是指根据养殖动物的不同养殖要求，在立体空间内分层次养殖不同的动物，如鸡舍在上、猪舍在下的陆地立体养殖模式和水面养鸭、水中养鱼、水底养蚌的水域立体养殖模式等。空间种养是指在一定空间，将植物和动物按一定层次进行综合养殖，如稻鸭共生养殖、稻鱼共生养殖等。

2.时间利用上的高效

时间利用上的高效主要是指充分利用农业生产季节性的特点和动植物生长的时间规律，采用先进的技术手段，合理使用时间搭配，追求农业生产时间上的高效组合，获得效益最大化。

具体表现为时间结合模式、时间轮换模式和人工季节调控模式。时间结合模式是指根据农作物的不同品种或不同农作物的不同生长规律，在时间上进行科学合理的搭配，将农作物的种植时间紧密衔接，生产出更多的农产品，使土地得到充分利用。时间轮换模式是指在一定的时间里，按照恢复和提高土地的肥力、防除杂草病虫害和提高农产品产量与质量的要求，对同一块土地按一定的次序，轮换种植不同的农作物，如经济作物、粮食作物和饲料作物之间的轮换种植。人工季节调控模式是指利用农产品季节生长的差异，通过人工对农产品生产环境的控制，营造适宜农产品生长的环境条件，增加农产品的产出，满足市场需求，获取较高的效益，如冬季农业大棚种植的反季节蔬菜。

3.物质能量循环上的高效

物质能量循环上的高效是指高效农业的建设要依据生态学原理，遵循生物链和能量链的流动设计农业生产，在由生产者、消费者和分解者组成的生产体系中，根据生物与自然界之间、生物与生物之间存在的关系，科学有序地利用系统内外的能量资源，促进各种物质和能量的经济转化，实现农业的高效。具体表现为种植业内部链式循环、养殖业内部链式循环和种养业结合链式循环。种植业内部链式循环是指在农作物和食用菌等生产体系中的物质多向循环利用，如农作物的秸秆和棉籽壳等可以作为食用菌的原料，而食用菌产生的菌渣和废物又可以作为农作物的肥料。养殖业内部链式循环是指将家禽畜类养殖产生的粪便等废弃物，作为其他家禽畜类或渔业等养殖的饲料，从而实现废物的循环利用。种养业结合链式循环是指在种植业和养殖业之间建立良性的物质和能量循环，如家禽、畜类、渔业和农作物之间的循环等。

4.要素功能拓展上的高效

要素功能拓展上的高效主要是指：一方面，高效农业要充分利用土地、资金、人力、技术等单个要素或多个要素之间在数量上和功能上的关系，促进各要素之间的协调发展和互利共生，不断提高农业的自我组织能力，努力形成持续稳定、高产优质高效的农业；另一方面，高效农业要具有生产、生活和生态的功能。当前农业发展在满足社会对粮食等大宗农产品需求的同时，还应起到进一步提高农民的收入，不断改善农民的生活条件，保持水土、净化空气、处理有机废物和美化环境等功能。目前，农业功能拓展的主要方式就是，以高效生态农业基地等为依托，利用其优美的自然风景和环保的生态空间，建设一批休闲娱乐设施，开发农家乐等活动，提供科普教育、游乐度假和就餐住宿等服务，突出野趣、闲趣和乐趣，为人们提供感受农村生活气息、亲近大自然的休闲娱乐观光场所。

综上所述，通过进行乡村景观规划，可以对乡村生产要素进行优化和调节，从而实现农业资源空间协调上的高效、时间利用上的高效、物质能量循环上的高效和要素功能拓展上的高效，进而可以建立高效的农业生产系统。

（二）建立安全协调的乡村生态景观

安全是人类基本需要中最基本的一种需求。“生态安全”问题是一个诠释古老问题的新概念，由于它提出的时间还不长，虽然国内外的许多学者都对生态安全的内涵和外延做了探讨，但目前关于生态安全尚无统一的定义。就其本质来讲，生态安全是围绕人类社会可持续发展的目的，促进经济、社会和生态三者之间和谐统一，由生物安全、环境安全和生态系统安全这几方面组成的安全体系。生物安全和环境安全构成了生态安全的基石，生态系统安全构成了生态安全的核心。没有生态安全，人类社会就不可能实现可持续发展。乡村生态安全突出表现在乡村景观生态安全格局和农业安全两个方面。

乡村景观生态安全格局能够以生态基础设施的形式落实到乡村中：一方面，用来引导乡村空间扩展、定义乡村景观空间结构、指导周边土地利用；另一方面，生态基础设施可以延伸到乡村景观结构内部，与乡村植物系统、雨洪管理、休闲游憩、交通道路、遗产保护和环境教育等多种功能相结合。这个尺度上的生态安全格局边界更为清晰，其生态意义和生态功能也更加具体。微观对应的是乡村街道和地段尺度，生态基础设施作为乡村土地开发的限定条件和引导因素，落实到乡村的局部设施中，成为进行乡村建设的修建性详细规划的依据，将生态安全格局落实到乡村景观内部，让生态系统服务惠及每一个乡村居民。

乡村景观的生态安全问题也表现在农业生态安全方面。农业生态系统是直接为人类生存和生活服务的一类人工自然复合生态系统，农业生态安全是农业可持续发展的基础。

农业生态安全具有较强的地域性和时间限制性，而且受外部自然环境、人类活动、社会经济、技术等的影响和调控十分明显。例如，农业生态系统安全受灾害性天气现象（洪涝、干旱、台风等）、光热水土资源、农业生产技术条件（如化肥、农药、转基因物种等的使用）、市场经济条件（如需求、价格）等的影响很大。具体来讲，农业生态安全是指农业生态系统自然资源稳定、均衡、充裕，农业生态环境处于健康、能够实现生产可持续性、经济可持续性和社会可持续性的状态。章家恩、骆世明指出农业生态安全大致包括以下几方面内容：①农业环境安全；②农业资源安全；③农业生物安全；④农业产品安全，包括数量安全和质量安全，即所谓的双重安全。其中，农业环境安全、资源安全和生物安全是农业生态安全和农业产品安全的基础和保障，农产品安全是保障人类健康安全的基本要求。

（1）农业环境安全问题。气候气象灾害（洪涝、干旱、持续低温、台风、沙尘暴、全球气候变化等）、地质灾害（崩塌、滑坡、泥石流等）、环境污染灾害（大气污染、土壤污染、水污染、核污染、放射性污染等）等。

（2）农业资源安全问题。光照不足、光照过量、热量不足、热量过量、水资源短缺、水土流失、土地退化、土地短缺等。

（3）农业生物安全问题。生物多样性减少、野生种质资源消失、农业物种退化、病虫草害爆发、外来物种入侵、转基因生物风险、生物污染等。

（4）农业产品安全问题。产量低而不稳、品质低劣、营养不足、重金属残留、农药残留，以及硝酸盐含量、生长调节剂、添加剂、着色剂超标等。

区域乡村景观规划离不开环境与生态，环境重点考虑土壤、大气、建筑物、氛围等问题；生态则加进了有生命的东西，如植物、动物等，它是一个动态发展的过程。通过乡村景观规划，可以建立安全的乡村生态环境。

（三）建立优美宜居的乡村聚落景观

所谓聚落，就是人类各种居住地的总称，由各种建筑物、构筑物、道路、绿地、水源地等要素组成。广义地说，聚落是一种在相关的生产和生活活动中所形成的相对独立的地域社会，不仅满足生产、生活活动，还反映某种生产关系和社会关系，从而体现聚落群体的共同信仰和行为规范。它既是一种空间系统，也是一种复杂的社会、经济、文化想象和发展过程，是在特定的地理环境和社会经济背景中，人类活动与自然相互作用的综合结果。乡村聚落是指位于乡村的各类居民点所构成的总区域，包括各类建筑物、水文、道路和绿地等。聚落景观是传统乡村景观研究的核心。

优美宜居的乡村聚落景观既要有优美的自然环境，又要有和谐的社会人文环境，要能够满足村民居住舒适性、生活便利性、出行方便性和环境优美性等多方面的要求。具体来说，乡村聚落景观规划要实现以下目标。

（1）营造具有良好视觉品质的乡村聚落环境。

（2）符合乡村居民的文化心理和生活方式，满足他们的日常行为和活动要求。

（3）通过环境物质形态表现蕴含其中的乡土文化。

（4）通过乡村聚落景观规划与设计，使乡村重新恢复吸引力，充满生机和活力。聚落布局和空间组织及建筑形态要体现乡村田园特色，并延续传统乡土文化的意义。

二、乡村景观规划的内容

乡村景观格局由乡村聚落景观、乡村生产性景观、乡村生态性景观综合构成，不同的乡村景观由不同的景观要素构成，它们的景观结构及其功能各有不同，表现在规划上就是其内容的差异。因此，乡村景观规划的内容也由这三部分组成。

（一）乡村聚落景观规划

乡村聚落，包括居民住宅、生活服务设施、街道、广场、第二产业、第三产业、交通与对外联系，以及聚落内部的空闲地、蔬菜地、果园、林地等构成部分，是村民居住、生活、休息和进行各种社会活动的场所。乡村聚落规模的大小及聚落的密度，反映了该地区人口的密度及其分布特征；各地区不同的文化特色、经济发展水平、各民族的生产生活习惯，该地区的土地利用状况及农业生产结构等无不在乡村聚落中有所体现。

因此，乡村聚落景观作为乡村区域内的人类聚居的复合系统，在乡村景观中占有重要的位置，其状况如何，对于乡村景观功能的维持、保护和加强具有举足轻重的作用；同时乡村聚落结构和功能的改善也是乡村社会经济持续发展中亟待解决的问题。我国乡村面积大，地理环境多种多样，文化、风俗差异巨大，乡村聚落景观丰富多样且特色明显，如我国徽州民居、江南水乡、北方四合院、西北窑洞、闽南土楼、西南吊脚楼等富有地方特色的乡村群落。但目前乡村群落面临不少发展困境：一是，近来的乡村规划只是复制了城市规划中以小区家庭为单位的居住生活格局，忽略了乡村自然风貌与乡村社区景观规划的有机结合，破坏了特色的乡村聚落景观，缺乏地域性。二是，如何协调乡村聚居条件与功能改善和生态环境保护的关系，成为乡村聚居区更新中一个比较现实的问题；三是，随着城乡一体化的快速发展和现代文化带来的巨大冲击，乡村群落的文化空洞对乡村聚居文化的破坏相当严重，传统村落消失速度加快，保护乡村群落历史风貌的任务更加艰巨。

因此，乡村聚落景观格局在塑造上应遵循以下条件：

（1）聚落的更新与发展充分考虑与地方条件及历史环境的结合。

（2）聚落内部更新区域与外部新建区域在景观格局上协调统一。

（3）赋予历史传统场所与空间以具有时代特征的新的形式与功能，满足现代乡村居民生活与休闲的需要。

（4）加强路、河、沟、渠两侧的景观整治，有条件的地区设置一定宽度的绿化休闲带。

（5）突出聚落人口、街巷交叉口和重点地段等节点的景观特征，强化聚落景观可识别性。

（6）采用景观生态设计的方法，恢复乡村聚落的生态环境。

在城市化和多元文化的冲击下，乡村聚落整体景观格局就显得格外重要。乡村聚落的景观意义在于景观所蕴含的乡土文化所给予乡村居民的认同感、归属感及安全感。只有在乡村居民的认同下，才能确保乡村聚落的更新与发展。

（二）乡村生产性景观

乡村的生产性景观以生产为主导的生产过程的自然体现，它的生产性质、生产过程、生产环境决定了乡村生产性景观的特色。近年来，随着美丽乡村建设和乡村振兴战略的不断推进，不少乡村在发展第一产业的基础上，根据各自的资源环境、经济社会和优势特色条件，衍生发展第二、三产业，呈现出一、二、三产业融合发展的态势，例如，各类村镇工业园区、物流园区、农业产业园区、农业科技园区、集农—文—旅于一体的田园综合体等。因此，新时期乡村生产性景观不仅包括农业景观，还包括工业、休闲旅游、生态康养等二、三产业景观。但与城市生产性景观不同，乡村生产性景观的主要特征还是以体现农业生产的景象为主，如农田景观、园地景观、庭院生态农业景观、农林复合系统景观，以及以农业为基础发展的休闲农业与旅游景观、农业园区景观等。从景观生态学的角度来看，农田、园地等农业景观可以看作一种斑块类型，它的规划设计内容有大小、类型、数目、格局等，农田、园地的整体风貌和农作物的生长景观，让乡村生产性景观兼具美学价值和生态价值。

（三）乡村生态性景观规划

乡村生态性景观包括自然斑块景观和乡村廊道景观。自然水塘或湖泊、河滩湿地、山地等均为乡村自然斑块景观，是乡村的不可建设用地。乡村廊道是景观中具有通道或屏障作用的线状或带状镶嵌体。自然廊道多是景观生态系统中物质、能量和信息渗透、扩散的通道，是促进景观融合和景观多样性的重要类型，使景观镶嵌结构更加复杂。而人工廊道有的具有通道作用，有的则具有屏障作用。乡村生态性景观规划应以保护为主、规划为辅，在保护生态环境的前提下，对它们进行统一布局和设计，创造出宜人合理的开放空间，与乡村生活环境相协调。

1.自然斑块保护与规划

在乡村景观体系中，由于农耕社会对资源利用的广泛性和深入性，使自然斑块都多多少少出现了人工化的趋势，自然斑块已比较少见。即使存在斑块也多呈现出分散破碎的分布，且分布在农田斑块之中。

（1）乡村自然生态斑块的类型

①自然洼地积水形成的水生（湿生）植物斑块。洼地汇集来自降雨、农田灌溉、地下水外渗、溪流等多种补给水形成水层较浅和水面较阔的湿地区域。在丰富的营养物质和充足水分供给及肥沃的土壤上发育形成的湿地生态系统成为农村广泛存在的自然斑块类型。在乡村景观生态格局中不仅呈现出景观多样化、物种多样性、生物避难所等功能，而且是农田生态系统重要的辅助生态系统，有助于农田生态系统的稳定。但由于人口增长与有限土地之间的矛盾，农民为了获得更多的耕地，通过人为砍伐湿生植物，填平洼地，水面减少，不断将湿地转化为农耕地，彻底破坏湿地生态系统，减少乡村景观生态格局中自然斑块的数量，使乡村景观生态呈现出单一性的格局，因此在乡村景观生态规划中要保护诸如泄洪区、洼地等湿地斑块。

②自然水塘或湖泊。乡村自然水塘、人工水塘、水库和湖泊是以水体、水生动植物、湿生植物等为核心的生态系统。乡村水体不仅能够有效调节小气候，而且能够维持农田和自然生态系统的有效性，同时还通过蓄水调节实现农业生产对灌溉水需求的时间差异，从而保障农田生态系统生产的稳定性和乡村抵御自然灾害的能力。

③河滩湿地与林地斑块。河道是乡村广泛存在的景观廊道，由于河流具有季节性和年际变化的水过程，因此河滩湿地具有季节性变化的特点。在季节性水体影响较小的河滩地多受年际变化的影响，具有比较稳定的生态系统条件，从而能够形成河滩林地生态系统，成为乡村重要的景观生态斑块类型。河滩林地在河道中的作用具有双重性：一方面在平水年河滩林地对河道具有保护作用；另一方面在洪水年，在保护堤岸的同时，对河道行洪造成阻碍。

④乡村山地林地与风景区。乡村山地林地和风景区是依托大型自然斑块及乡村文化历史而形成的具有自然生态功能与文化脉络的大型特殊斑块，揭示出不同历史时期人们对自然的理解与文化生态的内涵。

（2）乡村自然斑块的规划

①保护大型自然斑块空间的完整性。严格限制乡村土地拓展对自然斑块蚕食和沿沟谷形成的溯源侵蚀。

②保护自然斑块物种和生境的原生性。严格限制大型自然斑块的农业化和自然植物的人工化，不断改变植物的生境特征，从而使自然斑块逐步发生演变。

③依照农田景观与自然景观相互作用规律，规划大型自然斑块与农田景观相互作用的

过渡地带。

④大型自然斑块在乡村格局中具有隔离功能，因此，在乡村道路建设中往往对大型自然斑块进行大幅度的分割，不仅使大型自然斑块分化成相互隔离的几个斑块，同时使道路沿线形成严重的生态破坏，使景观破碎度增加。大型自然斑块的规划要严格限制道路建设形成的破坏，以自然斑块保护为导向，保护斑块的完整性格局。

⑤严格限制大型自然斑块内部的人类活动。对斑块内部历史形成的民居、农业生产、采石、开矿、工厂建设等进行有效的清退。

2.乡村廊道保护与规划

乡村廊道是乡村景观生态格局中比例较小但与外界联系极为紧密的生态通道，往往是自然景观生态格局与城市景观生态格局相互连接的重要渠道，乡村廊道体系是乡村景观生态规划的重要内容。

（1）乡村廊道的类型

①河流与溪流。河流是乡村最主要的自然廊道，包括季节性河流、常年径流量河流和改道废弃的河流等。河流主要承担泄洪通道、乡村水源、排放通道、乡村游憩休闲通道的功能。同时，由于乡村河流自然堤岸的局限性，河流往往是造成乡村洪水灾害的重要原因，从而深刻影响乡村的生产和生活。

②大型林带。大型林带有人工林带和自然林带两种。人工林带主要是乡村基于特定功能的人工建设，在空间上呈现出带状分布特征，如基于洪水防护或风沙防护的林带。自然林带主要是沿自然河流、溪流、断裂带或低地出现的林带。

③过境的各级公路网络。乡村往往是高速公路、国道、省道、铁路及乡村道路的分布空间。由于高速公路、铁路带有封闭的防护栏的特殊性，在景观生态上具有较高的隔离程度，同时高速公路和铁路两旁的林地形成较完整的通道。其他道路的隔离性相对较弱。

④高压通道。高压通道是对乡村生产和生活影响较大的通道类型，高压通道两侧各50m的空间范围内的生产生活受到严格的限制，直接影响乡村景观生态的格局。

⑤农田防护林带。农田防护林带将农田分割成为大小相同、形态规则的农田斑块，林带对斑块内的作物起到防护作用的同时，林带相互连接形成一个网络特征明显的林带网络，如果林带具有一定的宽度，同时林带采用垂直结构进行设计，则农田防护林网具有良好的生态通道作用。

（2）乡村廊道体系规划

①保护廊道的完整性和连接性。

②对于自然廊道应尽可能保护廊道的自然性和原生性。

③在廊道规划中保持廊道的宽度。廊道狭窄，则廊道内的物种只可能是边缘种；而廊道越宽，在廊道中心就可以形成比较丰富的内部种，更有利于形成廊道的物种多样性，扩

大廊道的生态效应。

④廊道的设计在于形成不同等级和不同作用的生态联系网络。单一而孤立的廊道往往仅仅成为一个通道，而廊道网络将生态作用扩展到城市的每一个空间，对城市景观生态格局具有重要意义。

⑤乡村廊道作为自然景观与城市相互连接的桥梁，保障了城市—区域景观格局中生物过程的完整。

⑥乡村廊道的规划设计还注重乡村防灾功能。以河流为主形成的洪涝灾害成为乡村廊道灾害的主要类型，河流廊道的生态功能与安全功能成为河流景观生态规划设计的重要导向。

⑦由于廊道呈线性延伸，廊道的生态作用可以沿线性空间深入农田内部的同时，充分利用廊道的延伸性，将廊道沿线分散的斑块或小型廊道通过人工途径进行连接，形成一个更宽的廊道作用带，将生态作用在纵深扩散的同时横向扩散。

三、乡村景观规划的主要环节

乡村景观规划设计是一项综合性的规划设计工作。首先，乡村景观规划基于对景观的形成、类型的差异、时空变化规律的理解，对它们的分析、评价不是某一学科能解决的，也不是某一专业人员能完全理解景观生态系统内的复杂关系并做出明智规划决策的，乡村景观规划需要多学科专业知识的综合应用，包括土地利用、生态学、地理学、景观建筑学、农学、土壤学等。其次，乡村景观规划是对景观进行有目的的干预，其规划的依据是乡村景观的内在结构、生态过程、社会经济条件及人类的价值需求，这就要求在全面分析和综合评价景观自然要素的基础上，同时考虑社会经济的发展战略、人口问题，还要进行规划实施后的环境影响评价等。

在乡村景观规划的过程中，强调充分分析规划区的自然环境特点、景观生态过程及其与人类活动的关系，注重发挥当地景观资源与社会经济的潜力与优势，以及与相邻区域景观资源开发与生态环境条件的协调，提高乡村景观的可持续发展能力。这决定了乡村景观规划是一个综合性的方法论体系，其内容包括景观调查、景观要素分析、景观分类、景观综合评价、景观规划模式确定、景观布局规划与生态设计、土地利用规划等的各个方面。具体地说，乡村景观规划过程包括以下几个主要方面。

（一）乡村景观调查

从专业角度分析景观规划任务，明确规划的目标和原则，提出实地调研的内容和资料清单，确定主要研究课题。根据提出的调研内容和资料清单，通过实地考察、访问座谈、问卷调查等手段收集规划所需的社会、经济、环境、文化，以及相关法规、政策和规划等各种基础资料，为下一阶段的分析、评价及规划设计做资料和数据准备。景观调查工作是乡村景观规划设计与编制的前提和基础，在进行乡村景观规划之前，应尽可能全面、系统地收集基础资料，在分析的基础上，提出乡村景观的发展方向和规划原则。也可以说，对于一个地区乡村景观的规划思想，经常是在收集、整理和分析基础资料的过程中逐步形成的。

（二）乡村景观要素分析

对景观组成要素特征及其作用进行研究，包括气候、土壤、地质地貌、植被、水文及人类建（构）筑物等。乡村景观规划中，强调人是景观的组成部分并注重人类活动与景观的相互影响和相互作用。通过探讨人类活动与景观的历史关系，可给规划者提供一条线索——景观演替方向。通过社会调查，可以了解规划区各阶层对规划发展的需求，以及所关心的焦点问题，从而在规划中体现公众的愿望，使规划具有实效性和与公众之间的互动性。

（三）乡村景观分类

根据景观的功能特征（生产、生态环境、文化）及其空间形态的异质性进行景观单元分类，是研究景观结构和空间布局的基础。研究乡村景观分类的目的在于客观地揭示乡村景观的特征和结构，为乡村景观规划奠定基础。

（四）乡村景观结构与布局研究

乡村景观结构是乡村景观形态在一定条件下的表现形式。乡村景观的结构与布局研究主要是对个体景观单元的空间形态，以及群体景观单元的空间组合形式研究，是评价乡村景观结构与功能之间协调合理性的基础。根据景观生态学理论，乡村景观也是由斑块、廊道和基质这三种景观单元组成的。

（五）乡村景观综合评价

合理的规划必须建立在正确的评价基础之上。由于乡村景观规划过程中涉及自然生态、人文地域、资源利用、经济发展等多层领域，因此对乡村景观必须从多个指标、多个单位进行综合评价。乡村景观评价主要针对空间结构布局与各种生态过程的协调性程度，并反映景观的各种功能的实现程度。

（六）乡村景观规划模式确定

乡村景观规划模式是在明确乡村景观个性特质和主体功能的基础上确定的。利用景观综合评价的结果找寻乡村景观的个性特质，并明确乡村景观的主体功能。乡村景观个性特质是指乡村最具典型的景观特质。乡村景观的主体功能是由自身资源环境条件决定的，代表该地区的核心功能，各个乡村因为主体功能的不同，彼此分工协作。乡村在居住生活、自然生境、格局形态、精神文化、经济生产的景观强弱不同，所以体现出乡村在居住生活、自然生境、格局形态、精神文化、经济生产方面的个性特质和主体功能的差异。因此，乡村景观发展模式的确定要以最为突出的个性特质和功能作为乡村景观发展模式的核心内容。

（七）乡村景观布局规划与生态设计

景观布局规划与生态设计包括乡村景观中的各种土地利用方式的规划（农、林、牧、水、交通、居民点、自然保护区等）、生态过程的设计，环境风貌的设计，以及各种乡村景观类型的规划设计，如农业景观、林地景观、草地景观、自然保护区景观、乡村群落景观等。

（八）乡村景观管理

乡村景观管理主要是对乡村景观进行动态监测和管理，对规划结果进行评价和调整等。当前，我国在乡村景观管理方面还有所欠缺，建立“政府导控+村民自治”相结合的乡村景观管理模式，是目前来看最为有效的管理模式。此外，从法律制度、技术研发和政策扶持等方面需要进一步加强，才能真正有效地实现乡村景观管理。

第四节　乡村景观规划的方法

一、新时期人口多元化与村庄景观新诉求

随着城镇化的快速推进及市场经济价值观的冲击，传统的礼俗社会逐渐向法理社会转变，封闭的传统村庄逐渐开放。一方面村庄内部的人口向城市（镇）流动，另一方面村庄产业的发展又会吸纳外来人口，多元的人口构成必将导致主观需求多样，从而对村庄景观产生多样化诉求。下面分析村庄多元人口对村庄景观的心理诉求。

（一）村庄景观格局破碎断续化，加快了传统熟人社会向半熟人社会的转化速度

市场经济条件下，农村个体间贫富差距拉大。各阶层在追逐各自利益的过程中，由于目标、价值观不同，熟人社会的格局被打破。如在新农村建设过程中，原有散落在村中各处的住宅与新建的排屋在空间肌理上形成了鲜明对比，原有连续、与自然和谐的景观肌理断裂。这不仅使传统乡土景观的空间共生性发生异变，同时无形中加快了熟人社会向半熟人社会甚至城市型“生人”社会的转变速度。

（二）归属感：第一代农民工大量返乡，需求景观带来的归属感

我国约有2.77亿农民工，他们常年在城市中打工，每年或数年内仅回家1~2次。因此，与村中常住村民相比，他们更加渴望在回到家乡时可以唤起自己内心的归属感。除了熟悉的人外，熟悉的景观也可以起到增加归属感的作用。但是在新农村建设过程中，未周全考虑的设计施工，导致景观更新速度过快，记忆点不断被新景观取代，由景观带来的归属感正在逐渐减少。

（三）融入感：外来常住人口对村庄景观的心理诉求

城镇化加快推进，城市第二产业向外围转移的趋势越发明显，部分产业迁移至近郊或交通条件便利的村庄附近（如浙江省杭州市萧山区发达城镇周边）。随着旅游业发展，在景区周边相关延伸产业服务也随之发展（如浙江临安、舟山市普陀区等地）。这些为村庄产业服务的异乡员工通常就近租住在村庄内，他们面对陌生环境时，渴望融入当地环境中。但是传统农村熟人社会的格局导致其景观具有一定的排他性，不利于外来常住人口的融入，也在一定程度上增加了滋生社会矛盾的可能性。

（四）差异化体验：乡村旅游者对村庄景观的心理诉求

近年来，乡村旅游成为各地村庄产业更新、农村发展的主要途径之一。乡村旅游主要吸引人群为附近城镇居民，满足他们对由传统乡村景观的时、空共生性所带来的贴近自然、慢节奏的生活方式的渴望。新农村建设过程中，排屋、公共广场的出现导致村庄景观集约化发展，村庄空间肌理与城市日益趋同，村庄特色逐渐丧失，对旅游人群的吸引力降低。

二、人口多元化背景下的村庄景观规划设计方法

人口多元化导致传统农村乡土景观的人文属性发生变化，传统的时、空共生性也将随

着城镇化的步伐而逐渐异化，并赋予乡土景观新的时代精神。以下将以浙江省余姚市F村为例，探讨人口多元化背景下的村庄景观规划设计方法。

F村位于Y市陆埠镇南部，村内溪流湃潺，自然风光极为优美。该村由6个自然村合并而成，村庄村域总面积为11.55平方公里。截至2022年末，村庄户籍人口3881人，暂住人口587人，户籍人口中有436人常年在外打工。在多元人口格局下，F村的景观设计主要采取了以下方法。

（一）修复乡村破碎断续化景观，还原村庄景观本色

传统农村景观肌理是在大面积的自然绿色基底上点缀人工建筑与构筑物，形成与城市完全不同的视觉感受。村庄坐落于四明山山区，具有独特的自然条件。在对村庄进行具体景观设计前，首先提出村域空间管制措施，保护村庄原有山水格局，尽最大可能保证村落周边自然环境的原生性。与此同时，制定人工景观与村庄规有环境共生的总体设计原则：新建建筑需顺应村庄的山地水势，逐溪而居，确保村落空间肌理的传承；建筑与景观材料宜选用具有地方特色的物材，使村庄整体空间环境与周边自然环境相互协调；对村域内异质性的景观、建筑逐步进行改造，还原村庄景观本色。

（二）以村庄自主更新作为景观更新的主要模式，促进村民交流互动

村庄景观具有历史积淀特性，通常是在人与自然的互动过程中自下而上缓慢完成更新与循环。但目前村庄景观设计大而全的方式，致使村庄景观的生命周期出现异化现象。在F村的景观设计中，宜采取缓慢渐进式更新模式：一定时段内，在保持村庄整体风貌的前提下仅对必要的景观进行设计。必要的景观是指无法通过村民自主力量完成其生命周期交替的景观，如规划结合晒谷地、房前屋后空地村内古树共增加多个邻里广场。对于其他类型的景观，则以使其风貌与周边自然环境协调为目标，采取设计导则的形式进行规定。如通过导则制定建筑色谱及材料，鼓励村民对自家住宅改造，为下一阶段的村庄设计提供依据的同时又确保了不同阶段村庄风貌的统一。这种“设计+导则控制”的景观更新模式，不仅从时间维度上还原乡土景观更新的过程性，而且可促进村民间的互帮互助，有助于减缓目前农村邻里关系冷淡化的趋势。

（三）引入非排他性、非集约型的邻里空间景观，促进多元人口融合

熟人社会结构使得传统农村的景观具有排他性，为满足外来常住人口对融入感的需求，需要引入非排他性、非集约性的公共景观。因此，在F村的景观规划设计中，主要聚

取增加设施型景观的方式促进多元人口的融合，如在溪畔或者邻里空间内布置石制的户外桌椅、藤架等。除常规观赏功能外，这些景观为村民提供了交流的平台，有利于外来常住人口的融入及增进邻里关系。

（四）着眼生活性景观的保护设计，满足返乡村民与常住民的归属感需求

村民对村庄归属感来源于过去生活中某一场景在心中形成的记忆点。但时下的景观规划着重于历史性建筑的保护规划而忽视了这些记忆点，导致生活性文脉的断裂。F村景观设计过程中，在对历史性建筑保护的同时，对这些人工景观点进行不干预的保护性设计，使其以符合自身生命周期的方式自主更新。如跨溪而建的桥是村内独具特色的生活性景观意象，在对桥梁新旧、安全和美观程度进行分析的基础上对桥进行风貌保护设计，并在部分桥头布置生活性小节点，增强其生活文化属性。

传统乡土景观的时、空共生特性，以及富有生活韵味的人文属性成为其区别于城市型景观的最大特色和独特优势。在新的时代背景下，单纯的保护或者激进的、大而全式的开发都不是乡村景观设计的最佳途径。建议在具体村庄景观设计时应把握乡村社会的时代特点，充分认知乡土景观所对应的时空属性，深入挖掘地域文化特色，只有这样才有可能设计出既传承乡土文化又符合时代精神的景观。

结束语

随着新型城镇化、工业化和信息化的深入发展，作为城市机体新陈代谢的一种重要现象和机制——城市更新成为当前城市规划建设管理中备受关注的重要内容。笔者通过研究认为，国土空间规划背景下城市更新策略如下。

一、基于城市更新特点，解决城市发展问题

在国土空间规划下，若想做好城市更新工作，提升国土空间的利用率，为城市中的居民创建更加稳定的生活环境，需要以城市更新的特点为基础，就城市发展中存在的不充分、不平衡的问题，利用空间规划指标与资源配置的优势，做好各个方面建筑的再利用与开发工作，丰富城市的功能，提升城市空间品质，为城市化发展打下坚实的基础。

二、做好存量建筑更新，降低改造成本

存量建筑更新改造的过程中，需要以建筑为根本，发挥建筑的优势，控制城市更新改造的成本，避免出现资源浪费的情况。最近几年房地产行业发展十分迅速，由于供大于求，所以造成了存量建筑过多的问题。通过对此类建筑的改造与完善，可以提升建筑物的利用率，优化城市的功能各个类型建筑的用途，提升城市服务质量。

三、优化社区参与制度，提升城市更新效果

城市更新与改造工作开展的目的，就是解决社区服务与环境建设问题，为人民群众营造健康、和谐的社会环境，提升国土空间转化率。在城市更新工作中，建立社区参与政策制度，优化社区参与建设的途径，真正地展示出国家以人民为主的服务职能。通过社区的参与，能够了解人民群众对城市更新与改造的要求，可以保证各方的权益与利益，真正地发挥城市更新建设的作用。在城市更新的过程中，可以成立专门的社会参与机构或者队伍，增加社区与城市设计人员之间的沟通，发挥国土空间规划的优势，满足不同群众的生存生活需求，为城市建设与发展助力。

总而言之，在国土空间规划背景下，城市更新与建设工作开展十分重要，是促使国家经济稳定发展的重要媒介。实际工作中，基于城市的运行特点，做好存量建筑更新工作。建立社区参与机制，提升城市更新建设效果，使人民群众参与其中，为城市的更新发展提供保障，促使现代化城市建设与发展。

参考文献

[1]曾聪.乡村景观规划设计助推乡村振兴[J].中国果树，2023（06）：169.

[2]马骊驰.国土空间规划背景下城市更新困境及思考——以昆明西山区为例[J].未来城市设计与运营，2023（05）：59-61.

[3]刘昊然.国土空间规划大数据应用方法框架探讨[J].智能建筑与智慧城市，2023（05）：39-41.

[4]李博文.国土空间规划体系下的村庄规划研究[J].城市建设理论研究（电子版），2023（14）：4-6.

[5]陈相屹.国土空间规划背景下的城市更新设计——以西安市临渭协作区为例[J].四川水泥，2023（05）：180-182.

[6]刘奕，望开磊，江飙.城市更新的数字化思索[J].华中建筑，2023，41（05）：172-177.

[7]胡庆硕，崔敬敬，刘威.国土空间规划背景下城市空间更新与治理[J].新型城镇化，2023（05）：96-99.

[8]叶晨辉.国土空间规划中的城市保护[J].新型城镇化，2023（05）：70-73.

[9]卢彦静，姚颖祺.新时期国土空间规划存在的问题与对策研究[J].中华建设，2023（05）：79-80.

[10]高歆，梁千浩.国土空间规划背景下城市更新路径分析[J].中华建设，2023（05）：96-98.

[11]王福全.国土空间规划背景下的“多规合一”信息平台设计与实现[J].测绘与空间地理信息，2023，46（04）：89-91+95.

[12]李云霞.国土空间规划管理与城乡规划实施问题研究[J].城市建设理论研究（电子版），2023（12）：19-21.

[13]贾恪，李冰姿.新时期国土空间规划存在的问题与措施[J].城市建设理论研究（电子版），2023（12）：10-12.

[14]蔡宁.国土空间规划背景下规划思路转变的思考[J].未来城市设计与运营，2023（04）：6–9.

[15]赵云，杨潮军.城市更新项目的空间重构与资金筹措[J].城市建筑，2023，20（08）：22–25.

[16]胡晓冉.乡土文化元素在美丽乡村景观规划设计中的应用研究[J].工业设计，2023（04）：134–136.

[17]陈一新，卢盈盈，丁坚.国土空间规划体系下的城市规划传承与融合探讨[J].城市建设理论研究（电子版），2023（11）：16–18.

[18]心心，贾恪，吴全.国土空间规划设计与城市改造路径研究[J].城市建设理论研究（电子版），2023（11）：28–30.

[19]苗慧.以国土空间规划体系为背景谈谈城市更新路径[J].城市建设理论研究（电子版），2023（11）：19–21.

[20]刘军.国家森林城市规划建设主要存在的问题及对策探讨[J].林业建设，2023（02）：70–76.

[21]王国军.基于现代治理理念的城市更新规划研究[J].住宅与房地产，2023（10）：70–72.

[22]王昊，张书齐，吴思彤，等.中国城市更新投资环境指数模型构建与实证研究[J].城市发展研究，2023，30（03）：122–129.

[23]陈俊颐，边文赫.新时代城市更新理论与方法研究[J].城市建筑空间，2023，30（03）：73–75.

[24]林培.两地新规为城市更新提供法治保障[N].中国建设报，2023–03–24（004）.

[25]陈飞平，刘昊，李华.风景园林专业乡村景观规划设计课程教学改革研究[A].廊坊市应用经济学会.社会发展——跨越时空 经济基础论文集（一）[C].廊坊市应用经济学会，2023：789–797.

[26]陈江祥，王卫卫.国土空间规划视角下的超大城市更新探讨[J].住宅与房地产，2023（Z1）：123–125.

[27]陈照，虞小龙，赵威.国土空间规划背景下大中城市推进城市更新实施路径研究[J].中华建设，2023（02）：69–70.

[28]李俊.乡村景观在城乡规划设计中的应用分析[J].美与时代（城市版），2022（12）：41–43.

[29]彭茂军.基于国土空间规划背景的城市更新研究——以梅州市中心城区“三旧”改造为例[J].城市建筑空间，2022，29（10）：34–37.

[30]王鹏飞.国土空间规划视角下的城市更新[J].中华建设，2022（10）：99–100.

[31]曾源源，朱锦锋.国土空间规划体系传导的理论认知与优化路径[J].规划师，2022，38（10）：139-146.

[32]张猛，赵颖.国土空间规划对重点开发区域的经济增长效应研究[J].中国住宅设施，2022（08）：115-117.

[33]袁野.乡村景观规划设计的主体方向探究[J].中国果树，2022（09）：134.

[34]杜雁，胡双梅，王崇烈，等.城市更新规划的统筹与协调[J].城市规划，2022，46（03）：15-21.

[35]李如海.国土空间规划法治化研究[D].安徽大学，2022.

[36]牛雄，田长丰.变革中的空间规划与空间治理改革探索——以深圳为例[J].重庆理工大学学报（社会科学），2022，36（02）：7-17.

[37]刘晶，夏瑞瑶，赵倩.国土空间规划视角下老城区更新策略研究[J].城市建筑空间，2022，29（02）：150-152.

[38]陈群弟.国土空间规划体系下城市更新规划编制探讨[J].中国国土资源经济，2022，35（05）：55-62+69.

[39]李玉兰，江雪梅，熊超.国土空间规划背景下的城市开放公共空间更新改造研究[J].艺术教育，2021（11）：215-218.

[40]高明邹，游大卫.国土空间详细规划的体系构建——以山东省为例[A].中国城市规划学会、成都市人民政府.面向高质量发展的空间治理——2021中国城市规划年会论文集（17详细规划）[C].中国城市规划学会、成都市人民政府：中国城市规划学会，2021：78-88.

[41]刘伟凯.国土空间规划背景下城市更新路径探索[J].智能城市，2021，7（16）：97-98.

[42]王孟欣，孟庆诚.关于我国森林城市总体规划的要点探讨[J].现代农业研究，2021，27（08）：85-86.

[43]李震，赵万民.国土空间规划语境下的城市更新变革与适应性调整[J].城市问题，2021（05）：52-60.

[44]杨慧祎.城市更新规划在国土空间规划体系中的叠加与融入[J].规划师，2021，37（08）：26-31.

[45]张文莉.绿色发展理念下国家森林城市规划和建设的探讨[J].农村实用技术，2021（03）：153-154.

[46]栾景亮.国土空间规划视角下的城市更新[J].北京规划建设，2021（01）：5-8.

[47]陈珊珊.国土空间规划语境下的城市更新规划之“变”[J].规划师，2020，36（14）：84-88.

[48]李振蒙.我国森林城市建设规划的几点思考[J].现代园艺，2020，43（09）：124-125.

[49]王小菲.关于我国森林城市建设规划的几点思考[J].林业调查规划，2019，44（01）：206-209.

[50]朱爱青，王俊杰.森林城市建设背景下县城绿地系统规划提升的研究[J].黄山学院学报，2017，19（05）：45-50.